YINRAN XINJISHU CONGSHU

印染新技术丛书

U0747404

纺织品
清洁染整加工技术

吴赞敏　主编

FANGZHIPINQINGJIE

RANZHENGJIAGONGJISHU

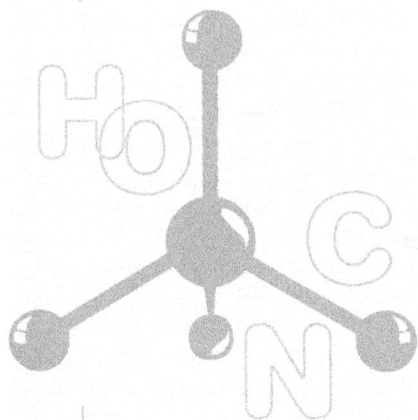

中国纺织出版社

内 容 提 要

实现印染产品清洁生产,要以生产引进新技术、环保引入高科技为依托。近年来国内外对纺织品清洁染整加工日趋重视,本书较系统地介绍了为实现纺织行业清洁生产开发的新工艺和新技术。

全书共分七章,内容包括:国内外有关纺织品清洁生产法规和相关政策;新型绿色纺织纤维材料的生产和应用性能;环保型染化料和助剂及应用;纺织品前处理、染色、印花和整理中绿色清洁加工的新工艺、新设备和新技术,如喷墨印花、生物酶技术、等离子体技术、超声波技术、超临界流体等;染整加工中废热、废水和废弃物处理以及循环利用的技术方法。

本书适用于印染企业科技人员阅读,也可以作为纺织高等院校师生学习和科研使用。

图书在版编目(CIP)数据

纺织品清洁染整加工技术/吴赞敏主编. —北京:中国纺织出版社,2007.1(2019.12 重印)
(印染新技术丛书)
ISBN 978 - 7 - 5064 - 4071 - 4

Ⅰ. 纺… Ⅱ. 吴… Ⅲ.①纺织品 - 清洁②纺织品 - 染整③纺织品 - 加工 Ⅳ. TS19

中国版本图书馆 CIP 数据核字(2006)第 120087 号

策划编辑:秦丹红 崔俊芳 责任编辑:邱红娟 责任校对:余静雯
责任设计:李 然 责任印制:何 建

中国纺织出版社出版发行
地址:北京市朝阳区百子湾东里 A407 号楼 邮政编码:100124
销售电话:010—67004422 传真:010—87155801
http://www. c-textilep. com
E-mail:faxing@ c-textilep. com
中国纺织出版社天猫旗舰店
官方微博 http://weibo. com/2119887771
北京虎彩文化传播有限公司印刷 各地新华书店经销
2007 年 1 月第 1 版 2019 年 12 月第 4 次印刷
开本:880×1230 1/32 印张:11
字数:272 千字 定价:42.00 元

凡购本书,如有缺页、倒页、脱页,由本社图书营销中心调换

前言

随着科学技术的迅速发展,出现了许多新型的纺织纤维,与之相应的染整加工也得到了迅速发展。但同时伴随着大量能源的消耗和"三废"的排放,对人类生存环境造成了威胁。随着生活水平的不断提高,人们对生活质量和生活环境越来越重视,纺织品实行清洁印染加工、预防环境污染成为全社会关注的热点。由此绿色纺织品的生产技术应运而生。有专家预测:绿色纺织品将成为21世纪消费主流,清洁生产将成为纺织品效益的重要壁垒。因此企业和科研院校对绿色纺织品清洁生产及新型技术的开发和研究应用将进入一个新的时期。

最近,国家环境保护总局表示,到2010年所有印染企业都要采用环保原料实行清洁生产,国家将支持印染业生产设备的更新和污水处理技术的改造。

为了推进纺织品清洁染整加工技术的发展,保护人类赖以生存的环境,我们编写了《纺织品清洁染整加工技术》一书。由于时间所限,编写中难免有错误之处,恳请各位专家给予指正。

本书共分七章,第一章、第四章、第六章由吴赞敏编写;第二章由岳莹、吴赞敏编写;第三章由吕彤、吴赞敏编写;第五章由吴赞敏、张晨编写;第七章由吴赞敏、张环编写。全书由吴赞敏负责统稿,张晨、高立红、张环、韩百连等人参与了部分资料的检索。

本书在编写中参考了大量文献资料,各章分别列出了一些主要的参考文献,若有遗漏和不全之处,敬请谅解。

编　者

2006 年 8 月

第一章 纺织品的印染与清洁生产

第二章 环保型纺织纤维及其性能

第三章　环保型染料及助剂

第四章　环境友好型前处理技术

第五章　清洁印染加工新技术

第六章　纺织品环保型整理技术

第七章 清洁生产与循环处理技术

第一章　纺织品的印染与清洁生产

第一节　清洁生产有关政策和法规

在全球性环境污染日益加剧,人类自身的生存环境受到威胁的今天,国际社会对清洁生产给予了高度重视。1989 年,联合国环境署决定在世界范围内推行清洁生产;1990 年,美国国会通过的《污染预防法》正式宣布:污染预防是美国的基本国策;1991 年,美国环境保护局发布了"污染预防战略",重点是控制和削减有害物质产生量;1992 年,在巴西里约热内卢召开的联合国"环境与发展大会"通过的"21 世纪议程",提出污染行业必须实施清洁生产工艺的要求,清洁生产是实现持续发展的关键因素,呼吁世界各国改变传统的生产方式和消费方式,减少污染,保护环境。德国、荷兰、丹麦等可称为是推进清洁生产的先驱国家,用立法条款推进这项工作。日本在某些清洁能源技术方面,正在进入世界先进行列。韩国、泰国、马来西亚等,也已逐渐提高环保意识,正逐步推行清洁生产。

我国在 20 世纪 70 年代就提出"预防为主、防治结合"的方针;1983 年提出环境污染问题要尽力在计划过程和生产过程中解决。1983 国务院发布了《关于结合技术改造防治工业污染的几项规定》;1992 年,我国国务院批准的《环境与发展十大对策》中也明确提出新建、扩建、改造项目应尽量采用能耗物耗低、污染物排放量少的清洁生产工艺;1996 年在第四次全国环保会上正式提出了防止污染、实施清洁生产战略;不久前又发布了环境保护十大对策。

1997 年 4 月国家环境保护总局与国务院经贸委联合颁布了《关于推行清洁生产的若干意见》,出版了一系列关于实施清洁生产的政策、技术指南和清洁生产审计手册等。规定："建设项目的环境影响评价应包含清洁生产有关内容。立项阶段,要对工艺和产品是否符合清洁生产要求提出初评;项目可行性研究阶段(环境影响评价阶段),要重点对原材料选用、生产、工艺和技术、产品等方案进行详评,最大限度地减小技术和产品的环境风险"。

国家环境保护总局在其颁布的《2000 年全国环境保护工作重点》中提出,"全国主要污染物排放总量要得到有效控制,工业污染源达标率不断提高,重点城市流域海域污染防治要取得一定成效,把一个清洁的环境带入新世纪"。

我国 2003 年 1 月 1 日起实施的《中华人民共和国清洁生产促进法》,以法律形式对清洁生产进行引导、鼓励和保障。该法的通过必将进一步推进清洁生产工作的开展。由中国国家清洁生产中心制订的有关染整行业的第一本清洁生产审计指南——《丝绸印染行业企业清洁生产审计指南》(试用版)已经出版。世界银行对国家环境保护总局技术援助项目"推进中国清洁生产"示范工程在印染厂的试点取得了明显的效果,并将扩大试点,逐步推广。

欧美发达国家的环境保护战略的演变经历了从传统模式(无任何污染治理措施)、末端治理(污染治理)到清洁生产模式(污染预防)的转换。我国的环保战略如今也遵循了这一发展模式,在这一过程中,随着各项环保法律、法规的颁布与实施,环境保护走入了正轨,并日益受到重视,其中将环境影响评价纳入基本建设程序是我国环境保护的重要策略,标志着我国建设项目的环境管理已日趋成熟。

世界各国尤其是欧美等发达国家陆续制定出台了相关的环保法规和纺织品环保标准,对进口纺织品实施安全、卫生检测;美国、欧盟还相继提出了对非环保染料、助剂等的含量实施严格限制。可以预计,环保纺织品将主宰未来的纺织品市场。这不仅是"WTO"作为非关税限制措施成为发达国家一种新的政策保护武器,而且也是当今世界进步的潮流。一些发达国家利用自身的技术和环境优势,将环境保护、安全卫生等当作一种保护本国相关产业的重要手段,使发展中国家纺织品出口面临着严峻挑战。

一、ISO 14000 环境管理体系

1. ISO 14000 环境管理体系包含的内容

ISO 14000 标准,同质量对应标准 ISO 9000 一样,都是环境保护和经济发展的一种工具。ISO 14000 环境管理体系标准是由 ISO/TC 207(国际标准化组织专门技术委员会)负责制定的一个国际通行的环境管理体系标准。ISO 14000 系列标准分为 7 个子系统,包括环境管理体系、环境审核、环境标志、环境表现评价、生命周期评价、术语和定义、产品中的环境因素等国际环境管理领域内的许多焦点问题。ISO 14000系列标准是企业建立环境管理体系和通过审查认证的准则,体系的核心思想是污染预防和生态的全过程控制,通过对能源、原材料的消耗和"三废"排放的鉴定及量化来评估一个产品、过程或活动对环境带来负担的客观方法。

ISO 14000 标准要求一个企业把下列承诺纳入公司环境政策,并以此为基础建立其环境管理系统,以期达到该标准认证所需要的基准:

(1)承诺履行有关环境立法与规定,以及该组织规定的其他要求;

(2)承诺不断进行环境改善与污染预防,表明一个可获得 ISO 14000认证的环境管理系统,必须包括一些旨在达到和保持履行有关环境法规的管理程序。

ISO 14000 标准包括一个正规化的框架来确保最高管理层卷入环境政策制定、环境管理系统及其计划的批准、环境管理系统定期评议与改善的批准。具体地说,该标准要求最高管理层制定公司环境政策,指定专门人员负责建立、实施、保持和评议环境管理系统,并向最高管理层报告环境管理系统表现,以确保其可持续性和有效性。

任何一个得到 ISO 14000 认证的企业,环境管理系统应当有既能识别又能履行有关环境法规的程序。由于它包含对环境管理系统不断改善和污染预防两者的承诺,因而仅仅制订了保持履行环境法规的程序还是可能长期达不到 ISO 14000 认证要求。而试图获得或保持认证的企业一定要把污染预防及其他前瞻性环境管理机制列为其 ISO 14000环境管理系统一个重要组成部分。

2. ISO 14000 系列标准和认证的意义

据报道,我国印染企业的能源、资源利用率仅相当于世界先进水平的30% ~ 50%,而 ISO 14000 系列标准从污染物的产生、排放,资源、能源和原材料的节约,废物的综合利用上设定目标、指标和管理方案,对重要环境因素进行运行控制,减少各项环境费用,明显降低成本,取得环境与经济效益的协调发展。

ISO 14000 系列标准和认证,不仅能提高企业的环境意识,帮助企业实现环境目标和生产全过程,从每个可能产生环境污染和破坏生态的环节进行控制,使企业生产出符合国际标准、顺应市场潮流的生态纺织品,而且还能帮助企业从根本上保证产品质量,最终实现经济目标。

工业客户和消费客户对环境问题的兴趣都在稳步增长,如果企业通过了 ISO 14000 认证,则说明该企业从原料生产到加工制作、流通消费直到报废处理和回收利用的整个生命周期内都符合环保的要求,该企业的管理体系得到了认可,达到了一定水平。因此,符合 ISO 14000 认证的清洁产品在国际市场上将具有强大的竞争力,否则将可能被无情地挡在世界贸易市场的大门之外。

二、生命周期评价(LCA)

1. 生命周期评价(LCA)的含义

环境生命周期评价 LCA (Life Cycle Assessment),是对某种产品或某项生产活动从原料开采、加工到最终处置等研究系统整个生命周期阶段的一种评价方法,也可以说是面向产品系统的环境管理工具。LCA 思想力图在源头就开始预防和减少环境问题,对企业生产过程进行生命周期评价有助于优化企业清洁生产设计与创新决策。自 1996 年被国际环境管理系列标准 ISO 14000 纳入,成为其中一个子系统后,就确定了它对产品环境性能评估的权威地位,并将在全球贸易与环境领域发挥越来越大的作用。

生命周期评价 LCA 的定义存在着许多不同的表述,其中国际标准化组织(ISO)和国际环境毒物学和化学会(SETAC)的定义最具有权威性。ISO 定义:汇总和评估一个产品(或服务)体系在其整个生命周期的所有投入及产出对环境造成的影响和潜在影响的方法。SETAC 定义中,生命周期评价是一种对产品生产工艺以及活动对环境压力进行评价的客观过程,通过对能量和物质利用以及由此造成的环境废物排放进行辨识和进行量化的过程。

生命周期评价(LCA)也是作为一种定量的环境评估工具用于清洁生产审计,对企业的生产和服务实行预防污染的分析和评估,其审计的具体对象是企业生产的产品和生产过程,包括原材料提取与加工;产品制造、运输以及销售;产品的利用、再利用和维护;废物循环和最终废物弃置。LCA 的评价原则和内容包括:

(1)原料选用:生产符合环境发展要求的生态产品,非清洁原料的投入是产品系统大量污染的潜在根源,属于产品系统污染的预备阶段。

(2)生产过程:生产过程是对原材料进行生产、加工和转化从而形成产品的过程,其间产生大量的环境污染物质,属于污染的产生阶段,是产品系统污染的主要来源。

(3)产品消费:产品消费是污染进一步扩大和消费阶段污染产生的主要原因:

①伴随产品消费,非清洁产品在空间上转移和扩散,使其污染影响范围更广、更难于管理。

②消费活动使非清洁产品的污染属性充分表现出来,同时伴随有其他数量更多、形式各异的污染。

(4)废弃物处理:产品消费后的废弃物质,如果不加管理而直接排放,如染色废水、难生物降解的纺织品等,同样造成对环境的巨大压力。

2. 生命周期评价(LCA)的应用

对纺织品环境与安全问题的研究有很多检测和评价方法,但这些方法往往局限在对单独问题或单个指标的研究上,缺乏对纺织品环境问题的全面认识和系统的考虑,常常会导致错误的结论。生命周期评价为这一问题的解决提供了一个更科学的方法,系统全面地反应了纺织品各个环节环境质量,采用不同的 LCA 方法,可以进行环境分析和辅助决策。

例如从对棉纺织品的生命周期清单分析:棉花的种植过程中大量使用的化肥和杀虫剂对环境和人体构成严重危害;棉纺织品的染整加工过程存在严重的环境污染;使用的部分偶氮染料已被证明能诱发癌症。在整个纺织生产阶段(包括纤维获得和生产加工两个阶段)对两种规格相近的100%纯棉机织物和涤/棉(50/50)机织物进行对比(表1-1),在棉纤维获得阶段消耗的能量仅为涤纶获得阶段消耗能量的61%,但其水耗大,为涤纶的1290倍,同时棉花种植时使用的大量化

表1-1 1kg棉纺机织物、涤纶的定量清单[①]

参　　数		纤维生产过程清单			纺织生产过程清单（包括纤维生产过程）	
		普通棉	有机棉	涤纶	100%纯棉漂白织物	涤/棉(50/50)漂白织物
能源消耗	电能/mJ	12.1	13	15.2	34.6	34.6
	矿物燃料[②]/mJ	47.7	40.6	82.2	59.8	76
	其他/mJ	—	—	—	4.9	4.9
	合计/mJ	59.8	53.6	97.4	99.3	115.5

续表

参　　数		纤维生产过程清单			纺织生产过程清单（包括纤维生产过程）	
		普通棉	有机棉	涤纶	100%纯棉漂白织物	涤/棉（50/50）漂白织物
不可再生资源消耗	天然气/kg	0.35	0.14	0.36	0.62	0.59
	天然气(原材料)/kg	—	—	0.29	0	0.16
	原油/kg	0.53	0.57	0.41	0.67	0.57
	原油(原材料)/kg	—	—	0.87	0	0.48
	煤/kg	0.52	0.56	0.14	0.92	0.66
	煤(原材料)/kg	—	—	0.37	0	0.21
	合计/kg	1.4	1.27	2.44	2.21	2.67
液化石油气/kg		0.03	0.03	—	0.04	0.02
水电/mJ		1	1	0.4	5.8	5.2
核能铀/mg		14	15	—	55.4	45.7
化肥/g		457	—	—	537	254
杀虫剂/g		16	—	—	18.9	8.9
水耗/kg		22 200	24 000	17.2	26 100	12 400
气体排放/g	CO_2	4 265	3 913	2 310	6 548	5 132
	CH_4	7.6	6.1	0.1	13	8.2
	SO_2	4	4	0.2	6.3	3.9
	NO_x	22.7	22.7	19.4	30.2	26.8
	CH	5	5	39.5	6.9	25.8
	CO	16.1	17.2	18.2	28.2	28
废水排放/g	COD	—	—	3.2	13.3	13.3
	BOD	—	—	1	5.1	5.7
	T_{ot}—P	—	—	—	0.052	0.052
	T_{ot}—N	—	—	—	0.004	0.002

①本数据来源于国外资料,仅作参考。
②指煤、石油、天然气等。

肥和杀虫剂,这些化学物质的残留会对人体和环境构成危害。有机棉种植过程中不使用化肥和杀虫剂,因此其纤维获得阶段对环境产生的生态毒性要远小于普通棉纤维,其他资源消耗与环境影响值与普通棉相近。在生产加工阶段(纺纱、织造、染整),由于100%纯棉机织物和涤/棉(50/50)机织物采用相近的加工工艺,因此两者在生产加工过程中的环境影响差异不明显,共同的环境问题是水耗大,水污染严重。但从整个纺织生产阶段的分析来看涤/棉(50/50)织物比100%的纯棉织物环境负载要小。

通过生命周期清单分析能对棉纺织品的环境影响进行全面评价,识别出棉纺织品生命周期各阶段的主要环境负载,还可以在不同的产品方案间进行评价与比较,从而为改进产品的环境性能和解决环境问题提供有力的信息支持。

从棉织物的整个生命周期来看(表1-2),各阶段的环境负载各不相同,其环境问题主要集中在纤维获得阶段和染整加工阶段,因此要决策解决棉纺织品的环境问题首先要重点改善这两个环节。近年来出现的有机棉,种植过程中不用施化肥和杀虫剂,主要解决的是纤维获得阶段的问题,而天然彩色棉主要解决的是染整阶段的环境问题。

由以上分析可见,LCA 既可以提供产品整个生命周期的能源、资源消耗和环境排放物的广泛信息,又能提出环境负荷改善的措施和建议。

表1-2　棉纺机织物生命周期评价结果(环境负载)

指　　标	纤维获得	纺纱	织造	染整加工	使用保养	运输	废弃处置
资源消耗	中度			重度	中度		
能源消耗				重度	中度	中度	
土地占用与污染	重度						

指　　标	纤维获得	纺纱	织造	染整加工	使用保养	运输	废弃处置
水污染	中度			重度	中度		
大气污染				中度		中度	
固体废弃物	中度	中度	中度				中度
噪　声		中度	重度	中度			
生物毒性	重度			重度			

注　空白处表示轻度或无环境负载。

三、绿色壁垒及生态纺织品标准

自德国实施"蓝色天使"计划率先使用绿色标志以来,世界贸易特别是纺织产品贸易都十分重视环保和生态指标,纷纷推出绿色产品。"清洁生产"、"生态纺织品"和"环境标志"等环保新概念已大量地进入国际纺织品服装贸易领域。综观各国制订的要求,有一个共同点,即纺织品不得含有毒有害和潜在的有害因素,"产品对环境无害"的概念已成为指导生产和消费的主流。

1.绿色壁垒

在纺织贸易领域主要存在着两类技术壁垒。一类是针对纺织品生产到废弃回收的全过程中对环境的影响所设置的壁垒,主要指要求企业建立实施环境管理体系及对产品实施环境标志的声明,如ISO 14000体系认证;另一类壁垒则是针对产品本身对消费者的安全和健康的影响,要求纺织品不能对消费者的健康产生不利影响,所谓"生态纺织品",生态纺织品对人体和环境均无害。

"绿色壁垒"的基础是拥有先进的技术,在当今的国际贸易中,绿色贸易壁垒的标准大都是根据发达国家生产和技术水平制定的。他们凭借其技术优势,通过国际、国内环保立法,制定了内容无所不包的环保法律、法规和标准,筑起"绿色壁垒":产品不仅质量合格,而且生产、使用、消费和废止的全过程符合特定的环境保护要求,属"生态产品",与同类产品相比,具有低毒少害、节约资源等综合环保优势。如德国法令规定,对于用偶氮染料染色的日用进口消费品,一旦检测出含有致癌芳香胺,不仅就地销毁,还须向厂家索赔。

打破"绿色壁垒"最根本的办法是提高产品质量。"绿色壁垒"的挑战不是静态的,它的环保法规和标准处于一个不断提高的过程,随着技术的发展而变化,发达国家对某些产品在环保预防技术上解决到什么程度,就会把壁垒筑到什么高度。"绿色纺织品"所包含的范围相当广泛,除了"环保纺织品"的全部要求外,还包括原料的取用;生产过程中的能源和水资源的利用;产品使用后废弃物的处理,生产过程中产生的废物对环境污染的程度等,尽量减少生产过程中的污染,做到"无过程污染"或"零污染",成为当今"绿色纺织品"的重点发展方向。

无害环境的纺织品加工其极端的解释是指整个生产过程中,无论以何种方式,环境也不会被破坏。当前,许多企业的环保意识还停留在污染的末端治理,但工业发达国家已从末端治理阶段,进入从产品设计到废弃回收利用再生的阶段。纺织品业为迎接"绿色壁垒"挑战,应抓紧利用高新技术实施生产企业的全过程清洁生产,使自己的产品经得起国际卫生安全和生态纺织品标准的检查。从这个角度来说"绿色壁垒"又促进了我国相关行业的优化重组、优胜劣汰,促成一批以优势出口产品为龙头的企业集团,做大、做强我国的纺织业和相关纺织化学品业。

2. 生态纺织品标准及作用

目前世界上已有 20 多个国家建立了生态标签。不同的标签具体规定也不同,如:生态纺织品标准(Oeko - Tex Standard 100),此标签是由澳大利亚研究协会设定的,它分析生态上对人体有害的特殊物质及指定的用量极限,产品符合生态纺织品标准 Oeko - Tex Standard 100 所规定的特殊物质含量,就颁布此标签;M. U. T 是对生产工艺设定的一种标签,后来并为 M. S. T,是污染物含量较低的纺织品的一种标签,由德国消费者和生态纺织品协会制定的;Gut 为环保安全地毯组织标签;Eu 为欧共体生态标签和生态审核。除此以外,还有多种生态标签,有的是基于最终产品,有的是基于生产过程,而且测试的方法、规定的标准都各有差异。

生态纺织品标准 Oeko-Tex Standard 100,对纺织品中的生态毒性物质的限量和相关指标都作了明确的规定,修订后的 Oeko – Tex Standard 100(2002 年版)更强化了安全性要求。该标准规定的主要项目及有害物质包括:pH 值、甲醛、重金属、杀虫剂、五氯苯酚(PCP)、禁用染料、色牢度、有机氯载体及挥发性物质释放,同时还规定产品不得有发霉、汽油、鱼腥、芳香烃等特殊气味。有可能由自愿遵循的标准被政府作为强制性规定,或增加其他新的指标。

生态纺织品又称为环境友好产品。它属于环境(生态)标志产品。生态标志是一种产品或包装上的印记,它表明这类消费品与其他功能类似的产品对环境产生较小的危害。因此,这种标志代表了对产品环境质量的全面评价。它是 ISO 14000 体系的一部分即 ISO 14020。

ISO 环保产品认证和生态纺织品认证将使企业赢得更多商机,有助于纺织品提升产品档次,赢得更多的国际贸易机会。有绿色标志的产品日益博得消费者的青睐。

生态标签在政府、企业和消费者之间传递着有关环保的信息,实施生态标签有利于调动全社会参与保护环境。产品的生态设计是预防工业污染的源头,它包括可回收纺织品的开发、功能性纺织品的开发、防治污染用纺织品开发等。经生态设计的合成纤维、化学纤维对生态环境不产生不良影响,能有效利用能源和自然资源,又可再循环、再生,保证中间产品的无毒、无害,减少生产中的各种危险因素,使纺织品加工过程始终处于清洁生产之中。

第二节　印染行业的清洁生产

国内外市场对纺织品性能和功能的新需求,一方面使得国内传统的印染业面临新的发展机遇;另一方面市场化进程的加快和经济的快速增长,给环境和资源带来巨大压力,使印染企业面临新的挑战。印染业的发展与环境的协调更是引人注目,印染业的清洁生产已到了刻不容缓的地步。目前在欧洲倡导应用的三 E 系统(Efficiency 效率、Economy 经济、Ecology 生态)和清洁生产的四 R 原则(Reduction 减少、Recovery 回收、Reuse 回用、Recycle 循环),便是世界印染工业技术发展的主流。

多年来纺织染整加工废弃物和废水的污染,经过以末端治理为主的实践有较好的效果,但单一的末端治理不仅成为经济发展的沉重负担,而且越来越不能有效地解决环境污染问题,需要重新考虑环境治理政策。于是发达国家率先提出一种促进经济与环境协调发展的新方法——清洁生产(Clean production)。

一、清洁生产的概念

清洁生产是现代工业文明的重要标志。它既有技术问题,又有管理问题。开展清洁生产有利于提高企业的整体素质,提高企业的管理水平。清洁生产技术与传统技术相比,资源和能源的合理利用,产生污染物的量最小,既节约了生产成本又减轻了末端治理的负担,是一种双赢的策略。

《清洁生产促进法》对工业领域推进和实施清洁生产做了具体规定:从每一个环节研究分析减少污染物产生的可能性,寻找清洁生产的方法。清洁生产的核心是"节能、降耗、减污、增效",即节约原辅材料和能源的消耗,减少污染物质的产生,从而实现经济效益和环境效益的最大化。它强调的是从原辅材料和能源、技术工艺、设备、过程控制、管理、产品、废弃物等8条途径分析,采取相应措施即"污染预防"战略,以减少污染物质的产生。

《中国21世纪议程》指出:清洁生产是指既可满足人们的需要,又能合理使用自然资源和能源,并保护环境的实用生产方法和措施。其实质是一种物耗和能耗最少的人类生产活动的规划和管理,将废物量化、资源化和无害化或消灭于生产过程之中。

清洁生产在不同的发展阶段或者不同国家有不同的称法,如污染预防、废物最小量化、清洁生产等。联合国环境规划署与规划中心综合各种说法,给出的定义为:清洁生产是指将综合预防的环境策略,持续应用于生产过程、产品和服务中,以减少对人类和环境的风险性。因此,清洁生产的概念不仅含有技术上的可行性,还包括经济上的可盈利性,体现了经济效益、环境效益和社会效益的统一。

二、印染清洁生产及特点

1. 印染过程清洁生产

清洁生产指标是在达到国家和地方环境标准的基础上,根据行业水平、装备技术和管理水平制定的,共分为三级:一级代表国际清洁生产先进水平;二级代表国内清洁生产先进水平;三级代表国内清洁生产基本水平。根据清洁生产的一般要求,清洁生产指标原则上分为生产工艺与设备要求、资源能源利用指标、产品指标、污染物产生指标(末端处理前)、废物回收利用指标和环境管理要求6类。在环境影响评价中,还有20多个行业的清洁生产技术标准在陆续制定和颁布中。其中废物回收循环利用指标,是指在采用了清洁生产方案的前提下产生的废弃物经过有效处理之后的回收、循环利用情况等。

推行绿色染整技术和绿色纺织品也是实现印染行业清洁生产的

重要保证,主要应遵循:

(1)清洁能源:清洁生产使自然资源和能源利用合理化,经济效益最大化,对人类和环境的危害最小化。在能源使用方面,它包括新能源的开发、可再生能源的利用、现有能源的清洁利用及常规能源的清洁利用的方法。

(2)清洁原料:在使用原料方面,少用或不用有毒有害原料,实现新材料的绿色加工,从材料—纺织—染整—成品的生态加工技术和生态纺织品的研究开发。

(3)清洁的生产过程:在生产过程中,通过节约能源和资源,选用优化工艺和高效设备,物料实行再循环,减少废物和有害物质的产生和排放。以资源—产品—再生资源—新生产品的循环经济链,开发材料资源可持续利用的研究。

(4)清洁的产品:对产品,清洁生产在于减少整个产品生命周期对环境的冲击,易于回收、复用、再生、处置和降解。对生物技术及应用工程、绿色功能助剂的开发及其应用,实现多项新技术的系统集合。

印染的清洁生产,除了在原料、生产工艺及技术上从污染预防、环境保护上考虑外,还应向社会提供"绿色"、生态的纺织产品。这种产品从原料到成品最终处置的整个周期中,要求对人体和环境不产生污染危害或将有害影响减少到最低限度,在商品使用寿命终结后,能够便于回收利用,不对环境造成污染或潜在威胁。当前流行的绿色加工就是最大限度地节约资源和能源,减少环境污染,有利于人类生存而使用的各种现代技术、工艺和方法的总称。

2. 印染清洁生产的特点

印染行业的"清洁生产"主要指应用无污染或少污染的化学品和应用替代技术的工艺。它具有以下特点:

(1)生产工艺排出的三废少,特别是废水少,甚至无三废排放;排放的三废毒性低,对环境污染轻,或易于净化。

（2）所用原材料无害或低害。

（3）操作条件安全或劳动保护容易、无危险性。

（4）环境资源消费少或易于回收利用。

（5）加工成本低，加工质量和加工效率高。

清洁生产强调"清洁的能源"、"清洁的生产过程"和"清洁的产品"三个方面。强调废物的源头削减，即在废物产生之前即予以防止，促进企业从产品设计、原料选择、工艺改进、技术进步和生产管理等环节着手，最大限度地将原材料和能源转化为产品。此外，清洁生产还是一个相对的概念，是一个持续过程，随着生产的发展和新技术的应用，可能将会出现新的问题，必须采用新的方法来解决。

三、实施清洁生产的意义

1. 清洁生产是落实环保政策法规的根本体现

环境管理标准 ISO 14000 及纺织品生态标准 Oeko-Tex Standard 100 等法规的推出，社会把带来生态环境破坏的生产称作"灰色生产"，现实迫使企业转换思路，放弃污染环境、破坏生态平衡的生产工艺，转向设计开发和生产有利于环保的产品和工艺。

（1）ISO 14000 认证与清洁生产：企业的产品要获得生态纺织品标志和通过 ISO 14000 的认证，前提是必须先实施清洁生产。清洁生产与 ISO 14000 两者虽然与环境有密切联系，但两者侧重点却不同，清洁生产着眼于技术改革和创新，通过新工艺、新方法、新设备等硬件措施，实现资源与能源的最大利用，使产生的污染量降到最小。ISO 14000通过环境管理体系的建立，实现检查和监督资源和能源利用的优化和废物的最小量化，它是通过建立软件系统来实现。

清洁生产作为一种保护环境与人体健康的机制，它的重点是减少一切排放物和废物的数量和毒性，而不是处理排放物和废物来降低毒性。

纺织品印染加工,会产生污染,而废弃物降解及印染废水脱色处理是污染进一步产生和扩大化的根源,因此实行 ISO 14000 环境管理有更重要的意义。

(2)生态纺织品与清洁生产:生态纺织品是清洁生产的产品,其生产过程和产品本身注重"生态—环保—清洁",不仅做到能源与资源的节约利用,而且对使用的某些染料、助剂、后整理剂的含量以及色牢度、织物的 pH 值等也有严格的要求。由此可见生态纺织品对各项要求是很严格的。同时,清洁生产又是生态纺织品制成的基础,只有实现了"清洁生产",做到"无过程污染"或"零污染",绿色纺织品的生产才有了基本的保证。

2. 清洁生产是印染企业可持续发展的根本

(1)清洁生产是企业生存的根本:保护环境、实现可持续发展的清洁生产工程在世界范围内已开展起来,印染企业要真正消除污染,减少对环境的危害,就应该实施清洁生产。实施清洁生产方案不仅能有效地治理环境,而且还能提高生产线的整体水平和职工的素质,并且能取得可观的环境和经济效益。印染行业是我国污染排放量较大的行业之一,因此推行清洁生产有着很大的潜力。

清洁生产可以大幅度减少资源消耗和废物产生,还可使破坏了的生态环境得到缓解和恢复,排除资源匮乏困境和污染困扰。

(2)清洁生产可以提高企业经济效益:清洁生产具有符合经济性的特点,生产全过程的各个环节都从预防出发,减少废弃物的产生,这就可以节约资源、能源,减少由于末端治理的投资和运行而付出的高昂费用,使可能产生的废物消失在生产过程中,从而提高经济效益。

推行全员、全方位、全过程的清洁生产,依靠的是加强内部管理和技术改造,在预防和消减污染的同时,实现了经济效益和环境效益的同步发展,改善了企业的精神面貌,增强了市场竞争力,清洁生产与企业的经营方向是完全一致的,实行清洁生产可以给企业带来显著的社会效益、环境效益和经济效益。

（3）清洁生产是企业持续发展的动力：清洁生产作为一种管理生产或影响环境的前瞻性方法，包括对系统的不断评议以及新方法的识别、评估和实施。清洁生产方法区别于传统的废物与排出物处理方法，其资源可持续利用。

清洁生产是预防污染、实现可持续发展的必然选择，也是我国加入世界贸易组织后应对绿色贸易壁垒、增强企业竞争力的重要措施。清洁生产为企业提供一个新的利润空间，达到经济与环境持续协调发展的"双赢"的理想状态。推行清洁生产无论从经济角度还是社会环境角度均符合可持续发展战略要求。

（4）清洁生产是技术改造和创新的动力：清洁生产一直与新技术的发展联系在一起。在摒弃了传统的污染控制和末端废物处理技术的同时，清洁生产为生产技术的创新和应用创造了机会。清洁技术的发展和工业化能够促进民族经济的发展以及环境质量的改善，促进原有设备的改造、改进或用新的技术和原料取代传统的技术和原料。清洁生产的发展会延伸到鼓励技术的创新和发展，这些清洁生产技术，将导致更少的废物、更低的水和能源消费以及更少的有毒和危险药品的使用。

染整行业是纺织品深加工、精加工和提高附加值的关键行业，对纺织、服装、装饰用布起着重要的纽带作用，是纺织工业发展和技术水平的综合体现。当前我国染整业与发达国家相比，在软硬件技术以及信息、开发和销售渠道等方面均存在较大差距。原料、设备、染化料助剂是染整业发展的基础条件，信息化是染整业发展的方向，其高质化、差异化、适应性、功能性、仿真性、重现性、快速反应性、环保和生态性能的提高，将为染整业的发展奠定良好的基础。

总之，印染企业的清洁生产作为行业发展的战略目标，具有十分重要和紧迫的现实意义。印染行业实施清洁生产，做到行业发展与环境保护相协调,既为企业的可持续发展创造条件,又为我国的环境保护事业做出贡献。

第三节 实现印染行业清洁生产的思路

一、实现印染清洁生产的途径

1. 使用清洁生产原料

传统的染整行业是按织物类别、对染色及后整理的要求、成本等技术经济指标来选用染化料,确定工艺路线。开展生态纺织品活动以来,选择绿色材料是开发绿色产品的前提。选择原材料时应注意遵循产品质量的生态性及长期连贯稳定性:

①优先选用可再生材料,尽量使用回收材料,提高资源利用率;

②节省能源与原材料投入;

③使用环境兼容性好的低污染、低毒性的材料和染化料,所用的材料应当易于再回收、再利用、再制造或者容易被降解。如天然彩色棉、无甲醛、无磷的助剂、禁用染料的取代品、可降解高分子材料等都属绿色材料。

2. 实现对生产全过程控制

印染污染和废水来源于各个生产工序中,只有实行各生产工序的减污和减水,将防止污染和节约资源的措施用于产品的生产链中,才能对末端废水实行总量控制,使污染最小化。由此清洁生产的概念涉及两个全过程:一是生产全过程采用无污染、少污染的工艺和先进的设备,利用高科技和新技术进行工业生产;二是产品的整个生命周期要求从原材料的选用到使用后的处理不构成对人类健康和环境的危害。

例如,分析纺织印染各工序用水量可知,水洗在整个生产中占有相当大的比重。因此减少各工序的用水量,提高水洗效率,是控制和减少废水排放量的有效手段。染整工业对环境造成的污染应由染化料供应方、加工方及立法机构三方协同改善。供料方应研制高固着率、低毒性、低 COD 制品,加工方应筛选染化料、优化配方工艺及操作,尽可能采用循环加工法,采取有效废水处理措施等,从环境维护及经济的双重角度考虑产品开发和研制。

3. 淘汰传统污染工艺,实现绿色生产

传统的工艺发展模式不可避免地导致自然资源的耗竭和生态环境的严重恶化。理想的绿色印染生产工艺,应该是生产过程对生态环境无害;排放废弃物对人类生存环境无害;操作环境对劳动者无害;成品在服用过程中对人体无害。它所着眼的不是消除污染引起的后果,而是消除造成污染的根源,把污染防御的理念运用到产品开发设计及绿色染整加工技术。纺织、印染、整理的各生产工序应在生态良好的条件下进行,对空气的净化、噪声的降低、污水的处理,都达到生态标准。

绿色清洁生产技术是发达国家产业界共同追求的技术,将绿色技术应用到纺织品的生产加工中,加大科技投入,尽可能采用国际标准,掌握纺织品有毒、有害物质残留指标的设置和限量变化信息,以便采取相应措施,采用绿色材料,通过绿色设计、绿色制造、绿色包装,生产出节能、降耗、减污的环境友好型产品。

4. 采用无废生产工艺新技术

染整工业受环保法规的制约愈来愈严格,传统方式"先污染,后治理"的老路已难以为继。所以,在印染加工过程中采用无污染或低污染的工艺、先进的生产技术和设备,减轻终端废水处理的负担十分必要。如闭环式加工工艺(零排放印染加工工程);松堆丝光工艺,非水体系加工工程;激光制网、喷蜡制网、喷墨制网、喷墨印花技术;智能化小浴比和短流程、低温等离子体设备等。

5. 清洁生产与技术改造相结合

纺织企业技术改造是实施清洁生产的重要手段,要全面和科学地考虑清洁生产技术的采用以及清洁生产审计的方法问题,通过环境和经济综合分析、比较而选择出的技术改造方案(包括设备、工艺、原料等方面),应属于清洁生产技术的范畴。

印染的工艺是依据纤维类别、染化料和设备的性能及对纤维织物印染产品的要求,筛选和设计流程、制定参数。纺织原料、染化料、设备是保证产品质量、档次、效益的基础,应加速与纤维性能配套的染化料、助剂的开发进度,研究科学、合理的印染新技术。例如,当前超细纤维织物印染加工遇到很大困难,在色光纯正、鲜艳、饱满、色牢度上落后于国外,且染色不匀使基本质量不能保证,同时染深色要比同类织物染化料用量大几倍,这不但增大染化料与能耗成本,而且加重废水处理负担,超细纤维染整加工新技术的开发尤为迫切。

目前清洁生产的推广和实施已经纳入国家和各地方经济计划发展部门统一管理,将有利于技术改造与清洁生产的结合。我国已成为纺织染整加工生产大国,只有加强科技开发,特别是原创性技术开发,才能使我国尽快成为世界纺织染整强国。

6. 立足循环经济

加强废物的回收与利用,实现纺织生产的清洁化有利于生态环境和人们的健康安全。对于有用的资源,要有充分的回收措施,如从洗毛废水中提取羊毛脂和各种化学溶剂,在丝光废水中回收碱液,用超滤法在染色废水中回收染料等。对重大科技攻关项目如高分子废弃物的微生物降解和再利用、光催化氧化无废练漂工艺与设备研究等,应促进其产业化。

二、增强清洁生产意识,加快结构调整

1. 积极申请 ISO 14000 认证

以污染预防为主的清洁生产制定的原则与 ISO 14000 系列标准的

管理原则完全一致,清洁生产和环境管理体系都要从转变观念入手,清洁生产审核可以帮助企业选择最佳技术路线,而环境管理体系可以帮助企业有效实施这些方案,并得到不断监督和改进。推行ISO 9000质量体系认证也是实行清洁生产的管理,企业决策者应将清洁生产纳入企业中长期发展规划。对新建、改建、扩建技术改造项目应采用先进的科学技术、工艺和设备,如引进和购置设备中考核的重要指标之一应是该企业是否通过 ISO 14000 或 ISO 9000 认证资格。

　　ISO 14000 系列标准对不同行业所产生影响是不同的。对印染等环境影响较大的行业,标准的约束力更大。近期许多城市的印染企业都面临搬迁问题,搬迁对这些企业而言是实现清洁生产,获得ISO 14000 认证的良好机会。再通过生态纺织品的认证、获取生态纺织品标志,这些企业会赢得更大的机遇。

　　2. 把清洁生产与企业管理相结合

　　清洁生产是一项涉及计划、生产、环保、科研、设计各部门及包括生产全过程的庞大系统工程,因此必须建立一个清洁生产的领导和管理机构,加强环保意识,将污染预防、污染产生、污染扩散、污染排放有机结合在一起进行管理;明确清洁生产管理职责,健全管理制度,执行国家、地方、行业有关清洁生产的方针、政策、法规、规划、标准,对企业的生产管理者和有关人员进行清洁生产培训。

　　国家环境保护总局和原国家经济贸易委员会联合发布的《印染行业废水污染防治技术政策》,将国家环境保护政策和行业技术发展政策融合在一起,以推进清洁生产为指导原则,对印染工艺各生产过程的污染防治提出了总体的技术原则、技术路线和技术措施。该技术政策明确提出鼓励、限制和淘汰的目标对象,鼓励印染企业采用清洁生产工艺和技术,严格控制其生产过程中的用水量、排水量和产污量。印染行业推行的清洁生产工艺项目,是从"国家重点行业清洁生产技术导向目录"纺织工业的 12 项技术中选出的,包括节约用水工艺、减少污染物排放工艺、回收、回用工艺、禁用染化料的替代技术等,体现了工业污染全过程控制、推行清洁生产和末端治理相结合的原则。

清洁生产的浪潮要求企业的决策者,随时掌握最新信息,在技术和管理上更上一层楼,在新的更高层面上冲破"绿色壁垒",参与国际竞争,使企业在不断设置的新"绿色壁垒"面前争得主动、赢得胜利。

3. 加强国际、国内的合作

推动清洁生产,要积极地开展国际、国内的合作。从新型材料的开发到实现产品化,需要与印染工业唇齿相依的上下游产业,如化工业、材料工业、成品加工制造业紧密地配合,形成有特色的纺织新材料开发和应用研究链。建立以开发新型纤维材料—纺织—印染—后整理—服装或产业制品等为一条龙的科学研究方向,开发创新产品的研究基地,整合科研体系。

4. 建立激励机制,全面实现清洁生产

印染企业推行清洁生产,有企业外部和企业内部两方面的推动机制相互作用。外部作用主要是政府的强制或激励机制;内部作用主要靠完善企业内部机制。在推行清洁生产中,我国政府对印染行业已采取的措施有:建立清洁生产示范的典型,鼓励节能、降耗减污,优惠贷款政策,清洁生产项目减免税政策;对污染性工业及污染难以控制企业将有被禁止、限制或淘汰可能,限制、淘汰落后工艺和设备政策,制定印染行业清洁生产指南和标准;建立国家及地方清洁生产网络,交流推广和实施清洁生产的信息和经验等。

企业通过清洁生产审计取得明显的环境效益,通过核算也取得较好的经济效益,从清洁生产方法学出发,这部分经济效益应当作为下一次清洁生产审计的启动资金,使清洁生产持续下去,通过自身的良性循环,其经济效益越来越大。

近年来,经济的快速发展与环境保护不相协调的矛盾日益突出,重经济发展、轻环境保护的现象在许多地方时有发生,甚至以牺牲环境为代价,片面追求经济发展。针对环境保护和执法中存在的问题,监察部和国家环境保护总局按照党中央、国务院的要求,依据《环境保护法》、《行政监察法》等法律规定,联合制定了《环境保护违法违纪行为处分暂行规定》,自 2006 年 2 月 20 日起公布施行。《暂行规定》是我国第一部关于环境保护处分方面的专门规章。《暂行规定》对立法宗旨、适用范围、应受处分的违法违纪行为、处分量纪标准及案件移送等作了明确规定,体现了依法行政、从严执政的要求。《暂行规定》体现了标本兼治、综合治理的要求,重在遏制当前环境保护中出现的各种违法违纪行为,对现实中存在的突出问题及群众反映较集中的环境污染问题,新增设了纪律处分规定。

这反映了现阶段国家对生产严重污染问题的高度重视。

主要参考文献

[1] 王喜爱. 印染废水的治理及清洁生产[J]. 中国测试技术,2004,30(4):65,76.

[2] 税永红,张利英. 纺织工业的清洁生产[J]. 成都纺织高等专科学校学报,2002,19(3):13 – 17.

[3] 郭晓玲,王向前. 绿色纺织品的研究与开发[J]. 广西纺织科技,2002,31(1):43 – 45.

[4] 雷乐成,张清宇. 纺织印染行业清洁生产技术[J]. 环境工程,1997,15(6):57 – 60.

[5] 杨书铭. 北京推行 ISO 14000 及生态纺织品的意义和前景[J]. 北京纺织,2003,24(6):4 – 5.

[6] 伏宏彬,周宇. 发展生态服装跨越绿色壁垒[J]. 成都纺织高等专科学校学报,2003,20(3):1 – 5.

[7] 吴红玲,蒋少军,崔艳红. 纺织行业实现清洁生产的探讨[J]. 四川丝绸,2003,(4):20 – 22.

［8］梁香青.纺织品呼唤"绿色"经济师［J］.2002,（10）:49－50.

［9］石晓枫.生命周期评价在企业清洁生产中的应用［J］.环境导报,1999,
（6）:23－25.

［10］汤传教,万融.棉纺织品的生命周期清单分析［J］.上海纺织科技,
2003,31（6）:1－3.

［11］孙启宏.生命周期评价在清洁生产领域的应用前景［J］.环境科学研
究,2002,15（4）:4－6.

［12］杨建新,徐成,王如松.产品生命周期评价方法及应用［M］,北京:气象
出版社,2002.

［13］阮燕良.谈清洁生产与节能［J］.能源与环境,2004,（1）:60－61.

［14］李进.企业实施清洁生产的意义［J］.化学工程师,2004（4）:30－31.

［15］张健,刘志远.实施清洁生产提高环境和经济效益［J］.江西煤炭科技,
2004,（2）:63－64.

［16］Eija MK, Pertti N. Life Cycle Assessment-Environmental Profile of Cotton
and Polyester-Cotton Fabrics［J］. AUTES Research Journal, 1999,1（1）:
8－18.

第二章　环保型纺织纤维及其性能

从纺织生态学的角度来看,环保型与健康型纤维的定义可涉及以下几方面:

(1)纤维在生长或生产过程中未受污染。

(2)纤维生产过程不会对环境造成污染。

(3)纤维制成品失去使用价值后可回收再利用或可在自然条件下降解消化,不会对生态环境造成危害。

(4)生产纤维的原材料属于可再生资源或可利用的废弃物,不会造成生态平衡的失调和掠夺性的资源开发。

(5)纤维对人体具有某种保健功能。

依据以上的定义对现有的纤维进行分析,不难发现,天然纤维中的棉、麻等植物纤维可被生物降解,属于可再生资源。但在种植和生长过程中要施化肥和喷洒农药,对纤维会造成污染。此外,植物纤维在生长过程中从土壤或大气中吸收一些有害重金属元素。蚕丝可被生物降解也属于可再生资源,但因蚕食用的桑叶或其他的食料吸收空气和土壤中的有害重金属元素、农药等,进入蚕的食物链,构成蚕丝的污染。羊毛纤维可被生物降解,但纤维中往往含有草场污染物、土杂污染物以及储存时使用的杀虫剂等。过度牧羊带来草场退化、荒漠化现象严重,加剧了草场环境的恶化,即加剧了羊毛纤维的污染。粘胶纤维虽可被生物降解,但在制取纸浆粕和黄化过程污染相当严重,制得的纤维中含有少量的多硫化合物等杂质。发达国家为维护生态环境,逐年减少粘胶生产量或不生产粘胶。合成纤维在高聚物的合成过程中污染较重,污染主要来自于单体、催化剂和添加剂。纺丝过程中的污染主要来自干法纺丝、湿法纺丝的溶剂,当然也不排除生产中的热、噪声污染。合成纤维是较洁净的纤维材料,有害物质含量很低,但不能被生物降解,环境负荷大。由此看来培育与种植生态型的天然纤维,利用生物技术、基因工程、物理手段改进与提高天然纤维的性能,研究与开发符合生态要求的绿色纤维、可降解的合成纤维迫在眉睫。

第一节 天然高分子材料生态纤维

一、天然生态纤维

1. 棉纤维

棉纤维是植物纤维素纤维,它具有优良的生态性及舒适、吸湿、保暖、柔软等良好服用性能,但也存在一定的缺点,如易起皱、易发霉等。为充分开发改进棉纤维功能潜质,对棉纤维的绿色改性、升级利用的研究已成为近来纤维材料的一个关注点。

(1)利用基因工程改善棉纤维生长。棉花生长期长、虫害多,造成的损失严重。而利用转基因抗虫与施药相比有多种优势:不会在土壤和地下水中造成药物残留,对非生物目标无毒性,对于难以喷药或不能喷药的植物器官亦有保护作用。在棉花抗虫的基因工程研究领域,最成功的是利用苏云金芽孢杆菌 Bt 杀虫基因。经过多年的实验表明,Bt 基因引入到棉花后,抗虫棉表现出很强的抗虫性(表 2 - 1)。其次是蛋白酶抑制剂基因。与 Bt 等抗虫蛋白相比, 蛋白酶抑制剂基因

表 2 - 1　抗虫棉的抗虫性表现

项 目	受害者/%	受害铃/%	受害花芽/%	百蕾的幼虫数/只	百铃内幼虫数/只	铃大小
普通棉	22	1 ~ 24	6 ~ 41	19	22.5	大
Bt 棉	<8	0 ~ 6.5	<5	7.8	—	小

具有很多自身的优势。首先是昆虫不易对蛋白酶抑制剂基因产生耐受性。蛋白酶抑制剂基因与昆虫肠道蛋白酶自身的优势性中心的作用,是其抗虫机理的关键,这个活性中心往往是酶的保守区域,因此昆虫通过突变来产生耐受性的概率很小。相对于其他抗虫蛋白而言,昆虫却易对此产生耐受性,而不易对蛋白酶抑制剂基因产生耐受性。由于昆虫同时对两种抗虫蛋白产生抗性的概率更小,故可将蛋白酶抑制剂基因与其他抗虫元件联合使用,培育双价抗虫作物,以扩大转基因植物的抗虫谱,并提高抗虫效果。在转基因植物中同时引入两种或两种以上不同抗虫机制的基因是防止或延缓害虫产生耐受性的有效方法,这将成为今后抗虫基因工程的一个主要方向。中国农科院和中国科学院遗传研究所等将豇豆胰蛋白酶抑制剂(CPTI)和大豆 Kunitz 型胰蛋白酶抑制剂(SKTI)基因分别与 Bt 蛋白基因联用,已各自获得抗虫效果较好的双价抗虫棉转化植株。

此外,基因工程还用在棉花的抗病以及除草等方面。2002 年以来利用座子标签法、图位克隆法等,已从玉米、番茄、烟草、水稻等植物中分离鉴定了近二十个抗病基因。且有许多将抗病基因引入到棉花中的成功例子,使棉花表现出了良好的抗病性,有利于棉花的生长。在除草方面也有报道,早在 1993 年,转基因棉花除草剂溴苯腈(BXN)就进行了首次商用示范。

(2)利用基因工程改善棉纤维品质。利用基因工程改善棉纤维品质有两条途径:

①增加或减少某些与棉纤维品质相关的蛋白质或酶的表达水平,这一途径需要分离鉴定出与纤维品质相关的基因。由于与纤维品质相关的棉花基因目前还不是很清楚,因此,目前的工作一般是试图分离鉴定那些仅在或主要在纤维细胞内表达的基因。一般认为,纤维细胞特异表达的基因可能对纤维发育起重要作用。现已发现了若干这样的基因,它们有的在棉纤维的发育早期表达,有的只在纤维发育后

期表达。虽然这些基因在纤维发育中的功能还不清楚,但它们在纤维细胞内的特异表达和表达受发育程序调控,表明纤维发育的不同阶段可能受到不同基因的控制。这些基因对棉纤维强度、长度和细度等内在品质性状的形成可能起着重要作用。因此,分离鉴定这些基因可以为棉纤维品质改善基因工程提供目的基因。

②从其他生物中选择有潜力的基因,将其导入棉花,以提高纤维品质。例如 PHB(聚羟基丁酸)是理化特性类似聚丙烯的天然可降解的热塑聚合物,许多细菌能产生该物质。由于可天然降解,因此不会造成污染。一个潜在的方法就是在棉的胞腔内合成它,而不改变棉的其他性能。John 和 Keller 将细菌的还原酶和 PHA 合成基因转入棉花,成功地在棉纤维中产生了 PHB,从而生产了带有化纤特性的新型棉花,但是 PHB 的含量只占纤维总重的 0.34%。这种新型棉花仍然保留原来的吸水、柔软等特性,但其保温性、强度、抗皱性均高于普通棉花纤维。此外,天然蛋白多聚物 PBPs(Protein-Based polymers),例如蜘蛛网、弹性蛋白、人体动脉中的一种具有橡胶样弹性的纤维,Diniell 提出将编码聚 VPGVG(弹性蛋白的典型序列)的合成基因转入棉花,以期改变棉花的弹性、吸水性、保温性和染色性。最近,我国科学家成功研制出兔毛棉花。这项技术是利用兔子身上分离的角蛋白基因转入棉花,使棉花纤维具有了毛的品质。该棉花色泽似兔毛般光亮,手感也更加柔软,1998 年,中国科学院上海植物生理生态研究所以陈晓亚研究员为首的课题组应用独创转基因技术,在该所人工气候室培育出第一代棉株。经过反复筛选、育种,目前已培育出第六代,且遗传性稳定。

(3)利用基因工程生产彩色棉。彩色棉(Nature colored cotton)也叫天然彩色棉、有色棉。它是采用杂交、转基因等现代生物工程技术培养出来的一种在吐絮时就具有红、黄、绿、棕等天然色彩的棉花。而天然彩色棉原是棉花本身的一种生物学特性,它的纤维彩色生理缘由是在纤维细胞形成与成长发育的过程中,在其单纤维的中腔细胞内沉积了某种色素体所致。这种色素体的沉积主要受遗传基因所控制,而受环境的影响较小。这种色素体一般又叫突变体,在纤维中腔细胞内沉积的色素多,纤维彩色就深,沉积色素少,彩色相对就浅。

天然彩色棉在栽培种植的过程中只施有机肥料,不使用化肥农药,且制品不需经过漂、煮、染。这就消除了在印染过程中产生的有害及致癌物质,如甲醛、五氯苯酚、偶氮染料、发光剂、柔软剂、荧光增白剂、有害重金属的污染以及防腐、防蛀、防霉化学制剂和杀虫药剂等农药的残留。同时还可降低污水排放,减少能耗,降低成本,提高产品附加值。产品消费后与白棉产品一样仍可废旧循环再生。它保护了人类共同的生存空间与环境,从而保证了人体健康。因此,天然彩色棉作为环境友好材料正日益受到人们的重视。彩棉一旦能大量应用,将给纺织业带来新的变革,有助于突破国际上的绿色壁垒,成为促进我国纺织品出口的新的增长点。

①彩色棉与白棉性能上的差异:

a. 截面构成与尺寸稳定性:通过透射电镜观察,彩色棉纤维次生胞壁比白棉薄很多,而胞腔远远大于白棉,绿棉胞腔约占 1/2;棕棉胞腔约占 1/3;白棉胞腔仅占 1/5 ~ 1/6。纺织上可用的棉纤维部分,主要分布在次生胞壁。白棉次生胞壁厚,胞腔较小,纤维素含量多,纺织可利用价值较高。白棉经丝光溶胀处理后,胞腔可基本消失,从而获得较好的尺寸稳定性。彩棉胞腔大,可收缩的空间多,受湿热或化学、机械影响后,可发生剧烈收缩和变形。实验表明,经 50 ~ 60℃热水处理1 h,彩色棉面积收缩率可达到 16% 以上。若经过浓碱处理,面积收缩率可达到 30% 以上。

b. 纤维素含量与纤维品质:化学分析结果表明,纤维素含量白棉占 97% 以上;棕棉占 93.44%;绿棉占 89.8%。彩色棉纤维素含量低,半纤维素含量高,造成纤维长度短,强度偏低。马克隆值、整齐度、短绒率、衣分率也都低于白棉。另外,杂质中,彩色棉果胶含量小于白棉,约为白棉的 35% ~45%。果胶物质是纤维细胞壁之间的粘合剂。因此彩色棉细胞壁之间的抱合力较低,且可纺性差,断头率高,飞花多,易起毛。棕棉纤维素含量略高于绿棉,因此各项指标略好于绿棉,可纺性也稍好,见表 2 - 2。

表 2 - 2 纤维品质对比

品　种	白　棉	棕　棉	绿　棉
2.5% 跨长/mm	28 ~31	20 ~30	21 ~25
强度/cN·tex^{-1}	19 ~23	16 ~17	14 ~16
马克隆值	3.7 ~5.0	3.0 ~4.3	3.0 ~3.3
整齐度/%	49 ~52	44 ~47	45 ~47
短绒率/%	≤12	15 ~30	15 ~20
棉结/粒·g^{-1}	80 ~200	120 ~200	100 ~150
衣分率/%	39 ~41	28 ~30	20

c. 蜡质含量和亲水性:白棉杂质含量 4.34%,其中脂肪含量 0.68%,木质素含量为 0。棕棉杂质含量 14.28%,其中脂肪和木质素含量占 9.57%。绿棉杂质含量占 18.84%,其中脂肪和木质素的含量占 13.68%。由此可见,彩色棉杂质含量约是白棉的 2 ~5 倍。白棉杂质主要成分是果胶、灰分和含氮物质,几乎不含木质素。彩色棉杂质主要成分是脂肪和木质素。两者都可用有机溶剂萃取,统称为蜡质。蜡质的主要成分是长链脂肪烃及少量环状芳烃,其主要性质是拒水,在生物生长过程中,起防止毒素侵害和保持植物体内水分的作用。因此彩棉拒水性很强,吸水性差,未经处理的彩色棉毛效为 0 cm/30 min。为使彩色棉产品达到亲水效果,则需特别加工。

②彩色棉的产品开发:彩色棉在纺织加工中基本做到了无过程污染。彩色棉服装色泽柔和,款式典雅,格调古朴,质地纯正,穿着舒适

安全,符合人们返璞归真、回归天然的心态。它提倡的是一种人与大自然和谐一体的感觉,面对的是有现代意识、注重环保、讲求生活质量的新一代。我国彩色棉纺织品已由最初的机织面料、针织面料扩大到毛巾、浴巾、床上用品、内衣、袜子、帽子、婴幼儿系列服、无纺布等纺织成品。而且一系列高科技彩色棉纺织品陆续开发出来,如彩色棉纳米防菌抗臭弹力纱、彩色棉远红外丙纶衬衫面料、彩色棉与罗布麻混纺保健面料、彩色棉与大麻混纺休闲面料、彩色棉与天丝纤维混纺或交织面料等。彩色棉可纺品种已经达到或接近白棉的水平。

③彩色棉基础研究现状:彩色棉的环保特性,越来越引起国内外的关注。目前,国内外对彩色棉纤维的形态结构、超微结构、发色机理、色素稳定性等多方面进行了大量的研究和探索,我国在彩色棉的研制和开发领域中处于世界领先水平,在彩色棉的核雄性不育生物工程技术和棕色长绒棉培育技术、彩色棉基因改性抗虫抗病、导入蜘蛛丝改进彩色棉强力、导入红色、蓝色、黑色基因丰富天然色素等方面都做了大量工作,并取得了阶段性进展。

④彩色棉开发中亟待解决的瓶颈问题:

a.彩色棉的色谱单调;

b.彩色棉种植上需要隔离;

c.彩色棉纤维品质较差;

d.彩色棉色素不稳定;

e.天然色素的结构和性质缺乏深入的基础研究;

f.彩色棉纺织品尺寸稳定性差、易变色。

2.麻纤维

(1)苎麻:由于苎麻织物具有舒适、卫生等优良品质,从而使苎麻的需求不断增加。但苎麻纤维由于结晶度高,导致硬挺度高,纤维的抱合力差,加工难度大,而且还存在着刺痒感,纤维的回弹性差等缺点,在发展生态纺织品的趋势下,研究者们对其进行了新改性方法的探索,亦取得了相应的进展。

①苎麻纤维羟烷基改性技术:在浓碱作用下,苎麻纤维素非晶区发生膨润生成碱纤维素(不同于传统的碱改性方法),碱纤维素进一步与环氧乙烷或环氧烷烃作用,使其作为交联剂穿插在非晶区生成羟乙基或羟烷基。由于纤维的结构发生变化所产生的应力使纤维扭曲,外观发生卷曲,同时使纤维的刚性易发生改变,大大降低了纤维的初始模量。由于变性苎麻纤维的卷曲度与纤维节结的膨胀呈竹节状,使纤维的抱合力大为增加。

②无甲醛麻类变性纤维交联技术:与麻纤维羟烷基改性技术相似,无甲醛交联技术采用乙二醛、二羟基乙烯脲、聚缩醛、β-二羟基乙基砜、丙二醇、二缩水甘油醚、硝基烷烃等其中任何一种不含甲醛的交联剂,在催化剂存在情况下,将碱纤维素浸渍其中,再挤干,经高温焙烘交联。变性后纤维具有柔软性、挠曲性、耐疲劳性,解决了纤维的回弹性差的问题。变性后纤维还具有较好的吸湿与抗静电性能,制成的织物舒适、透气、少沾污,更合乎穿着卫生条件。

(2)大麻:大麻是人类最早应用的纺织材料之一,但由于大麻原麻中果胶、木质素、半纤维素含量高,单纤维长度短,取向度差等缺陷,使大麻纤维的利用落后于亚麻、苎麻,并逐步走向衰退。随着社会的进步和人类对自然界认识的加深,"绿色消费"率先在欧美等地区的一些发达国家中兴起。大麻纤维以其独特的天然保健性能,又重新受到国内外纺织界的广泛关注。

①大麻纤维的优良特性:大麻纤维表面很粗糙,纵向有许多裂隙和孔洞,并与中腔相连。因此大麻织物吸湿性能优良,且散湿速率大于吸湿速率,穿大麻服装与棉质服装相比,人体感觉可低5℃左右,且舒适、爽身、透气;大麻纺织品具有较好的抗静电性能,抗电击能力比棉纤维高30%左右,对人体无不良影响,还可消散音波;大麻纤维截面呈圆形,单纤维极细,是麻类中最柔软的一种,没有苎麻、亚麻那样尖

锐的顶端。因此,大麻面料无须特别处理就可避免其他麻类纺织品的刺痒感和粗糙感;大麻纺织品未经任何药物处理,水洗后经测试(按美国 AATCC 90—1982 定性抑菌法),对金黄色葡萄球菌、绿脓杆菌、曲霉、青霉、大肠杆菌、胞念球菌均有明显的抑菌效果;大麻纤维的耐热性极佳,在370℃时仍然保持不变,并耐晒绝缘;大麻纤维不仅含有麻甾醇等有益物质,经高频等离子发射谱分析测定含有 10 多种对人体健康十分有益的微量元素。

②大麻的环保型加工:利用现代生物技术——酶法脱胶,为大麻脱胶开辟了一条新的工艺技术路线。大麻脱胶酶只对大麻中的胶质(半纤维素、木质素、果胶、脂蜡质等)具有生物分解和降解作用,而对纤维素很少甚至不起作用,从而保证有效地去除胶质。同时,使纤维保持原有的天然品质和性能。由于大麻生物酶的高效性,整个工艺过程只需 2～3 h,较化学脱胶方法缩短 50% 的时间。与原化学脱胶相比,应用大麻生物脱胶技术,具有绿色环保、无污染,脱胶均匀、纤维柔软、强力高、可纺性能显著提高等诸多优点。研究和应用大麻生物脱胶工艺技术,创造质量稳定、无污染、低成本的生产体系,对实现企业的可持续发展具有重大意义。

③开发大麻纤维符合国家可持续发展战略:大麻属生态作物,能吸除土壤中的镉、铅、铜等元素,改良受重金属污染的土壤。大麻作物能抗病虫害及有效抑制杂草生长,无须喷施杀虫剂和除草剂,田间管理简单,种植成本低。我国很多地区适宜大麻种植和生长。尤其在西部沙化或半沙化地区种植大麻,不仅可使大片荒芜的土地得以利用,恢复当地的生态平衡,而且还能增加农民收入,有利于解决当地的"三农"问题。有关资料显示,在土地瘠薄的辽西地区,种麻的收入是种粮食作物的 5 倍。总之,大麻纤维的种植和加工,符合可持续发展要求,是一项利国利民、造福子孙、保护生态环境的绿色工程。

(3)罗布麻纤维:罗布麻,又称"野麻",夹竹桃科多年生草本宿根植物。人们称之为野生纤维之王。罗布麻纤维较细软,表面光滑,长度约在 20 ~ 50 cm 左右,罗布麻纤维细度在 12 ~ 17 μm 之间,同羊绒细度基本相同。罗布麻纤维截面呈不规则椭圆形,长短之比大约是 2∶1,纵向有明显竹节,内有腔孔和特有的"沟槽"存在。罗布麻纤维单根断裂强度为 6.52 cN/dtex,断裂伸长率为 3.42%,纤维的结晶度高于棉纤维,低于苎麻纤维,纤维内含有 18 种氨基酸。罗布麻纤维具有棉的柔软、丝的光泽、麻的滑爽特性,这些特性均优于其他麻类纤维及天然纤维。罗布麻除有以上性能和一定的可纺性外,还具有两大生态功能。

①天然抗菌、除臭:经检测,罗布麻纤维本身具有抗菌性。罗布麻纤维的防毒等特性正源于它的抗菌力,不仅抗菌,而且能抑菌,还能治疗皮炎、湿疹等皮肤病,是保健纺织品的最好原料。罗布麻与其他织物灭菌率的比较如表 2 - 3 所示。

表 2 - 3　罗布麻与其他织物灭菌[①]率的比较

试　验　材　料	灭菌率/%
罗布麻内衣[麻/棉(35/65)]洗涤 20 次后	76
罗布麻内衣[麻/棉(35/65)]洗涤 30 次后	84
标准原布[②]	6
空白试验原布	6

①试验菌:肺炎杆菌 Klebsiella pneumoniae AATCC 4352。
②作为未加工试验材料,用标准白布(锦纶)。

②天然远红外功能:罗布麻纤维是天然的远红外发射材料,可发射 8 ~ 15 μm 的远红外光波,能渗透到皮肤和皮下组织,改善微循环,减少血管内血脂数量,降低血脂,减少动脉硬化等心血管疾病发生。

目前罗布麻纤维的主要纺织品是罗布麻含量不低于 35% 的棉麻混纺针织内衣、衬衫等贴身保健纺织品,这些纺织品能有效地改善高血压引起的眩晕、头疼、心悸失眠等症状,具有良好的透气性、吸湿性,穿着不沾身、无汗臭、无静电。日本是罗布麻纺织品最大的消费市场。国内已有一些彩色棉公司开发罗布麻和彩色棉的混纺织物。近年来,罗布麻纺织品正向多功能复合保健方向发展。

3. 羊毛纤维

羊毛纤维不仅具有良好的生态性,还有许多特点,如优良的弹性、覆盖性与隔热性,柔和的光泽,良好的吸湿性与放湿性,独特的毡缩性,良好的恢复弹性与定形机制等。但也存在一些缺陷,如毡缩性会带来服用与护理的难题;恢复弹性与定形机制会造成在热、湿、力作用下的织物变形与褶皱。羊毛纤维易带来刺痒感与不适感。为克服上述这些缺点,国内外研究者进行了一系列改进研究,主要体现在细化羊毛的获取上。因为细支(18～21 μm)、超细支(15～18 μm)羊毛是轻薄柔软和舒适无刺痒面料的基础,低或无毡缩性羊毛及高稳定性定形羊毛是面料易护理性能的保证。目前,羊毛细化的主要途径为羊毛的人工拉伸细化、羊种的遗传培育和羊毛的减量处理。其中人工拉伸细化成为研究热点,并有产业化应用。

(1)拉伸细化技术。羊毛的拉伸细化技术最早始于 20 世纪 80 年代初,澳大利亚 CSIRO(联邦科学与工业研究组织)的羊毛研究所开始提出并着手研究,在 1993 年推出了羊毛细化加工技术,并在 1995～1998 年先后在欧洲、日本、美国、澳大利亚和新西兰知识产权局申请了专利。同期,日本学者亦有相应的研究和专利。羊毛细化技术及其细羊毛产品 Optim™是目前 AWI(Australian Wool Innovation,澳大利亚羊毛创新局)的主推产品和技术,也是当今毛纺织工业中的高新技术。

羊毛拉伸细化工艺有 2 种:一种是高细化度的永久定形工艺,所得细化毛(Optim™ fine)的性状稳定;另一种是低细化度的暂时定形工艺,所得细化毛(Optim™ max)的性状在热、湿条件下会回缩而获得较好的蓬松性。

整个拉伸细化工艺中,公开报道的拉伸细化方式大致有 3 种:无捻短隔距握持拉伸(握持拉伸)、假捻大跨距握持拉伸(加捻拉伸)和真捻短隔距握持拉伸(复合拉伸)。

Optim™纤维拉伸改性技术不仅将羊毛拉长变细,而且改变了普通羊毛的组织结构,成为一种兼有真丝和羊绒性质的新型纤维。羊毛纤维就其分子结构来看,具有四级结构,一级结构是各氨基酸连接方式和排列顺序,二级、三级、四级结构统称为羊毛蛋白空间构象,拉伸主要改变其空间构象,空间构象发生变化,纤维性能也随之变化;羊毛纤维就其化学组成来说,主要是蛋白质,蛋白质是由多种氨基酸缩合而成的链状分子,链的形状有两种:一种是螺旋链,叫做 α 型;另一种是直线状的曲折链,叫做 β 型。在一般情况下,毛纤维的蛋白质以 α 螺旋型存在,当纤维受到特定条件处理时,分子形状可以由 α 螺旋型蛋白质转变为 β 折叠型,这种空间结构的转变使羊毛具有被拉伸的潜力。但是,羊毛纤维的蛋白质分子并不是一根一根独立存在的,它们之间通过氢键、二硫键、氨基酸侧链端所形成的盐式键作用,形成排列紧密的网状结构。因此,在拉伸前借助于助剂和预加热的处理使纤维内大分子间的各种键松开,α 螺旋型大分子可以像弹簧一样被拉长变直、变细,转变成 β 折叠型结构,并在新的位置上建立起新的连接,再通过定形方法把新的连接形状稳定下来,达到羊毛纤维拉伸变细的目的。

Optim™纤维的研制成功意味着毛纺产品的应用面被大大地拓宽。随着人们对服装高档化、轻薄化、舒适化要求的不断提高,对羊绒纤维的需求也不断地增加。但是,山羊绒的单羊年产绒量不过200~400 g,更为严重的是山羊吃草的时候连根拔起,对植被和生态环境的破坏是明显的,在目前全世界强调环境保护的背景下,扩大山羊的饲养显然是行不通的。因此把普通的绵羊毛加工成近似羊绒风格的Optim纤维不仅具有经济意义,而且具有重要的社会意义。

（2）羊种遗传培育与改良。随着遗传学的诞生和发展，羊种优选得到稳步发展。特别是现代分子生物学和遗传学的发展，生物工程技术在羊种的育种和改良中得到应用，包括：基因组标记辅助选择和转基因技术，从分子角度分析动物的遗传特征和多样性，为育种提供可靠的依据；以羊种克隆迅速繁殖优良羊种。澳大利亚在此方面已有实质性的研究，形成了优质羊毛的强毛形、中毛形、细毛形和超细毛形等4大类。羊种优育与改良虽过程缓慢，但也是羊毛细化有效可行的方法。

（3）羊毛的减量改性技术。羊毛减量加工的目的是通过对羊毛鳞片的部分或全部剥离，减少织物毡缩，改善纤维光泽和织物手感，同时使纤维变细。用低温等离子体技术代替化学方法进行羊毛的减量改性，不仅克服了改性过程中的环保问题，而且不会损伤羊毛纤维本体，同时改善了羊毛的性能，提高了利用价值，并且减少了水洗过程中的失重，从而使羊毛织物的丰满度、硬挺度提高，低负荷下的伸长降低，保形性提高，尺寸稳定性明显改善。但同氯化处理比较，等离子体处理的羊毛织物表面粗糙度略有增加。

①羊毛防缩：用各种低温等离子体处理都可以使羊毛产生很好的防缩效果，例如氧气和氢气的辉光放电、电晕放电等离子体处理。

低温等离子体改善羊毛毡缩的机理：低温等离子体处理羊毛时，高能粒子轰击纤维表面，一方面使羊毛表面发生刻蚀，破坏部分鳞片层；另一方面使羊毛表面发生交链聚合，覆盖了部分鳞片层，阻碍了鳞片效应。由于这两个原因，羊毛的正逆鳞片方向的摩擦系数均得到提高，但其差值却降低了，从而使羊毛获得了很好的防缩性能。

最近又发展了羊毛织物的新型防毡缩处理——低温空气等离子体与生物高聚物壳聚糖沉积处理联合法。空气等离子体处理后的毛织物的防毡缩水平，可通过后处理中的生物高聚物壳聚糖来提高。空气等离子体处理，促进了亲水性的壳聚糖在羊毛纤维上的吸附。与氧等离子体处理相比,角质层有了一些物理性质上的不同,是一种新型的环境友好的防毡缩加工方法。

②提高羊毛纱强力:低温等离子的刻蚀使纤维表面粗化,但刻蚀作用因仅发生在角质层,对单纤维强力的影响不明显,但增加了纤维间的摩擦力和抱合力。从而提高了毛纱的强力。例如用空气或氯气等离子体处理羊毛后,可使毛纱强力提高 10%,纺纱速度也得到提高。

③提高羊毛染色性能:由于羊毛纤维的化学组成和物理结构的特殊性,使得羊毛染色要在 100℃ 高温、pH 值为 3~6 的酸性条件下长时间进行,并且易造成染色不匀、染色牢度差等问题。用低温等离子体处理方法可显著提高羊毛染色性能。例如用 CF_4 和 CHF_3 低温等离子体处理后,羊毛对活性染料、铬媒染料和金属络合染料的上染速度和上染量均明显提高,特别是对铬媒染料来说,染料上染多,大大降低了染色废水中的铬含量,减轻了污水处理的负担,匀染性也有所改进。用 NH_3 和 SO_2 等离子体处理羊毛纤维,在纤维中引入了氨基或磺酸基,使羊毛纤维的染色性能提高。用 O_2 等离子体处理羊毛纤维,在纤维表面产生刻蚀,对角质层有不同程度的破坏,提高了纤维的亲水性,使某些酸性染料上染速率提高(但不提高平衡上染率)。

综合各类研究,低温等离子体改善羊毛染色性能的机理如下:低温等离子体中的高能粒子对纤维表面轰击,破坏了羊毛鳞片层中的胱氨酸二硫键,提高了羊毛的润湿性、溶胀性,使染料易于扩散进入纤维内部,也使得羊毛表面极性增加(例如用 NH_3 和 SO_2 等离子体处理羊毛纤维,在纤维中引入了氨基或磺酸基),提高了染料对纤维的吸附能力,降低了染料向纤维内扩散的空间阻力,从而提高了它的上染速率,改善了羊毛的染色性能。也有研究认为,处理后羊毛表面的润湿性降低,但是由于破坏了羊毛的鳞片层,而使上染速度增快。

④提高羊毛的深色效应:提高羊毛的深色效应可通过 PST 法改变纤维的表面形态来实现。等离子体中的高能粒子对织物表面的羊毛

纤维轰击,使纤维表面发生刻蚀,形成大量的微小凹坑或裂纹,入射光照在织物表面后发生多次反射和吸收,使织物表面对光的反射率减少,吸收率提高,从而起到增深作用。这种刻蚀增深效果不仅与所用气体种类有关,还与染色后羊毛上存在的整理剂有关,如用有机硅树脂处理过的染色毛织物,再用等离子体处理则不发生增深作用。

⑤提高羊毛织物印花效果:低温等离子体处理可增加羊毛织物的毛细管效应,从而提高色浆向织物内部的扩散和渗透能力,使得印制后的织物色泽更加鲜艳浓厚。另外,印花后再经氯化处理会使织物泛黄,而低温等离子体处理则对白度无影响。

4. 蚕丝纤维

蚕丝最早产于中国,目前我国蚕丝产量仍居世界第一。蚕丝纤维除具有良好的生态性外,还具有对人体皮肤特殊的保健作用。日本及我国医学科研部门对真丝绸防治某些皮肤病进行了研究。浙江丝绸科学研究院与浙江、西安医科大学等单位进行真丝绸(真丝针织内衣)治疗皮肤疾病的临床试验,结果表明:它对老年性皮肤瘙痒症的缓解总有效率是100%,治愈率是87.5%;对小腿瘙痒症的治疗有效率是79.5%,其中治愈率是45.5%。古代把真丝绸称做"纤维皇后",现代人把它比喻为"人造皮肤",对这些美誉真丝绸是当之无愧的。

随着转基因技术的飞速发展,国内外的科研人员正致力于全绿色且具有新品质的天然彩色蚕丝及荧光蚕的研究。

(1)天然彩色蚕丝:在彩色蚕丝的研究领域取得进展的主要是日本,国内从事这方面研究工作的主要有安徽、四川和台湾等地的有关科研单位。

2001年,日本农村水产新蚕丝技术研究分部及群马县蚕业实验场利用现存的蚕户饲育设备,进行彩色茧生产的探索,并获得成功。他们在蚕的人工饲料中添加色素,生产出了家蚕彩色茧。

安徽省农科院蚕桑研究所与中国科技大学联合承担的省级重点

攻关项目"天蚕丝质基因转基因家蚕新品种培育"研究,已取得成功,其转基因方法是:将天蚕(结绿色茧丝)的基因通过交变脉冲电泳转基因技术,转移到家蚕的基因中。这项技术属国内首创,已取得专利。实验室进行了碱溶性对比测定,结果表明,转基因蚕的丝质发生了倾向于天蚕丝质的变化,但是转基因后的家蚕茧丝颜色同天然野生天蚕相比仍有一定差距。

四川省成都市华神集团资源昆虫生物技术中心,利用生物基因技术生产出新蚕种,使家蚕能吐出彩色丝。这主要是靠家蚕的突变基因进行基因定位后,利用染色体技术把需要的基因组合输入到家蚕体内,从而培育出能吐彩色丝的新蚕种。这种由转基因蚕结出的天然彩色茧,主要有红、黄、绿3个色系。颜色多达十几种。但是,利用转基因培育出的家蚕变异体品种不稳定,存在品种退化,在实用性上与家蚕杂交种相比,仍处于明显的劣势。

我国台湾省也有研究者介绍了彩色茧生产技术,是日本有关科研机构发明创造的。主要做法是:把5龄天蚕浸入所要染色的化学染料溶液,在一定温度下经2~3 min,让染料液从气门进入气管内再渗入体液,然后取出让天蚕吐丝。但染料的成分、浓度、适当的温度和浸蚕时间都未见报道。该蚕丝颇耐紫外线,不褪色,因此颇具实用性。

浙江省花神丝绸集团公司、桐乡市蚕业管理总站与浙江大学动物科学学院蚕蜂科学系进行天然彩色蚕丝规模化生产、研究和开发。此项目的投资建设和开发,将结束我国传统的蚕丝业原料茧只有一种白色的局面,一批新科技、环保有色原料茧将进入国内外市场。

(2)荧光蚕:日本蚕丝和昆虫农业技术研究所,将产生绿色荧光的蛋白质基因植入其他鳞翅目昆虫的基因里,再把这种复合基因与制造一种特殊酶的基因一起注射到蚕卵里,当这些卵发育成虫,就培育出了可发荧光的转基因蚕。经确认,荧光是在重组基因的作用下产生的并可以稳定地遗传给下一代。这一技术可以用来生产优质蚕丝以及防治病虫害等。

我国科学家也在进行这方面的研究。中国科学院上海生命科学院科研人员首次实现了绿色荧光蛋白与蜘蛛丝融合基因在家蚕丝基因中的植入,并获得了荧光蚕。

二、新型天然生态纤维

在循环经济时代,天然纤维材料正以其最原本的特征——天然、循环可再生性,具有不可替代的发展优势。人们需要做的是发现更多的天然纤维材料,进一步扩大天然纤维的可利用性,使天然纺织材料的家族日益扩大。

1.天然竹纤维

竹子是一种速生植物,栽培成活后 2~3 年即可连续砍伐使用。我国是世界上竹类资源最丰富的国家,有 500 多种,栽培面积420 万公顷之多,年产量居世界之冠,且分布十分广泛。近年来,我国科技人员对竹子综合利用的研发取得了较大成果,从天然竹子中提取竹纤维进行纺纱、织造、染整加工,开发出了多种竹纤维及其混纺交织纺织品。受到了国内外消费着的青睐。

(1)天然竹纤维的制造:它是由竹原料前处理、竹纤维分解工序、竹纤维成型、竹纤维后处理工序组成。工艺流程见图2-1。

(2)天然竹纤维结构及其主要性能:

①形态结构:纤维的截面和表面形态可用扫描电子显微镜和光学显微镜观察。由图 2-2(a)和 2-2(b)可知,天然竹纤维截面呈扁平状,纤维中间具有孔洞(胞腔);经等离子体刻蚀后的截面并未表现出形态结构的差异,说明天然竹纤维无皮芯结构。纤维纵向的 SEM 图和光学显微镜图片说明,纤维表面存在沟槽和裂缝,横向还有枝节,且无天然扭曲。竹纤维中细长的空洞和表面的沟槽决定了竹纤维具有优良的吸湿性和放湿性。

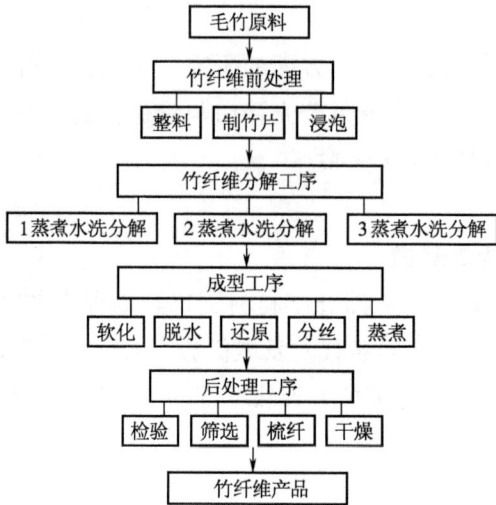

图2-1　天然竹纤维制造工艺流程

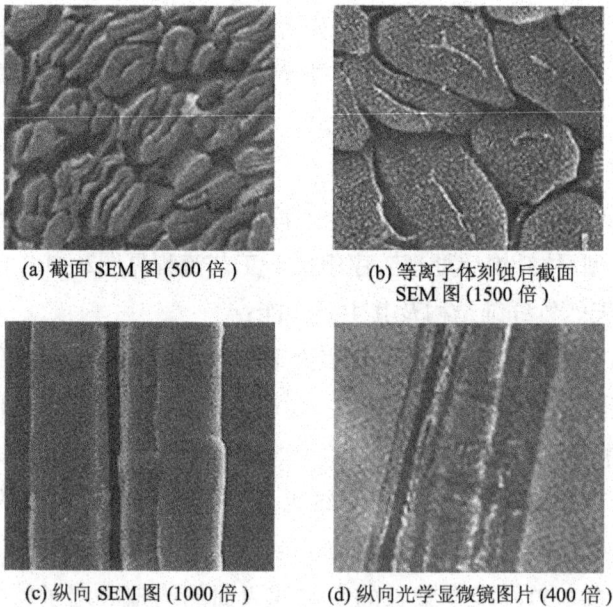

(a) 截面 SEM 图 (500 倍)

(b) 等离子体刻蚀后截面
SEM 图 (1500 倍)

(c) 纵向 SEM 图 (1000 倍)

(d) 纵向光学显微镜图片 (400 倍)

图2-2　天然竹纤维横向和纵向形态图

②结晶结构特点:竹纤维的结晶度为 71.82% ,棉纤维的结晶度为 65.73% ,竹纤维的结晶度比棉纤维高 6% ,竹纤维的结构比棉紧密。

③化学成分:竹纤维主要成分分子式用$(C_6H_{10}O_5)_n$来表示,相对分子质量 7000~10000。化学成分与麻类纤维类似,由纤维素(40%~50%)、半纤维素(16%~21%)、木质素(20%~30%)、果胶质及极少量的蜡质(1%~3%)组成。因此,可以考虑采用麻类纤维的加工方法对竹纤维进行处理。

④主要性能:天然竹纤维细度 0.5~0.8 tex(1200~2000 公支),纤维直径 28.00 μm,直径变异系数 44.9% ;纤维平均长度 86.5 mm 的达 90% 以上,40 mm 的短纤维少于 8% ,长度变异系数为 7.91% ;硬条少于 1.0% ,竹粒≤10 粒/g;强度高,韧性、柔软性好;含有抗菌的微量元素,在生长期及存放期无虫、无蛀、无腐烂的现象。竹纤维是天然纤维素纤维,耐碱不耐酸。竹纤维具有独特的回弹性能,穿着贴身,不易折皱,且重量很轻。吸湿导湿性强、透气舒适、穿着清凉爽快,并有抗紫外线、抑菌防臭防霉等保健功能,纤维光泽好、染色色彩艳丽。

(3)开发与应用:通过对竹原纤维的物理性能分析,竹原纤维的强度较高,弹性偏小,支数分布于 0.5~0.8 tex(1200~2000 公支)之间,适合纯纺中、粗支纱。竹原纤维的长度可在生产过程中根据不同的产品风格要求来确定,可与不同的天然纤维及化学纤维进行各种比例的混纺或交织,因此可以应用于棉、毛、丝、麻各种天然纤维的纺织产品及化纤产品混纺中。竹原纤维纺织产品还具有很多优良的服用性能,如抗菌性、吸湿性、透气性等。因此,作为高档夏季面料及休闲产品尤为合适。

2.构树纤维

构树(有的地方俗称青皮树)是生长在我国东北和西北山区的一种野生麻类速生植物,其韧皮部纤维含量近 59.2% 。经过脱胶后的构树纤维色泽洁白,具有天然丝质外观,纤维手感柔软,有丝和棉的感觉。纤维中部略粗、两端尖细,少量纤维有不明显转曲,截面呈椭圆形,较苎麻扁平,中腔较大,胞壁厚度比较均匀,沿径向有少许辐射纹。具有较好的可纺性。

构树纤维平均长度 16 mm,主体长度 18 mm,离散率 25%,平均线密度 0.208 dtex,平均强度 11.5 cN,平均伸长率为 6%。回潮率较高,一般在 7% ~12% 左右。构树纤维除不耐强酸,其他性能及化学稳定性较好,耐腐蚀性较好。

构树纤维因平均长度较短,不适合于纯纺,只可与涤纶、粘胶、腈纶、氨纶等合成纤维或与麻、棉、毛等纤维混纺(最好用气流纺设备纺纱)、交织,可制作刺绣工艺品、台布、餐巾、窗帘、床罩、沙发罩等床上用品和装饰用品。构树纤维具有很大的开发和利用价值。

3. 菠萝叶纤维

菠萝叶纤维是由菠萝收获后废弃的叶片加工获得。我国年种植菠萝面积超过 4 万公顷,其中 2002 年达 8 万公顷。从新鲜菠萝叶中可提取 1.5% 的干纤维。因此,我国每年可提取约 7.5 万吨的优质菠萝麻纤维,超过剑麻 5 万吨的年产量,与亚麻 7 万 ~8 万吨的年产量相当,为我国纺织行业提供了优质的天然植物纤维。增强了我国纺织品出口新品种。菠萝叶纤维是继棉、毛、丝、韧皮纤维之后的第 5 代天然纤维,其开发利用引起世界纺织业的极大关注,纤维织物亦逐渐受到人们的青睐。

菠萝叶纤维主要由纤维素和非纤维素(半纤维素、木质素和果胶)等成分组成。其中纤维素是由 D-葡萄糖基通过 $\beta-(1,4-)$ 苷键连接的长链线型分子。菠萝叶的化学成分与其他麻类纤维相似,木质素含量高于苎麻、亚麻、大麻,而稍低于黄麻。果胶含量相对较低,而半纤维素含量相对较高。菠萝叶纤维是以束纤维的形式存在于菠萝叶片中,属多细胞叶脉纤维,物理性能类似于黄麻,单纤维长 3 ~8 mm,

宽 7 ~ 18 μm, 纤维线密度偏大,不利于纺高支纱,必须通过加工处理后才能到达纺织工业的要求。

近年来,随着纺织技术的迅速发展,已成功地利用不同的纺纱技术纺制出菠萝叶纤维的纯纺纱与混纺纱。在纯纺纱方面已可纺制成 15 tex、21 tex 的菠萝叶纤维纱。混纺纱方面,可纺制成一般的普梳纱、精梳纱,也有纺出菠萝叶纤维含量为 30% 的 25 ~ 36 tex 棉麻混纺纱。其制成的织物容易染色、吸汗透气、挺括不起皱,具有良好的抑菌防臭性能,适宜制作高中级的西服、衬衫、裙裤、床上用品及装饰织物等。

4. 月桃抗菌纤维

月桃原产于印度等东南亚热带地区,属于姜科的多年生草。在日本冲绳及南九州等地栽培,它的叶子长达 70 cm。叶子具有防虫、抗菌的性能,自古以来一直作为衣柜内的防虫剂使用,也用叶子来包食品。近年来,月桃的叶子作为化妆品以及防虫剂的添加剂被利用。日本仓敷纺织公司以此为原料,开发出一种新型抗菌天然纤维。用此纤维制得的织物挺括性、染色性能良好,且具有清凉感。

5. 香蕉纤维

日本东京都立产业技术研究所研究开发出能批量生产香蕉纤维的加工方法。即剥下香蕉茎上的皮,用制作蔗糖的压榨机使其脱水。把脱水后的茎在水中发酵,或者在碱水中浸泡发酵。将一般生产棉、麻纤维的开松机进行改造,用其改造后的开松机进行开松,可以制得 100% 的香蕉纤维。用这种纤维制成的香蕉布手感如麻,可以用于制作出口咖啡的包装袋。

日本日清纺织公司也独自开发出香蕉纤维的生产技术。利用海地每年在采摘香蕉后产生的大量香蕉杆和茎等废弃物研制出了香蕉纤维。并已开始销售用香蕉纤维和棉纤维混纺织物制造的牛仔服及网球服。由于香蕉纤维轻且有光泽,吸水性高,能制成窗帘、毛巾、床单,目前香蕉纤维的混纺率为 30%,混纺纤维是 83.3 ~ 48.6 tex(7 ~ 12 英支)的粗支纱,今后将开发细支纱以及 100% 的香蕉纤维。

6. 棕叶纤维

棕叶纤维从棕叶中提取。采用直接脱胶不能将纤维与棕叶分开,脱胶前需采用罗拉挤压才能将纤维分离出来。其分离工艺过程为:

理顺棕叶——→罗拉挤压——→揉搓——→碱煮——→脱碱——→水洗——→自然晾干

脱胶后的纤维如不给油或进行柔软处理,手感较硬,颜色呈浅棕色。用柔软剂浸泡以后,纤维柔软,有卷曲,伸长率增加。棕叶的纤维素含量为 36.85%,比剑麻稍低,而脂蜡质的含量却远高于剑麻纤维。棕叶纤维的横截面近似呈圆形,中心有较小孔腔,呈束纤维状。棕叶纤维长度较长,细度远远较剑麻细,强度比菠萝叶纤维及剑麻纤维稍大,断裂伸长率较大,约是剑麻纤维的 3 ~ 4 倍。从物理性能上分析,作为纺织纤维,棕叶纤维优于菠萝叶纤维及剑麻纤维。棕叶来源广,纤维性能较好,值得进一步研究开发。

7. 羽毛纤维

羽毛、羽绒具有轻、暖、软的特点,作为一种绿色纤维材料,具有其他材料不可替代的优势。我国羽绒、羽毛资源丰富,年产量 60 多万吨,国内已经形成近 300 亿元的市场规模。羽绒作为保暖填充材料虽已得到非常广泛的应用,但羽毛的利用率却很低,80% 以上被作为废弃物处理。若能将羽毛纤维变成可纺性材料,应用于纺织服装领域,对我国经济"可持续发展"和"绿色消费"将具有重大意义。国家级星火科技项目——羽绒、羽毛纤维纱线及其制品经过开发取得了突破性进展。广州中羽基业纺织品有限公司成功地将羽绒、羽毛加工成可纺性纤维,制成羽毛纺织制品,如羽毛非织造布保暖絮片、羽毛纱线及羽毛牛仔布等。在不久的将来,羽毛作为一种天然蛋白质纤维,可以且应该成为一种新型纺织材料。

第二节　天然再生高分子生态纤维

由于 20 世纪石油化工业的蓬勃发展,全球纺织业很快进入了合成纤维时代,在短短的 30～40 年间,涤纶、锦纶、腈纶等合成纤维主导着世界纺织业,但合成纤维的发展却遭遇到了能源紧张和资源过度开发的压力。从长远来看,到 21 世纪中叶,人类将面临石油资源枯竭的危机,再加上合成纤维,它们难以生物降解,不利于地球环境和自然循环,废弃物大量燃烧还会污染大气,放出大量热,加速全球大气变暖。因此绿色环保和可持续发展观念的深入人心,使人们对绿色的植物纤维与蛋白质纤维重新引起高度关注。利用纤维素、壳聚糖、木质素、淀粉、蛋白质以及其他天然高分子物已制成或正在开发的再生纤维,除了一些纤维在制造过程中所应用的化学品有危害外,制得的纤维基本上可自然降解,不会影响生态平衡,也不会给地球带来不利影响。

一、Lyocell 绿色纤维

Lyocell 纤维是国际人造纤维及合成纤维标准化局(BISFA)为有机溶剂纺丝法制得的新纤维所确定的属名。英、美等国该纤维的注册商标为 Tencel,我国俗称为天丝。Lyocell 纤维属精制纤维素纤维,以植物纤维素为原料制得,其生产及使用过程均属环保型产品。

1. Lyocell 纤维的制造

Lyocell 纤维的制造生产工艺流程如图 2－3 所示,是一种溶剂循环封闭式的干湿法纺丝技术路线。Lyocell 纤维通常可选用木材或其他植物为原料,首先将木材刨成片,经蒸煮漂洗制得一种纤维素含量大于 96.5%、聚合度大于 600 的较高纯度的木浆粕,然后以

N – 甲基吗啉 – N – 氧化物（NMMO）为溶剂,将木浆粕溶解,再经纺丝而制成。NMMO 在制造过程中可以回收再利用,目前其回收率约在 99.5％。

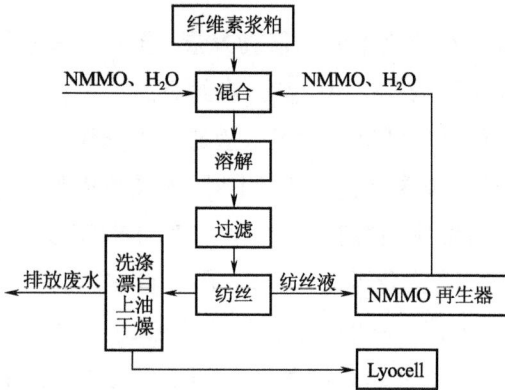

图 2 – 3　Lyocell 纤维的制造生产工艺流程

由此工艺流程可知,它不同于普通粘胶纤维,不需碱化、老成、黄化和热成工序。将天然纤维素原料直接溶解在无毒的 NMMO 和水的混合溶剂中制成纺丝液,因而在制造过程中不污染环境,对人体的健康也无影响,溶剂几乎全部可回收并循环使用。从投入浆粕到纤维打包只需 8 h,而一般粘胶纤维生产则需 24 h,因此能耗少,是名副其实的绿色工艺。

Lyocell 纤维的纺丝采用干湿法,即干喷湿纺法,这与普通粘胶纤维纺丝方法不同。普通粘胶纤维是在凝固浴中喷丝,而 Lyocell 纤维是在空气中喷丝,然后立即浸入水中凝固成丝。由于是在空气中牵伸,因此 Lyocell 纤维的分子取向度较高,分子排列的紧密程度高于棉和粘胶纤维,因而其强力较高。

2. Lyocell 纤维的分类

Lyocell 纤维分两类,即标准 Tencel 纤维（有原纤化）;Tencel A100

(没有原纤化)纤维。原纤化是 Lyocell 纤维的特点之一。原纤化的原因是,Lyocell 纤维是高结晶纤维,由取向度很高的纤维素分子的集合体原纤或微原纤沿纵向平行排列而成,相邻的原纤与原纤之间以氢键等微弱的结合状态相联结,这种结构一方面使纤维具有较高的纵向强度;另一方面导致在润湿状态时,纤维径向的强度变得非常小。这时若加以机械性摩擦处理,原纤与原纤之间的结合被切断而发生分离,从而出现原纤化现象。

利用 Lyocell 纤维的这种性质,采用物理和化学相结合的处理方法来控制其原纤化程度,就可使织物表现出各种外观和风格,如高蓬松感、高回弹性和悬垂性,适度的防皱性和较好的尺寸稳定性。但这需要很高的调整控制原纤化程度的技术,否则就不能获得所希望的风格。特别是近来 Lyocell 的纺丝技术趋向多样化,纤维的性质也变得多样化,所以原纤的发生和原纤化程度的控制技术也变得复杂起来。如果原纤化程度的控制技术不熟练,反而会造成染色状态不良等现象。

Lyocell 原纤化的缺点是,纤维加工困难和织物表面易起毛起球。为此,考陶尔兹公司采用专利技术开发了无原纤化产品 Tencel A100。

Tencel A100 为非原纤化纤维,因为它在加工过程中进行了化学交联处理,原纤化在纤维制造阶段已受到控制,从而在以后的染整加工中,织物表面不再产生原纤化。A100 纤维主要应用于针织物、色织物、匹染织物及需要成衣水洗的布料。A100 和其他纤维混纺可提高混纺纱的强度和降低不匀率,与天然纤维混纺能增强织物的柔软性和悬垂性。A100 不必用烧毛处理,也不用烧碱处理,这些处理可能会使纤维失去抗原纤化的特性。

3. Lyocell 纤维的性能

Lyocell 纤维以天然纤维素为原料,加工方法与合成纤维相似,它集天然纤维和合成纤维的优点于一身。与其他纤维素纤维及天然纤维相比,具有高强度、高湿模量,干强、湿强接近等特点,其干强与聚酯纤维相当,湿强也特别高,只比干强低15%左右。这说明 Lyocell 纤维能承受机械作用力及化学药剂的处理,不易使织物造成损伤,其织物尺寸稳定性好。Lyocell 纤维除具有天然纤维本身的舒适性、光泽性、染色性、防静电、良好的吸湿性,其吸水率约70%,与棉纤维吸水率50%、粘胶纤维吸水率90%相比,恰到好处。它的沸水收缩率仅为0.44%,还具有较好的折皱恢复功能、舒适的弹性及生物降解性。

4. Lyocell 纤维的应用

Lyocell 纤维的用途较为广泛,不仅能单独使用,还能与棉、毛、麻、腈纶、涤纶、锦纶等交织。可加工成机织物、针织物和非织造布。其机织物主要用于制作牛仔裤、男衬衫、夹克衫、套装、连衣裙、高尔夫球裤、窗帘、床上用品及睡衣裤等。其针织物主要用于制作套衫、运动衫及各种内衣等。Lyocell 纤维织物不易破损,拥有独特的柔软和光滑感,经原纤化后具有麂皮绒感。由于 Lyocell 纤维具有较高的湿模量,因此其织物的收缩率较低,在纬编和经编织物中其收缩率仅为2%左右,尺寸稳定性良好,具有洗可穿性能。在产业和非织造布中主要用于特种纸张、过滤纸、工业过滤布、帘子线、装饰布、高档抹布、人造麂皮、涂层基布、医用药签、医用材料基布、香烟过滤嘴芯、纱布、一次性使用织物等。

二、莫代尔(Modal)纤维

莫代尔纤维是奥地利兰精(LenZing)公司以天然榉木为原料,引进德国阿克苏(AKZO)公司的 NMMO 溶剂专利,开发生产的新一代高湿模量纤维素纤维。莫代尔纤维的主体属天然纤维素纤维,它是采用对人体无害的有机溶剂,在特定条件下,溶解天然纤维,再经过液流纺丝及后处理加工而成,其残液的排放对环境无害。莫代尔纤维取之于大自然,然后又通过自然界的生物降解回归大自然,充分体现了绿色环保再生的特性,所以是一种新型绿色纤维科技产品。

1.莫代尔纤维的性能

莫代尔具有高强力且均匀的特点,湿强力约为干强力的59%,优于粘胶纤维的性能,具有较好的可纺性与织造性;莫代尔纤维湿模较高,其纱线的缩水率仅为1%左右,而粘胶纤维纱线的沸水收缩率高达6.5%。所以莫代尔织物的尺寸稳定率在95%以上。40℃下可机洗,并保持服装的尺寸稳定;莫代尔纤维的高强度使它适于生产超细纤维,并可得到几乎无疵点的细支纱,适于织造轻薄织物(如 80 g/m² 的超薄织物)和厚重织物。制作的超薄织物其强度、外观、手感、悬垂性和加工性能良好,制作的厚重织物厚重而不臃肿;莫代尔纤维纺纱可产生较均匀的条干,与羊毛、棉、麻、丝、涤纶等以不同比例混纺,都可得到高品质的纱线,布料的品质得到提升,使面料能保持柔软、顺滑。它充分呵护肌肤,使肌肤享受前所未有的舒适感觉;莫代尔纤维将天然纤维的豪华质感与人造纤维的实用性合二为一,具有棉的柔软、丝的光泽、麻的滑爽,吸水透气性优于棉,垂度好,频繁水洗后依然柔顺和易打理;莫代尔纤维可采用与其他纤维素纤维相同的染料,在传统的染整设备上进行加工,染色后的面料色泽鲜艳明亮,印花图案分色清晰,质感高雅华贵。

2.莫代尔纤维的应用

用莫代尔纤维成功开发了机织及针织面料。如莫代尔纯纺织物、棉莫混纺织物、莫涤混纺织物、莫棉交织物、莫氨弹力织物等。莫代尔产品不仅有着极大的发展潜力,而且更有利于在市场竞争中的可持续发展。近期,兰精公司又不断地推出了新型的功能性纤维,如:应用纳米技术生产的莫代尔抗菌纤维和抗紫外线纤维、超细旦纤维、彩色莫代尔纤维等。应用这种纤维不仅生产了内衣、童装、衬衫、浴巾、床上用品,还推出了功能性服装。莫代尔纤维进入我国的时间不长,但发展势头迅猛。因此利用莫代尔纤维积极开发适销对路的产品,一方面可以提高我国纺织品在高档国际市场的竞争力从而扩大出口;另一方面也可以突破国际市场上不断出现的新"绿色壁垒"的要求,更有利于进入国际市场。

三、竹浆纤维

竹浆纤维以竹子为原料,采用化学方法将竹材制成竹浆粕,再将浆粕溶解制成竹浆粘胶溶液,然后通过湿法纺丝制得竹浆粘胶纤维。以竹代木,以竹代棉,不仅为化纤行业找到了一种较为廉价的原料,还为竹子的合理利用开辟了一条新途径。这种竹浆纤维已批量工业化生产。竹浆纤维具有可纺性好,纤维吸湿、导湿、透气性好,手感柔软、织物悬垂性好,染色性能优良,光泽亮等特点,且具有抗菌、防臭等特殊功能。

1.竹浆粘胶纤维的制造

(1)竹浆粕生产流程:

备料——切料——筛选——洗料——预水解——洗料——蒸煮——洗涤——筛选——疏解——除砂——脱水浓缩——氯化——洗料——碱化——漂白——酸处理——洗涤——除砂——浓缩——抄造——竹浆粕

竹浆粕的生产目的是脱除木质素,降低半纤维素、多戊糖含量(小于4%),保证纤维素含量在93%以上,调整纤维素聚合度,保证纤维强度,使之具有良好的反应能力。竹子中含有较多的木质素,采用碱法才能脱除,而多戊糖含量也较高,它不能在碱蒸煮过程中除去,必须在蒸煮前采用预水解法使竹片中半纤维素和多戊糖在蒸煮前水解溶出,同时预水解还能破坏纤维的胞壁,使其在制浆过程中便于脱离,提高浆粕反应能力,在预水解过程中木质素的化学键部分断裂,可溶出一定量木质素。这样经预水解——碱法蒸煮后制得的竹浆粕中纤维素含量为93%,平均聚合度为600~700,达到粘胶纤维浆粕要求。

(2)纺丝成型:竹浆粕的溶解纺丝工艺基本上与木浆粕为原料的粘胶纺丝工艺相同:

竹将粕浸碱──→粉碎──→碱纤维素──→黄化──→熟成──→粘胶液──→湿法纺丝成型──→牵伸──→后处理──→竹浆纤维

竹纤维在生产过程中,使用酸碱化工原料,酸液在蒸煮中能重复使用,碱液可以有较高的回收率,重复使用,对大气、地表无污染,排放水能达到国家环保排放要求。

2. 竹浆纤维的形态结构

通过扫描电子显微镜观察竹浆纤维的横截面和纵截面形态特征,典型的 SEM 照片如图 2 - 4 和图 2 - 5 所示。

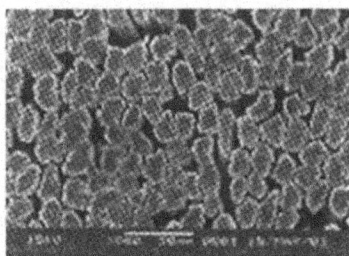

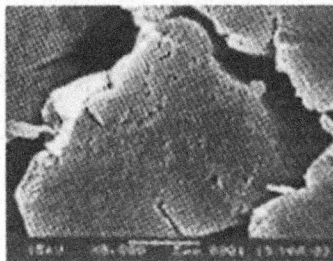

(a) 竹浆纤维 (500 倍)　　　　　　(b) 粘胶纤维 (500 倍)

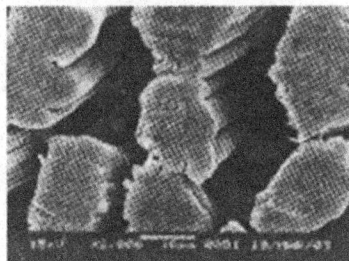

(c) 竹浆纤维 (2000 倍)　　　　　　(d) 竹浆纤维 (5000 倍)

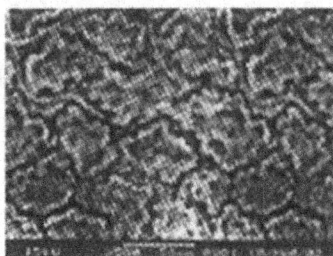

图 2 - 4　横截面形态特征

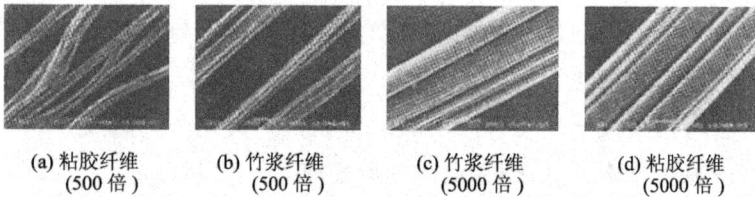

(a) 粘胶纤维 (500 倍)　　(b) 竹浆纤维 (500 倍)　　(c) 竹浆纤维 (5000 倍)　　(d) 粘胶纤维 (5000 倍)

图 2-5　纵向表面形态特征

由图 2-4(a) 和 2-4(b) 可知竹浆纤维没有明显的皮芯层,边沿具有不规则的锯齿形,但其锯齿形状不及粘胶纤维明显。由图 2-4(a)、2-4(c)、2-4(d) 可知竹浆纤维截面形态不规整,主要由纵向分布的深浅不一的沟槽所致。截面有分布不均,大小不一的微孔,这些微孔和沟槽一方面给纤维乃至纱线、织物提供了良好的吸湿性、渗透性、放湿性及透气性能;另一方面在纤维中形成缺陷,对纤维的强伸性能有着负面影响,导致了纤维强力的降低,脆性的增加,使得水分子较易进入非结晶区,减小了大分子之间的相互作用,大大降低了竹浆纤维的湿态强度。

由图 2-5(a) 和 2-5(b) 可知,竹浆纤维纵向表面笔直、无扭转,沿纵向的平行沟槽细密。纵向沟槽细密的结构使竹浆纤维具有一定的摩擦系数,纤维具有较好的摩擦力和抱合力,有利于纤维成纱。而粘胶纤维纵向表面部分微弯,有扭转,平行沟槽也较多,所以表现在宏观上,粘胶纤维的手感较竹浆纤维略柔软些。由图 2-5(c) 和 2-5(d) 可知,竹浆纤维和粘胶纤维纵向均存在深浅不一的沟槽,有的浅浮表面,造成凹凸不平的外观,有利于导湿和吸湿、放湿,有的深陷其里,造成较大裂缝。这些裂缝不仅是其纤维外观风格上的特征,而且会影响到纤维的强伸性能。

3. 竹浆纤维的主要性能

竹浆纤维的主要性能见表 2-4。

表2-4　竹纤维的性能特点

纤 维 性 能	指　　标	测试标准与方法
长度(机切)/mm	38.00(排列整齐)	GB/T 14335—1993
线密度/dtex	1.65	GB/T 14336—1993
回潮率(在标准状态下)/%	11.8	GB/T 14341—1993
质量比电阻/$\Omega \cdot g \cdot cm^{-2}$	8.8	GB/T 14342—1993
动摩擦系数	0.102	绞盘法(纤维与钢轴)
静摩擦系数	0.247	绞盘法(纤维与钢轴)
干断裂强度/$cN \cdot dtex^{-1}$	4.41	GB/T 14337—1993
湿断裂强度/$cN \cdot dtex^{-1}$	3.90	
干断裂伸长/%	19.8	GB/T 14337—1993
湿断裂伸长/%	22.4	GB/T 14337—1993
密度/$g \cdot cm^{-3}$	1.34	密度剃度法
弹性回复率(伸长2%)/%	60~70	定伸长法
耐日光性(强力变异系数)/%	17.5~18.9	紫外线照射
双折射率/%	0.00375	ZBW 0.4004.10—1989
耐碱性	好	
耐酸性	稍差	
耐热性	175~185℃长时间处理变色、强力下降	
抗紫外线	一般	
透气量	1.652(居各纤维之首)	
抗菌性	具有天然杀菌性	
染色性能	吸色均匀透澈,色牢度强	
吸湿性能/%	11.8 接近普通粘胶纤维,吸湿快干性能佳	GB/T 14342—1993

4.竹浆纤维的应用

竹纤维可纯纺,也可与棉、彩色棉、麻、毛、天丝、莫代尔、涤纶、腈纶、粘胶纤维、氨纶等混纺或交织,可机织、针织,制作各种服装面料及加工成衬衫、西服、床上用品、被褥、毛巾、浴巾、卫生材料、内衣裤、婴儿服装、各种防臭鞋袜、运动员服装等。竹纤维非常适用于生产与人体肌肤相接触的纺织面料,尤其作为家纺产品中的毛巾类产品,能完美体现它的特点,并避免了该纤维相对棉、粘胶纤维强度稍低的缺陷,迎合了当今世界回归自然,追求绿色消费的时尚。

四、Viloft 纤维

新型纤维素纤维 Viloft,是英国 Acordis 公司投放市场的一种专门经过生态培育的木材以溶剂法生产的新型保暖性和舒适性俱佳的环保型纺织原料,生产过程中不产生任何污染,该纤维线密度为 2.4 dtex,长度为 38 mm,干强为 17~21 cN/tex,干伸长为 19%~23%,湿强为 9~12 cN/tex,湿伸长为 25%~30%,吸湿率为 95%~105%,纤维截面扁平度(长宽比)为 5:1。扁平状截面纤维比圆形截面纤维易在纱线结构中造成大量间隙,能使纱线和织物手感柔软、导湿透气、蓬松、保暖性好、穿着轻盈和舒适,并且易洗涤打理。目前国内也开始采用 Viloft 纤维进行产品开发,但是对于其纤维和产品服用性能的研究,尚属于起步阶段。

五、Polynosic(波里诺西克)纤维

Polynosic 纤维的研究开发起源于 20 世纪 40 年代,其产业化集中于两个时期,第一时期是 20 世纪 50 年代末,法国 C. T. A、比利时 Fabta、瑞士 Cwitze Biscorse、美国 Enka 等公司的规模化生产;第二时期是 20 世纪 60 年代初,日本东洋纺绩、富士纺、帝人等几家公司的企业化生产。60 年代中期,我国南平、上海生产的富强纤维也属于 Polynosic 纤维。

2000 年,我国丹东化纤集团公司全方位引进了 Polynosic 纤维生

产技术及国际最先进生产设备,于 2003 年生产出高品质 Polynosic 纤维,并在中国注册的中文商品名称为"丽赛",英文商品名称为"Richcel"。我国 Polynosic 纤维的第一部行业标准也将由丹东化纤股份有限公司、上海中纶纺织科技发展有限公司、东华大学合作完成,申报工作已得到国家批准。

1. Polynosic 纤维的形态结构及性能

Polynosic 纤维的形态结构与其他再生纤维素纤维不同。它的横截面是圆形全芯结构,微观结构及结晶度几乎与棉纤维相同,因此,它的很多性能与棉纤维极为相似。但它光滑的圆柱形表面和很高的分子取向度,又使其弹性及滑爽性与天然蛋白质纤维如真丝及羊毛非常相似,因此被人们广泛誉为"植物羊绒"。

Polynosic 纤维的柔软性比棉要好得多,这与它光滑的圆柱形表面有关。更可贵的是它经过多次洗涤后仍然能保持这种柔软性,而棉织物经过多次洗涤后,由于易吸附钙皂而逐渐变糙变硬。

Polynosic 纤维超天然的亲肤性来源于植物纤维素大分子上无数多的亲水性基团的作用以及天然纤维素的柔韧性。它的吸湿导湿性比天然棉纤维要好得多,吸湿性接近羊毛,亲肤性和舒适性胜过羊毛。

Polynosic 纤维的高模量和刚性弹性来源于极好的纤维素大分子取向度,这在再生纤维素纤维中是佼佼者。Polynosic 纤维的断裂强度接近于涤纶的强度,湿断裂强度是粘胶纤维的 3 倍。因此,它大大改善了纤维的纺、织、染的加工性能和纺织品的服用性能。

Polynosic 纤维的优势还表现在它有极好的耐碱性,在 NaOH 浓度 230 g/L 以上进行纱线或织物丝光时,仍然可以保持很好的强力与光泽。这对于棉的混纺织物来说,无疑是个优秀的搭档,是其他再生纤维素纤维所不能及的。

2. Polynosic 纤维的应用

Polynosic 纤维优异卓越的性能,成为我国本世纪初优秀高档再生纤维的突出代表。因此,它的开发生产与应用受到了人们的广泛关注。目前已成为出口产品、品牌产品以及高档名牌产品生产的热门原料。Polynosic 纤维的应用领域非常广泛,但由于纤维复杂的生产工艺及高昂的生产成本,使这一优秀纤维品种的发展受到了限制。但该纤维从根本上克服了纤维素纤维的缺点,秉承了纤维素纤维的优点。因此,只要掌握了它的性能,并有效控制生产的各环节,在各个领域里应用都能找到它合适的位置,发挥它卓越的性能。

六、聚乳酸纤维

聚乳酸纤维(PLA)是一种用玉米为原料制成的纺织纤维,所以又叫玉米纤维。它的最大特色是同时具备天然纤维和化学纤维两方面的优点,其强度和聚酯纤维相近,质地柔软、穿着舒适、不起皱、容易染色、吸湿性好,特别是与棉混纺后具有良好的吸汗效果。

1. 聚乳酸纤维的制造方法

聚乳酸纤维的制造方法是先把玉米粒粉碎,过滤出淀粉,加入酶等成分,使其变成葡萄糖,再加上乳酸菌发酵成乳酸,然后聚合成聚乳酸,再把聚乳酸纺成纤维。乳酸纯度对聚乳酸纤维的断裂强度影响很大,其纯度越高,断裂强度就越大。

采用溶液纺丝或熔融纺丝是制备聚乳酸纤维最常用的两种方法,可纺制 POY、FDY 等长丝及短纤维。聚乳酸的溶液纺丝主要采用干纺—热拉伸工艺。纺丝原液的制备一般采用二氯甲烷、三氯甲烷或甲苯作溶剂。聚乳酸在熔融纺丝时,采用相对分子质量为 3.3×10^5 的聚乳酸,先进行真空干燥,而后进行熔融纺丝,即能获得聚乳酸纤维。

2. 聚乳酸纤维的性能

聚乳酸纤维具有合成纤维的特性,性能介于聚酯纤维及聚酰胺纤维之间。聚乳酸纤维具有抗菌、防霉、无臭等特点。其可燃性低,燃烧时不形成烟,即使燃烧也不会产生有毒、有害的物质。聚乳酸纤维具有耐紫外光、耐日晒、耐气候性,在室外暴晒 500 h 后,强度仍可保留 55% 左右。聚乳酸纤维吸水性较差,但具有良好的毛细效应,很好的水扩散性能,能很快吸汗并迅速干燥。聚乳酸纤维比聚酯纤维具有更好的亲水性和较低的密度,具有良好的弹性、卷曲性、抗皱能力和染色性能。

3. 聚乳酸纤维的应用

聚乳酸纤维可以单独使用,也可以与棉、羊毛或其他天然纤维混纺使用,它也是制作编织物、带子、非织造布的优良纤维材料。用聚乳酸纤维制成的织物手感柔软,有丝绸般的光泽和亮度,悬垂性、滑爽性、抗皱性、耐用性好。可用于内外衣、运动服及其他各领域。因其抗菌防毒,也适宜用做垫子填充物、医药卫生用品、婴儿用品等。

目前聚乳酸纤维生产中最大难题之一是生产成本过高。另外,在聚乳酸纤维的制造过程中,如何减少聚合物中残存的单体量是难题之一。如何确定相关生产技术来生产纤维,并调整纤维性质、增强品质,是聚乳酸纤维今后发展的关键。

七、大豆蛋白纤维

1. 大豆蛋白纤维的生产过程

大豆蛋白纤维是一种再生植物蛋白质纤维,原料来源充足,具有可再生性,不会对资源造成掠夺性开发。主要原料来自大豆榨完油后的大豆粕,将豆粕水浸、分离、提纯出球状蛋白质,通过添加功能性助剂,改变蛋白质空间结构,并在适当条件下与羟基和氰基高聚物接枝共聚,通过湿法纺丝生成大豆蛋白纤维。此时纤维中的蛋白质与羟基和氰基高聚物并没有完全发生共聚,具有相当大的水溶性,还需要经缩醛化处理才能成为性能稳定的纤维。缩醛化后的丝经过卷曲、热定型、切断、加油工序可生产出各种长度规格的纺织用大豆纤维。其工艺流程如图 2-6 所示。

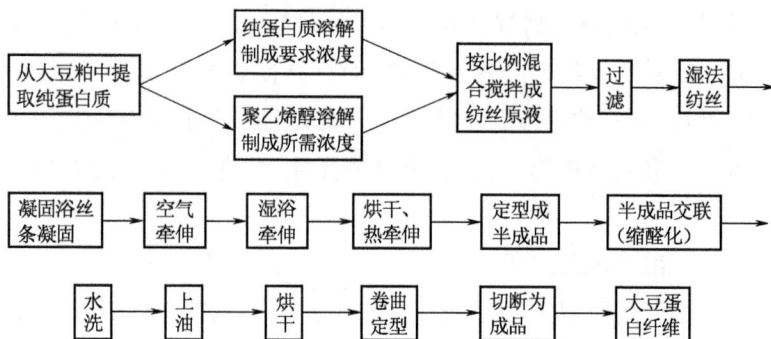

图 2-6 制取大豆蛋白纤维的工艺流程

2. 大豆蛋白纤维的性能

大豆蛋白纤维的物理、机械性能和化学性能都较好。其大部分性能都优于植物纤维素纤维、动物蛋白纤维或以纤维素为原料的再生纤维。大豆蛋白纤维柔软、蓬松、单纤细度细(0.9~3.0 dtex),密度小(1.275 g/cm³),保暖性强,悬垂性好,抗皱性优于真丝,具有羊绒般的手感及外观效果。大豆蛋白纤维具有优于其他天然纤维的抗紫外线照射性能和防霉蛀性能,含有多种人类所必需的氨基酸,对人体肌肤具有明显的保健作用。这为功能性保健型纺织品开发提供了极佳的纤维原料。大豆蛋白纤维强力高于羊毛、蚕丝、棉纤维,且初始模量偏高,沸水收缩率低,故尺寸稳定性好。大豆蛋白纤维其吸湿性与棉相当,而导湿透气性远优于棉,故大豆纤维导湿、透气、干爽,保证了穿着的舒适与卫生。

3. 大豆蛋白纤维的应用

由于大豆蛋白纤维织物既有天然纤维的诸多优良特性,又有合成纤维的机械性能,它的出现满足了人们对穿着舒适性、美观性的追求,符合服装免烫、洗可穿的潮流。大豆蛋白纤维用于纯纺或与棉、毛、羊绒、麻、丝、天丝、锦纶等纤维以不同比例混纺或交织的针织布、机织布。在棉纺设备上已纺出 1.27 dtex 的棉型高品质纱,用以开发高档的高支高密面料。大豆蛋白纤维是制作高档面料、内衣、T 恤衫、睡衣、其他服装及各种家用纺织品的理想原料。

　　中国年产大豆 1000 多万吨,属于生产大国。目前,科研人员正在加紧对大豆蛋白纤维的性能和特点进行深入研究,除已研制生产出不同规格长度的大豆蛋白纤维外,还在开发大豆蛋白长丝,并计划用相同的技术方法从花生、菜籽、棉籽等农作物中提取纺纱用蛋白。如果研制成功,不但增加农作物蛋白纤维的品种和种类,形成系列产品,还将有利于农业产业化,甚至会引发一场相应作物种植热。正因为大豆蛋白纤维的卓越性能及产业化的可行性特征,该产品必将在棉纺、毛纺、绢纺和相应的机织、针织领域掀起新产品开发浪潮,给纺织企业带来新的发展机遇。

八、甲壳素纤维

　　甲壳素(Chitin)又称甲壳质、几丁质,广泛存在于昆虫类、水生甲壳类的外壳和菌类、藻类的细胞壁中,是一种蕴藏量仅次于纤维素的天然聚合物和可再生资源,也是除蛋白质以外数量最大的含氮天然有机化合物。壳聚糖(Chitosan)是甲壳素最重要的衍生物,是甲壳素脱乙酰度达到 70% 以上的产物。甲壳质是甲壳素和壳聚糖的统称。

　　早在 1811 年,法国学者 Braconnot 首次从菌藻类的细胞壁中提取了甲壳素的物质,而对甲壳素、壳聚糖的大规模研究开发是在 20 世纪 60 年代。随着研究开发的深入,甲壳素及其衍生物日益成为一种用途广泛的新材料。甲壳素作为低等动物组织中的纤维成分,同时兼有高等动物组织中胶原质和高等植物组织中纤维素两者的生物功能,对动植物都具有良好的适应性。它还具有吸湿、抗菌、生物可降解性和口服无毒等特性,符合绿色纺织品的要求。

1. 甲壳素纤维和壳聚糖纤维的制造

　　用甲壳素和壳聚糖纺制纤维的工艺很多,其原理、操作过程基本相似,只是在溶剂、凝固剂的选择、纺丝及后处理工艺等方面加以调整而已。

其工艺路线一般为两类:

(1)甲壳素(壳聚糖)──→溶解──→纺丝原液──→过滤──→脱泡──→计量──→纺丝──→一浴──→牵伸──→二浴──→定型──→洗涤──→干燥──→纤维

(2)甲壳素(壳聚糖)──→改性处理──→纺丝原液──→过滤──→脱泡──→计量──→纺丝──→凝固浴──→牵伸──→定型──→洗涤──→干燥──→纤维

以上两种工艺路线,后者制得的纤维强力比前者高,其他性能变化不大。

2. 甲壳素纤维的特性

(1)甲壳素纤维的微观结构:用显微镜观察甲壳素纤维,发现该纤维粗细较均匀,其横截面近似为圆形,纵向形态有不规则孔洞。由于甲壳素纤维具有微细的小孔结构,所以有毛细管作用,它吸收的汗液可以迅速散发出去,使细菌不易附着滋生,从而增强了抗菌效果。但是由于纤维中小孔的存在,甲壳素纤维强力较低。

(2)甲壳素纤维的主要性能:目前国内生产的甲壳素纤维的主要性能指标为线密度 2.214 dtex,断裂强度 2.91 cN/dtex,断裂伸长率 13.5%,密度 1.45 g/cm^3,回潮率 12.5%。

甲壳素的大分子不仅具备与植物纤维相似的结构,又具有类似人体骨胶原组织的结构,这种双重结构赋予他们极好的生物活性和生物相溶性。

甲壳质及其衍生物是无毒副作用的天然聚合物,其化学性质和生物性质与人体组织相近,因此,其制品与人体不存在排斥问题,生物相溶性好,具有抗菌、消炎、止血、镇痛、促进伤口愈合等功能。

甲壳质及其衍生物因本身所含的复杂的空间结构而表现出多种

生物活性,其制品具有抑菌、降低血清和胆固醇含量、抑制肿瘤细胞以及促进上皮细胞生长、促进体液免疫和细胞免疫等作用。甲壳质纤维是自然界唯一带正电荷的动物纤维,对细菌吸附,破坏细胞壁原有结构,造成细胞代谢的混乱,从而起到抗菌杀菌的作用。对于危害人体健康的大肠杆菌、金黄色葡萄球菌、白色念珠菌、绿脓菌、肺炎杆菌、白绒菌等有较强的抑制作用,使有害菌不能在纤维上存活,从根本上消除了有害菌的滋生源和由细菌产生的异味。它不像药物杀菌那样可能对人体造成危害,并且具有永久的抑菌防臭效果,减少了细菌代谢物对人体的刺激而造成的皮肤瘙痒,具有防止老化、降血压和胆固醇、调节生理机能、抗菌、防臭、疗伤等功能,水洗不影响其抗菌性。

甲壳质纤维由于其独特的纤维分子结构,具有很强的保湿因子,因而有高保湿、保温功能,是棉纤维的两倍,对皮肤有很好的滋润和养护作用。甲壳素在其大分子链上存在大量的羟基(—OH)和氨基(—NH$_2$)等亲水性基团,故纤维有很好的亲水性和很高的吸湿性。

甲壳质及其衍生物在酶的作用下会分解为低分子物质,因此,其制品用于一般的有机组织均能被生物降解而被肌体完全吸收。废弃后可被微生物分解,不会造成环境污染。

3. 应用情况

甲壳素纤维较粗,强力相对较低,纤维抱合性能差。通常采用甲壳素纤维与棉纤维或其他纤维混纺来改善其可纺性,生产保健内衣或床上用品。甲壳素纤维可纺成长丝或短丝,长丝用于捻制成医用吸收性外科缝合线。

甲壳素可作为染色助剂、脱色剂、染色增深剂,也可作为抗菌后处理、防皱整理、抗静电整理、印花糊料以及粘合剂辅料等药剂。在水处理中,甲壳素具有吸附重金属离子、多种染料、助剂的功能,并可以凝集水中的污泥。

在工业领域可作吸收放射性的罩布、超级话筒布、特殊抗沾污罩布等。

国外尤其是美国和日本主要是利用甲壳素和壳聚糖制造人造皮肤、可吸收缝合线、血液透析膜、药物缓释剂和各种医用敷料等。

九、海藻酸钠纤维

海藻是一种从海洋褐藻中提取的多糖,在自然条件下能够生物降解成 CO_2 和 H_2O。以它的钠盐为主要原料纺丝得到的海藻酸钠纤维,干强接近粘胶纤维,但湿强很低,不易用作传统纺织材料。海藻酸钠纤维是一种无毒、保温、吸收性能良好,能促进伤口愈合的生态医用纤维,用它制成的非织造布被广泛应用于伤口敷料、医用纱布等方面。

十、酪素纤维(牛奶纤维)

20 世纪 40 年代初期,美国、英国研究制成了酪素纤维,商品名为 Aralic(美国)、Fibralane(英国),密度为 1.9 g/cm^3,吸水率为 14%,断裂强度为 7.1 ~ 8.8 cN/tex,伸长率为 15%,耐水性较差,具有可纺价值。

近年来,日本东洋纺公司开发了以新西兰牛奶为原料的再生蛋白质纤维"Chinon",这是目前世界上唯一实现工业化生产的酪素蛋白纤维,具有天然丝般的光泽和柔软的手感,有较好的吸湿、导湿性能,极好的保湿性,穿着舒适。但纤维本身呈淡黄色,耐热性差,在干热120℃以上易泛黄,强力下降。该纤维可作针织套衫、T恤衫、衬衣、日本和服等。由于 100 kg 牛奶只能提取 4 kg 蛋白质,制造成本较高,至今仍无法大量推广使用。

十一、人工蜘蛛丝

蜘蛛丝具有蚕丝和一般合成纤维无法比拟的突出优势。首先蜘蛛丝很细而强度却很高,它比人发还要细而强度比钢丝还要大,甚至超过对位芳纶和 UHMWPE 纤维;其次它的柔韧性和弹性都很好,耐冲击力强;再有就是无论在干燥状态或是潮湿状态下都有很好的性能。蜘蛛丝网还有很好的耐低温性能,在零下 40℃时仍有弹性,只有在更低的温度下才变硬。由于蜘蛛丝是由蛋白质构成生物可降解,因而对环境是友好的。我们都知道,把这些优良的性能集中在同一种纤维上是十分困难的,而蜘蛛却做到了。由于有了这些性能才能保证蜘蛛网在各种气候条件下都能正常工作,保证了蜘蛛的生存和传宗接代。目前美国、加拿大、德国、俄罗斯和日本等发达国家已投入大量的人力和物力进行研究,吸引了众多的科学家参与此项工作,已取得一定的进展,可以说对蜘蛛丝的研究,已成为当今世界纤维界的热门课题。

1. 利用基因技术来开发人工蜘蛛丝

目前,科学家们已经进行了大量的工作:用生物化学方法对蜘蛛丝蛋白和腺体分泌物进行研究,分离了蜘蛛丝蛋白基因编码的核苷酸序列,建立了 cDNA 和 gDNA 的数据库,进行了基因序列的分离纯化、结构特征表达和克隆等;利用 DNA 合成技术已成功地在 DNA 水平上建立了不同蜘蛛丝蛋白(Spidroin)片段的基因序列模型,用这种模型可制造出一种被称为蜘蛛丝蛋白的合成基因,这种基因可以生产的 96.1% 基因序列与天然蜘蛛丝蛋白相同,下一步的工作是如何大规模生产这种蜘蛛丝蛋白。现在有 4 种途径:

(1)利用微生物来生产。将蜘蛛丝的产丝基因转移到能在大培养容器里生长的细菌上,通过细菌发酵的方法得到蛛丝蛋白,再进一步纺丝可以得到人工蛛丝纤维。

(2)利用动物如牛或羊来生产。将蜘蛛丝蛋白基因转移到山羊乳腺细胞中,然后将蛋白质单体从牛奶或羊奶中分离出来并经纺丝和拉伸得到人工蛛丝纤维。

(3)利用植物生产。将蜘蛛丝基因植入植物,培育出能够产生丝蛋白的转基因植物。

（4）使其他蛋白质通过植入蜘蛛丝的基因而得到改性，从而生产出仿蜘蛛丝的新纤维。这种方法多数用于蚕，因为蚕与蜘蛛有相似之处同为生物纺丝体。许多科学家试图将蜘蛛的基因转移到蚕的体内，使蜘蛛丝高强力、高弹性的基因体现在蚕丝中，利用基因技术使蚕"吐"出"蜘蛛丝"。

2. 用途展望

在军事方面用人工蜘蛛丝做的防弹背心比用芳纶做的性能还好。也可用于制造坦克、飞机的装甲以及军事建筑物的"防弹衣"等。在航空航天方面，可用于结构材料、复合材料和宇航服装等。

在建筑方面用于制造桥梁、高层建筑和民用建筑等的结构材料和复合材料。

在农业和食品方面可用做捕捞网具，代替造成白色污染的包装塑料等。

在医学和保健方面有广泛用途。由于人工蜘蛛丝是天然产品，又由蛋白质组成，和人体有良好的相容性，因而可用作高性能的生物材料，如人工筋腱、人工韧带、人工器官、组织修复、伤口处理、用于眼外科和神经外科手术的特细和超特细生物可降解外科手术缝合线。

总之，目前这种纤维的呼声很高，特别是如果能用转基因的方法从羊奶、牛奶中大量获得蜘蛛丝蛋白，则这种转基因仿蜘蛛丝在价格上完全可以和对位芳纶竞争，据说生产这种仿蜘蛛丝的费用可降低到50美元/kg以下，而目前蚕丝的平均生产费用26~33美元/kg。

十二、再生蛋白质纤维

再生动物蛋白质纤维具有优良的生态性。它利用猪毛、羊毛下脚料等不可纺蛋白质纤维或废弃蛋白质材料研制而成，该纤维降解性能良好，原料来源广泛，有利于环境保护。

1. 再生蛋白质纤维的制造

（1）再生蛋白质原液制备工艺流程：

猪毛或羊毛下脚料——→洗涤——→烘干称重——→过氧乙酸氧化——→水洗——→脱水——→稀碱水解——→过滤——→成品(再生蛋白原液)

(2)再生蛋白质纤维的生产工艺流程:

(再生蛋白质原液、再生胶 A、助剂 B、助剂 C)静态混合——→过滤——→脱泡——→计量纺丝——→塑化牵伸——→切断——→脱硫——→漂白——→酸洗——→水洗——→上油(氨肥皂)——→脱水——→烘干

2.再生蛋白质纤维性能

再生蛋白质纤维干、湿态强度均大于常规羊毛的干态断裂强度(0.9~1.5 cN/dtex)和湿态强度(0.67~1.43 cN/dtex),且纤维中蛋白质含量越大,纤维的断裂强力越小;再生蛋白纤维的伸长率适中,大于粘胶纤维,接近桑蚕丝纤维,且在湿状态下的各项性能稳定;再生蛋白质纤维的回潮率仅小于羊毛纤维,并且随着蛋白质含量的增加而变大,故用其制作成服装后的穿着舒适性和抗静电性能均可达到羊毛面料的水平;再生蛋白质纤维的质量比电阻随着蛋白质含量的增加而减小,并且远小于羊毛、粘胶和蚕丝,因此再生蛋白质纤维导电性能好,抗静电能力好。再生动物蛋白质纤维的物理性能如表 2-5 所示。

表2-5　再生动物蛋白质纤维的物理性能

纤维种类	干态断裂强度/ cN·dtex^{-1}	湿态断裂强度/ cN·dtex^{-1}	断裂伸长率/ %	密度/ g·cm^{-3}	回潮率/ %
猪毛蛋白质纤维	1.94	1.68	21.97	1.45~1.50	13.75
羊毛下脚料蛋白质纤维	1.79	1.70	27.30	1.45~1.50	13.70
人发蛋白质纤维	2.01	1.94	23.26	1.45~1.50	13.74
鸡毛蛋白质纤维	1.62	1.55	20.00	1.45~1.50	14.85
再生胶 A 纤维	2.2~2.7	1.2~1.8	16~18	1.50~1.52	13.20
羊毛	0.9~1.5	0.67~1.43	25.35	1.28~1.33	15.70
桑蚕丝	3.0~3.5	1.9~2.5	15~25	1.33~1.45	10.73

3.市场前景

再生动物蛋白质纤维具有良好的服用性能,用其纤维制成的纺织品手感丰满、性能优良、织物风格新颖、高雅,具有毛型织物的手感、丝绸的光泽及粘胶织物的服用舒适性。其制造成本只是大豆纤维的1/4,织物价格远低于羊毛织物及绢纺织物,是高档纺织品的理想面料。如果水解蛋白质的质量(如纯度)进一步提高,蛋白质与纤维素接枝,采取湿法纺丝,将获得更理想的蛋白质纤维,其各类性能会更加优良,纤维市场前景会更加广阔。

第三节　可降解的合成高分子材料

降解实质上是一种利用生物或光对化纤废弃物进行分解(降解)直至消失的一种处理方法。所谓可降解化纤材料是指材料在不同的环境条件下,其化学结构发生明显变化,导致其物理性能和外观永久改变的不可逆过程。可降解化纤材料作为减轻环境污染的有效途径之一,正受到人们的普遍关注。随着科学技术进步,利用微生物合成、生物技术生产可降解聚合物必将成为非降解化纤材料的重要替代品,具有广阔的市场前景。

一、聚羟基链烷酸酯(PHA)纤维

由微生物产生的聚羟基链烷酸酯(PHA),是一种脂肪族聚酯。PHA是原核微生物细胞的碳源和能源储存物质。当微生物处于氮或磷不足的不平衡营养环境中时,就会大量合成并储存PHA。生物合成的PHA是一类高度结晶的热塑性物质,与聚丙烯、聚乙烯的物理性能和化学结构基本相近,能拉丝、压膜、注塑等,是制备可生物降解塑料的重要原料。PHA纤维具有优良的生物相容性、光学活性、压电性、抗潮性、低透气性等良好性能,在通常情况下性质稳定,但在土壤、湖泊、海洋等环境中却很容易发生生物降解,所以,将使用后的 PHA 纤维制品埋入土壤或置于水底便可很快发生降解,从而减少对环境的污染。用 PHA 类生物材料能制成膜、瓶及注塑模压件,也能纺成纤维,制成织物。因此,它可广泛应用于地膜、矫形、个人卫生用品、药物控释、特殊包装等方面。现在,由于 PHA 类生物材料的价格还比较高,因此主要用于医学医药及化妆品领域,如缝线、药物释放体系等。

二、短梗霉多糖(Pullulan)纤维

Pullulan 是以谷物或马铃薯为原料,由出芽短梗霉产生的一种胞外水溶性多糖(由麦芽三糖 – 1,6 – 间接形成的聚合物),其强度和硬度等物理性质与聚苯乙烯相当。Pullulan 纤维具有平滑、透明、光泽好,强度高(与锦纶相当),且无毒、无味、无色,能生物降解的特点,用它制成的纤维尤其适合做手术缝合线和医用敷料。

三、聚羟基丁酸(PHBV)

在 20 世纪 80 年代,Slater. S. C. 等将合成 PHB 菌 A. eutrophus(产碱杆菌属)的有关酶,利用基因工程法引入油菜、向日葵等油料植物获得"转基因植物(trangenicplants)",从这些转基因植物的细胞质或质体中克隆合成 PHB。这是一种高度结晶(80%)的生物可降解聚酯,熔点高达 179℃。但它的热稳定性差,一般在 PHB 中加入羟基戊酸(HV)共聚,实现内增塑作用,形成 PHBV 聚酯。

20 世纪 80 年代初英国 I. C. I. 公司已经成功地生产出 PHBV,并投放欧洲市场,但其高昂的生产成本无法适应大规模推广应用。国内外学者从菌种培养、产品分离及精制、发酵设备大型化等方面,就降低 PHBV 生产成本和提高产品质量开展了大量的研究工作。浙江省宁

波市天安生物材料有限公司采用相应微生物对淀粉进行发酵提取生产 PHBV 的项目已列入 863 计划,并取得很好进展,目前正计划通过积极的市场开拓工作,尽快形成千吨规模的产业化基地。

四、新型聚酯 PTT 纤维

新型聚酯 PTT 综合了锦纶的柔软性、腈纶的蓬松性(而避免了磨损倾向)、涤纶的抗污性(却有很好的手感)和本身固有的弹性,成为当前国际上开发的热门高分子材料之一。

PTT 纤维很早就被发现,但长期以来由于合成 PTT 所需的原料 1,3-丙二醇(PDO)的生产成本高,制约了 PTT 的工业化生产。1955 年美国壳牌公司成功开发了用环氧乙烷(EO)加氢甲酰化,生产低成本 PDO 的工艺,才使 PTT 纤维的工业化成为可能。该公司将其工业化的 PTT 产品以"Corterra"商品推出,目前年产量已达 2 万吨,在加拿大建年产 9.5 万吨的工厂,并已于 2004 年内投产。

1998 年美国 DuPont(杜邦)公司与 Tate&Lyle 和 Genencor(杰能科)公司合作,培养成功能采用一步法将葡萄糖发酵成 1,3-PDO 的菌种,使生物技术制备 1,3-PDO 成为现实。DuPont 生化发酵路线生产 PDO 的思路,开拓了采用再生原料可持续发展的前景,也为进一步降低 PTT 的成本带来了希望。

国内清华大学与杰能科公司开发了以甘油发酵生产 1,3-PDO 的生物技术工艺路线。从葡萄糖出发的加工路线看,这是两步发酵法的生物技术工艺路线,已经取得中型试验的成功。开发人员曾表示,用此工艺试产的 PDO 的生产成本在 2 万元/t 以下。

PTA(对苯二甲酸)和 1,3-PDO 直接酯化和聚合便可以得到 PTT。聚合工艺在工程上已经解决。不少企业和研究机构也开展了研发工作,相应的纺丝、织造、整理更引起了国内外一大批企业的重视和开发,PTT 纤维取得市场突破已经指日可待。

1. PTT 纤维的优良性能

PTT 纤维的断裂伸长率大于除氯纶以外的所有纤维,其50%左右的适中伸长率,带来合宜的弹性,适于人们对舒适性弹性面料的要求。其弹性回复性优于 PBT,更优于 PET,也比氨纶好;PTT 织物在拉伸循环下仍能保持比其他纤维都高的弹性回复率。

PTT 纤维的模量比 PET 低得多,接近于锦纶,织物手感柔软而舒适。事实上 PTT 织物不同于锦纶的独特手感是其一大卖点,它在较大的伸长率下仍然保持较低的模量,或者说,仍有柔软的手感,是纺织纤维中并不多见的特殊品种,这将在应用中发挥出特有的优势。

PTT 纤维的抗静电性和抗污染性能胜于锦纶;膨化性、回弹性和染色性等各项指标可与锦纶媲美。因此成为综合性能超过锦纶的最新一代、最有前途的地毯纤维材料。

2. PTT 纤维的应用

PTT 纤维非常适用于生产针织和机织弹性面料。用此面料制成的服装穿着贴体,弹性适宜,悬垂性良好,符合当代人类崇尚个性解放的时代潮流,为时装设计师提供了设计灵感和更广阔的思维空间,因而此类面料一直成为运动装、休闲装、针织内衣的首选,而深受人们的喜爱。用 PTT 纤维制成的人造皮革更柔软,更像真皮。在近几届国际博览会上,已有 PTT 纤维彩色泳装与高档服装展示。据壳牌公司预测2010 年,世界 PTT 纤维需求量将超过 100 万吨。

当今世界各国在全球可持续发展战略的影响下,为了减少对环境的破坏,都致力于研究一种既不破坏物质资源,又不影响生态环境的新型纤维,无疑,天然纤维、化学纤维都会以新的姿态和新的面貌出现于世人面前。

五、易染环保新型纤维

黛丝(DYES)是一种分散染料常压易染的改性聚酯纤维,它是通过化学改性破坏 PET 的分子结构来改善纤维染色性能。黛丝具有原料易得、立足国内、价格适中、切片可纺性好、纤维染得色谱齐全的特点。该纤维手感柔软,可以常压染色,特别适于与天然纤维(如毛、麻、丝、棉等)及氨纶混纺或交织后进行同浴染色。黛丝与常规 PET 纤维混纺或交织后,不仅可以改善 PET 纺织品的手感,而且由于 PET 纤维常温染不上色,故可获得深浅相嵌的双色效应。E 型分散染料最适合黛丝的常压沸煮染色,对于深浓色可选取 SE 型分散染料。黛丝的开发解决了普通涤纶不能常压染色的难题,同时减少了能耗,有利于安全生产,更加环保。

主要参考文献

[1] 张世源. 生态纺织工程[M]. 北京:中国纺织出版社,2004.

[2] 葛明桥,吕仕元,等. 纺织科技前沿[M]. 北京:中国纺织出版社,2004.

[3] 奚柏君,姜永峰,宣光荣,等. 再生蛋白质纤维的研制[C]. 21 世纪信息技术生态纺织品国际研讨会论文集. 北京:北京市科学技术协会等,2002.

[4] 童金柱. 生态和生态纺织品[C]. 21 世纪信息技术生态纺织品国际研讨会论文集. 北京:北京市科学技术协会,2002.

[5] 李海,白锦,赵伟. 大豆蛋白纤维产品的工艺研究与产品开发[C]. 21 世纪信息技术生态纺织品国际研讨会论文集. 北京:北京市科学技术协会,2002.

[6] 杨锁廷,崔红,等. 大豆蛋白纤维的产品开发[C]. 21 世纪信息技术生态纺织品国际研讨会论文集. 北京:北京市科学技术协会,2002.

[7] 张镁,胡伯陶,马长华. 彩棉纤维的主要结构与性能研究[C]. 21 世纪信息技术生态纺织品国际研讨会论文集. 北京:北京市科学技术协会,2002.

[8] 纪芳,王万秀. 彩棉系列产品的研究与开发[C]. 21 世纪信息技术生态纺织品国际研讨会论文集. 北京:北京市科学技术协会,2002.

[9] 张振南.天然彩色棉花的研究与开发[C].21世纪信息技术生态纺织品国际研讨会论文集.北京:北京市科学技术协会,2002.

[10] 江锡夏.仿蜘蛛丝的研究与开发[C].21世纪信息技术生态纺织品国际研讨会论文集.北京:北京市科学技术协会,2002.

[11] 孔辉,冯生.野生纤维之王罗布麻[C].21世纪信息技术生态纺织品国际研讨会论文集.北京:北京市科学技术协会,2002.

[12] 伏广庆.莫代尔纤维的性能分析及其机织产品的开发[C].21世纪信息技术生态纺织品国际研讨会论文集.北京:北京市科学技术协会,2002.

[13] 石建新.Modal纤维的优越性能及针织产品的开发[C].21世纪信息技术生态纺织品国际研讨会论文集.北京:北京市科学技术协会,2002.

[14] 赵亚洁.新型的绿色纤维—天竹纤维[C].21世纪信息技术生态纺织品国际研讨会论文集.北京:北京市科学技术协会,2002.

[15] 薛迪庚.用天然原料生产生态纺织品的问题[C].21世纪信息技术生态纺织品国际研讨会论文集.北京:北京市科学技术协会,2002.

[16] 唐人成,杨旭红.纺织用天然竹纤维的结构和热性能[C].2003"中大洁润丝杯"全国中青年染整工作者论坛论文集.北京:中国纺织工程学会/染整专业委员,2003.

[17] 梅士英,唐人成.竹纤维结构性能与染色性[C].第二届全国染整行业技术改造研讨会论文集.北京:中国纺织信息中心,2004.

[18] 林中溪.循环经济时代的纺织材料开发与利用[J].纺织导报,2006,(2):30-31.

[19] 刘恩平.郭安平.郭运玲,等.菠萝叶纤维的开发与应用现状及前景[J].纺织导报,2006,(2):32-35.

[20] 中国纺织信息中心.中国纺织工业技术进步研究报告[R].2004/2005:25-29.199-206.

[21] 将岩,欧力,李洁,等.大豆蛋白纤维的结构研究(Ⅰ)大分子组成和化学结构[J].纺织学报,2004,25(6):43-44.

[22] 李义有.大豆蛋白纤维及其织物的性能特点[J].纺织学报,2004,25

(6):131－132.

[23] 赵博,李虹,石陶然.竹纤维基本特性研究[J].纺织学报,2004,25(6):100－101.

[24] 万玉芹,催运花,俞建勇.竹纤维的开发与技术应用[J].纺织学报,2004,25(6):127－128.

[25] 刘晓霞,王振永,徐卫林.棕叶纤维的开发研究初探[J].纺织学报,2004,25(3):74－75.

[26] 李瑞洲,刘亚利,孙占宾.竹浆纤维性能分析[J].纺织学报,2004,25(3):76－77.

[27] 奚柏君.再生蛋白质纤维的成纤机理及氨基酸组分[J].纺织学报,2004,25(2):24－26.

[28] 黄立新.Optim 纤维及产品的开发与应用[J].纺织学报,2004,25(2):101－102.

[29] 张涛,鲍文斌,俞建勇.竹浆纤维鉴别方法的研究[J].纺织学报,2004,25(5):28－30.

[30] 赵家森,王渊龙,程博闻.绿色纤维素纤维－Lyocell 纤维[J].纺织学报,2004,25(5):124－126.

[31] 陈英,宋新远.天然彩色棉研究现状[J].纺织学报,2004,25(5):126－128.

[32] 何俊,张广平,吴丽莉,等.Viloft 纤维及其产品舒适性[J].纺织学报,2005,26(1):84－86.

[33] 韩铁民,张鸿,等.甲壳素溶液的流变性质及可纺性[J].大连轻工业学院学报,2001,20(4):248－250.

[34] 万雅波,王善元.Tencel 纤维结构与性能特性[J].上海纺织科技,1999,27(3):5－8.

[35] 洋崇岭.赵耀明.刘立进.天然纺织材料—羽毛纤维的形态结构[J].纺织导报,2005,(3):56.

[36] 许树文.刘华.工业大麻的开发利用及其市场前景[J].纺织导报,2005,(7):62－65.

[37] 钱以宏.生物技术与国内外化纤工业的发展[J].纺织导报,2005,
(11):60-63.

[38] 徐森.Polynosic 纤维的几个突出性能及应用探讨[J].纺织导报,2006,
(1):55-57.

[39] 赵子群.竹纤维及其制造方法[P].CN 1375578A.2002.

[40] 朱长生,郑书华,等.利用竹材生产粘胶纤维浆粕工艺[P].CN
1308160A.2001.

[41] 张镁,胡伯陶,赵向前.天然彩色棉的基础和应用[M].北京:中国纺织
出版社,2005.

第三章 环保型染料及助剂

第一节 概　述

染整加工中的清洁生产和环保质量一方面与染料、助剂本身有关;另一方面还与染料合成中的副产物和未反应的原料有关。开发生态纺织品,必须选用绿色染料和助剂。

2003 年 6 月到 2004 年 1 月之间,国际市场对纺织品和纺织化学品先后出台了 5 个新的"绿色壁垒",涉及纺织染料、纺织助剂、纺织用添加剂、纺织品和其他有害化学物质。欧盟还相继提出了对非环保染料的限制,对纺织品中禁用偶氮染料、甲醛、五氯苯酚、杀虫剂、有机氧化物等的含量实施严格限制。

绿色生产,一方面是研究和开发各种新技术;另一方面对现有生产工艺进行改革。染化料的生产原料除了石油外,植物油脂原料受到重视。高分子表面活性剂、元素表面活性剂及生物表面活性剂的开发又成了新的领域。

人们以前对印染助剂首先考虑如何达到第一功效,很少考虑其对人体的影响。随着人们生活水平和环保意识的提高,对印染助剂的选取原则趋向于,在对人体产生尽可能少的毒副作用和保证人体健康的前提下,再研究发挥助剂的最佳功效。这种发展趋势使生产厂商和研究者应采取积极的应对措施:

(1)更新观念,认识到"绿色壁垒"虽然具有制约发展中国家经济发展的消极一面,但从另一个侧面反映了消费者对"绿色"产品的消费趋向和产品的生产商、经销商对正在全球掀起的"绿色浪潮"、清洁生产的积极回应。

（2）加强研究开发清洁生产工艺和环保型纺织染料助剂,满足在毒性、诱变、致癌、遗传、神经、过敏和免疫等方面的严格要求,选用的化工原材料必须符合环保要求。

（3）集中于环境性能方面问题发展起来的一个领域是绿色化学（可持续化学）。绿色化学体现在催化技术、光化合成技术、可再生利用工艺、去除重金属技术等方面,以提高反应的转化率和产品的纯度、产品可生物降解为研究新方向。

（4）建立现代标准的检测方法,检测方法和指标控制是促使用清洁工艺生产绿色纺织品助剂和绿色纺织品的基础和关键,因此要基本做到与国际接轨。

第二节　天然染料

一、天然染料及性能

1. 天然染料

天然染料一般可以自然降解,大部分无毒性和副作用,不污染环境。天然染料（天然色素）主要来源是植物的根、茎、叶、花、果,动物或天然彩色矿石。据估计,天然染料占全球染料总用量的10%。但目前天然染料的用量仅占合成染料用量总额的1%。

2. 天然染料的分类及性能

天然染料的分类方法有很多种,按溶解性、化学结构,植物、动物或矿物名称以及俗称等都可进行分类。如按照溶解性分类,植物色素可分为水溶性、醇溶性和油溶性三类。水溶性色素是指溶于水或在含水乙醇中有较大溶解度,在无水乙醇中难溶,在石油醚中不溶;油溶性色素是指易溶于石油醚、二氯甲烷等有机溶剂,不溶于水,难溶于乙醇、丙酮等溶剂的色素;醇溶性色素溶解性质则介于上述两者之间,即指在无水乙醇、丙酮等极性有机溶剂中易溶的色素。

（1）植物天然染料：植物染料不仅使染整加工环保，而且还赋予纺织品抗菌、消炎等保健功能。

①植物的选择。一般选取色素含量高、纤维相对较长、药用价值较高的植物。

a.苏木：中国古代主要用于染红色，苏木内含隐色素，能在空气中氧化成苏红木素。经媒染剂媒染，有较好的色牢度，该染料对金属离子和酸碱性变化非常敏感，能派生很多的色泽。苏木的药用功效是活血祛瘀。

b.蓝草：蓝草中的色素成分是靛蓝素（$C_{16}H_{10}N_2O_3$），属于靛系还原染料，是我国最早用于织物染色的一种植物。靛蓝的配伍性较强，可与其他植物染料进行套染，从蓝草中提取的蓝靛，具有清热解毒、消炎的功效。

c.荩草：直接可染得黄色，用铜盐媒染得绿色。

d.郁金：色素主要集中于茎秆中，在我国使用历史也很早，古代多用于染妇女服装，微有郁金的香味。

e.紫甘蓝：紫甘蓝是一种蔬菜，属于十字花科，其茎、叶呈紫色。在我国大部分地区都有栽培，且价格低廉，它的开发利用有可能成为一种有价值的天然色素资源。紫甘蓝色素在结构上属于花青素类，醇溶性和水溶性较佳，它在稀酸溶液中更易溶解。

f.紫背天葵：紫背天葵是秋海棠植物，具有清热解毒、润肺凉血等功效，还含有丰富的红色素。制成彩色食品包装用纸，不但能增加美感，而且对人体无害。

其他的植物还有染红色的红花，黄色的栀子，色泽鲜艳明亮。

②植物染料的染色。由于植物染料具有较强的抗菌、消炎的功能，因此以普通的方法蒸煮后，提取色素制成染液，稀释一定的浓度后进行染色，可直接加工成具有保健作用的染色产品。而以往的加工需

要经过合成染料染色后,再施加一定量的抗菌、消炎的药物,不仅工序多,操作复杂,成本较高,而且对皮肤刺激性大。

(2)矿物天然染料:有色矿石其主要化学成分含量为:SiO_2 37.66%、Al_2O_3 30.63%、TiO_2 2.8%、Fe_2O_3 3.41%、FeO 14.57%、MnO_2 0.12%。随成分的不同呈现棕红色、淡绿色、灰色、黄色、白色,经粉碎拼混后可达20余个色谱。

矿物色素以不含有害金属和放射性元素的天然矿石为原料,经过粉碎、研磨成具有一定细度的矿粉,分散在水中形成悬浮状的胶体溶液。色素主要以单分子(或离子)状态进入纤维内部。染色前的织物都要进行预处理,经过预处理后的纤维其大分子链间距离增大,有利铁、锰化合物分子和一些微细矿粉进入纤维的无定形区,达到吸附上染。但是,矿粉中含有铁离子及其化合物,铁离子会影响织物强力,染色后的织物需进一步处理,减少损伤。

(3)其他天然染料:

①微生物色素:詹森杆菌蓝紫霉色素是非病原菌。这种微生物是从蚕丝废料中培育出的细菌,产生色素的主要菌种是紫色杆菌素和脱氧紫色杆菌素,由日本蚕丝昆虫农业技术研究所与蚕丝商社合作研究发现。这种色素使用安全,不仅可染棉、麻、丝、毛等天然纤维,也可以染锦纶等合成纤维。

②红曲米色素:将红曲霉接种在稻米上培养成,供制造红酒和红腐乳用,也用作食品色素、药用活血剂。红曲米色素不溶于水,其色素的主要成分是红斑素及红曲红素,橙红色,有荧光。用红曲米可将丝绸染成美丽的深红色。

这种色素色泽鲜艳,不溶于水、溶于乙醇,对 pH 值稳定,耐光、耐热,对金属离子、氧化剂和还原剂不敏感。

③Trichoderma sp. Q98 菌株:在马铃薯固体培养基(PDA)平板培养 4 天观察菌落,可见菌丝产生红色素,这种色素是非水溶性的。同

时这种菌株还可以产生不饱和脂肪酸,它的培养液含有 2 种多肽类物质。菌丝及提取物可作为天然色素添加剂、天然抗氧化剂、天然抗菌活性物质源。

④玉米黄色素:玉米黄色素是从生产玉米淀粉的下脚料(玉米粗蛋白)提取的类胡萝卜素色素和叶黄素等天然色素。

⑤单宁:香蕉花瓣的细胞液含有大量的单宁,几乎能将织物染成黑色,而且其色泽保留时间长久,耐洗涤。

3. 天然染料的化学结构

天然染料中的大部分仍然是天然有机染料或颜料,其化学结构分别属甲基酮、亚胺、苯醌、蒽醌、萘醌、黄酮、黄酮醇、二氢黄酮、靛类以及叶绿素等。

(1)叶绿素类:叶绿素是一种存在于植物叶、茎中的绿色色素。它是属于卟啉类的有色杂环化合物。环外碳原子的取代和环内氮原子与金属离子(如 Mg^{2+} 等)配位络合得到叶绿素 a、叶绿素 b。

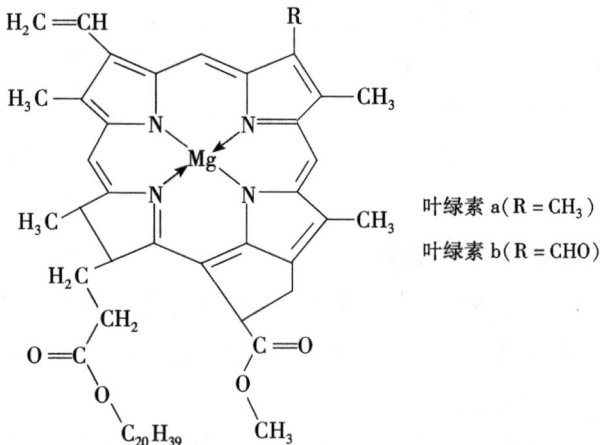

叶绿素 a(R = CH₃)
叶绿素 b(R = CHO)

叶绿素属醇溶性色素,在稀溶液中会脱去络合的 Mg^{2+}。变成褐色的脱镁叶绿素。在室温和弱碱条件下稳定。但加热后,分子中酯键水解得到鲜艳的叶绿素。叶绿素易氧化,重金属离子能置换络合中心

的 Mg^{2+},改变其染色性能。叶绿素的铜盐和钠盐制备过程可表示如下:

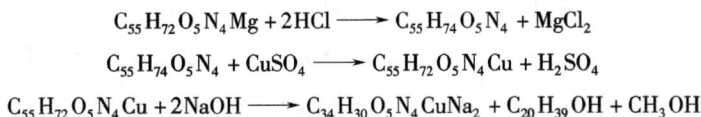

$$C_{55}H_{72}O_5N_4Mg + 2HCl \longrightarrow C_{55}H_{74}O_5N_4 + MgCl_2$$

$$C_{55}H_{74}O_5N_4 + CuSO_4 \longrightarrow C_{55}H_{72}O_5N_4Cu + H_2SO_4$$

$$C_{55}H_{72}O_5N_4Cu + 2NaOH \longrightarrow C_{34}H_{30}O_5N_4CuNa_2 + C_{20}H_{39}OH + CH_3OH$$

(2)类胡萝卜素:类胡萝卜素广泛存在于植物叶片、块茎、果实中,常与叶绿素、蛋白质伴生存在。该色素分子母体是聚异戊二烯,天然存在形式大多是反式共轭多烯。类胡萝卜素有两种基本类型。

①叶红素:叶红素分子特征是类胡萝卜烃,包括 α – 胡萝卜素、β – 胡萝卜素、γ – 胡萝卜素、番茄红素、辣椒红素等,色谱为红色和橙红色。易溶于石油醚,难溶于乙醇,不溶于水。β – 胡萝卜素结构如下:

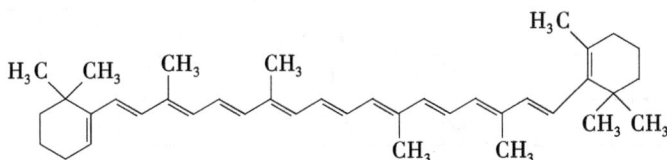

②叶黄素:叶黄素是类胡萝卜素的含氧衍生物,含氧基主要有羧基、酯基等,包括玉米黄素、叶黄素、隐黄素等,色谱为橙黄和黄色,易溶于乙醇,不溶于石油醚。

类胡萝卜素对热稳定,不受 pH 值影响。由于共轭双键结构易氧化,对空气中氧、多种形式的氧化酶十分敏感,尤其是酸性和低水分条件下更容易氧化失色。其结构式如下:

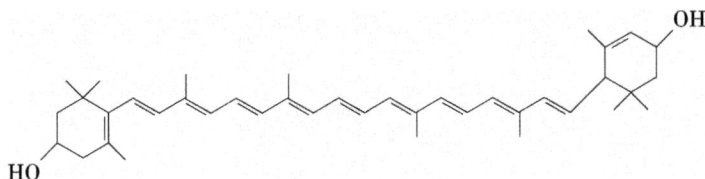

（3）类黄酮化合物：类黄酮化合物广泛存在于植物花瓣、叶片、果实、根茎中。其母体结构是 2 － 苯基苯并吡喃环，在植物中以糖苷存在。常见的组成有葡萄糖、半乳糖、阿拉伯糖等单糖、双糖和三糖以及酰基化的糖。依照分子组成特征可分为花色素和黄酮化合物两类。

①花色素：花色素是赋予植物花瓣和叶片以绚丽色彩的主要色素，其色谱由橙红色到蓝紫色。表 3 － 1 列出了六种自然界存在的主要花色素。花色素的基本颜色有：天竺葵配基的鲜红色、矢车菊配基的绯红色和飞燕草配基的青莲色。各种颜色的花色素都是由这三种分子结构衍生出来的。

表 3 － 1　自然界存在的主要花色素

名　称	天竺葵素	矢车菊素	芍药色素	飞燕草素	3′－甲花翠素	锦葵色素
R_1	H	OH	OCH_3	OH	OCH_3	OCH_3
R_2	H	H	H	OH	OH	OCH_3
λ_{max}/nm	520	535	532	546	543	542

花色素是水溶性色素，若改变其阳离子结构则具有醇溶性，在石油醚中难溶。它可以根据 pH 值而改变颜色。经分离提纯的花色素，pH 值在 1～4 范围内的水溶液较稳定，较高 pH 值时，很容易失色。

在研究花色素时，若选择高效分离提纯的方法，往往会破坏稳定存在形式，得到的纯净花色素既不耐碱也不耐酸、容易失色不稳定。

花色素结构通式：

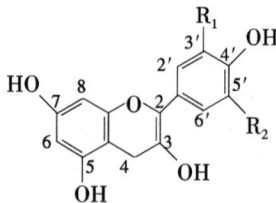

②黄酮化合物:黄酮化合物按分子中氧化程度不同分为:黄酮醇、黄酮、黄烷酮、查尔酮,其结构如表3-2所示。

表3-2 黄酮化合物类型

类 型	结 构	颜 色	与花色素缔合情况
黄酮醇		浅黄色	能
黄 酮		浅黄色至无色	能
黄烷酮		无 色	不能
查尔酮		黄 色	能

黄酮化合物与花色素同样,分子中4位碳原子上羟基氧化,形成吡喃酮结构,性质亦趋于稳定。由于共轭程度比花色素低,颜色大多呈无色至橙色,亦称其为花黄素。黄酮化合物也以糖苷形式存在于植物中,除游离形式外,一些黄酮能与花色素分子形成分子间缔合。在许多蓝色、紫色的花瓣中发现了这种缔合,这种缔合对花色素有最大吸收波长发生红移的作用。

植物中黄酮化合物种类、数量都比花色素多,是潜在的植物色素来源。部分黄酮化合物还具有对人类健康有益的生理活性,有一部分具有紫外吸收特征和抗氧化性。

（4）其他色素：

①红花色素：红花色素得自红花，如藏红花等。红花又称草红花，它的花、种子、秸秆等均可综合利用。其花可供药用，具有活血通络、止痛等功能。红花的花色五彩缤纷，而且随生长过程由浅变深。分子结构为类查尔酮式糖苷，不溶于水和石油醚，溶于乙醇。当 pH > 7 时为酚式结构，由橙黄成为红花黄；当 pH < 7 时为醌式结构，称红花红。这种色素不耐光，耐热性较好。

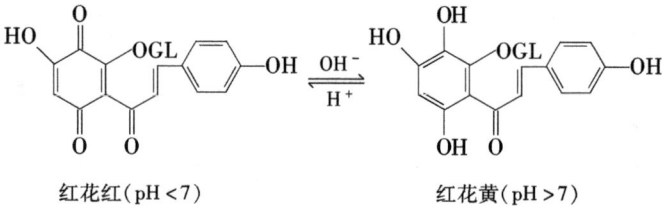

红花红（pH < 7）　　　　　　　　红花黄（pH > 7）

②甜菜红素：甜菜红素存在于红甜菜中，易溶于水，不溶于无水乙醇和石油醚，pH 值在 3 ~ 7 颜色变深，pH < 3 颜色变黄，pH > 10 迅速失色。甜菜红素对光、热、氧化剂都不稳定，需用抗坏血酸等作为稳定剂。其结构式可表示如下：

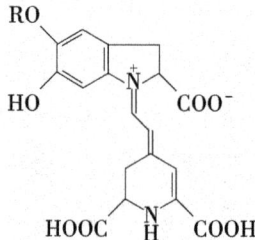

甜菜红色素是世界上广泛使用的一种天然色素，其主要显色物质为甜菜花青素（红色），其中 75% ~ 95% 为甜菜红苷，其余为甜菜黄质（黄色）和甜菜色素的降解产物（淡棕色），除色素物质外，含有红甜菜原料中的糖、盐、蛋白质。甜菜红具有渗透力强、着色均匀、色泽好等优点。

③红曲米色素：

其分子结构如下：

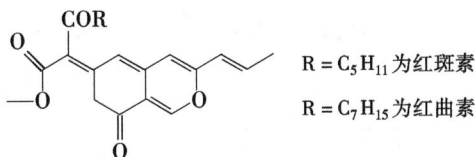

$R = C_5H_{11}$ 为红斑素

$R = C_7H_{15}$ 为红曲素

二、常用植物染料色素的提取、精制及稳定处理

色素含量高的植物有蓝草、橘子、槐花、栌木、黄檗、皂斗、苏木、紫草、茶叶、菊花、五倍子、石榴、黄连等。不同植物色素的提取方法也不同。

1. 色素溶液提取法

(1)萃取法：将植物含色素的部分粉碎，在水中浸泡一定时间，再加热煮沸20~30 min,所得的溶液即为染液。为提高色素萃取的效能,可以用乙醇等有机溶剂代替水,将植物染料粉碎后,放入密闭容器中,经多次浸渍后将所有的溶液混合、过滤,得到染液,这种方法尤其适用于那些难溶于水的染料。

对水溶性、醇溶性的花色苷类、黄酮类脂溶性色素多采用有机溶剂浸提,再经过滤、减压浓缩、真空干燥。溶剂萃取法的缺点是溶剂需回收、产品质量差、纯度低、有残留溶剂和异味。

①几种色素提取：

a. 紫甘蓝：选用醋酸稀溶液为提取剂,工艺如下页图所示。

紫色甘蓝色素最大吸收波长是530 nm,丙酮和乙醇浸提液的颜色为紫色,但色泽不稳定。用乙酸对紫甘蓝色素的浸提能得到稳定性较好的红色浸提液。以20%乙酸溶液、温度40℃左右、提取4 h的浸提效率高,此时色素稳定、颜色鲜艳,但应尽量避免强光照射。紫甘蓝色素在不同的酸度下呈现不同的颜色,在碱性条件下色素颜色会发生明

洗净的紫色甘蓝 ——→ 粉碎 ——→ 一次酸浸取 ——→ 抽滤或压滤

滤渣二次浸取　　　　　滤液减压蒸馏

压滤　　　　　　　色素胶质

滤液作第二次浸取液

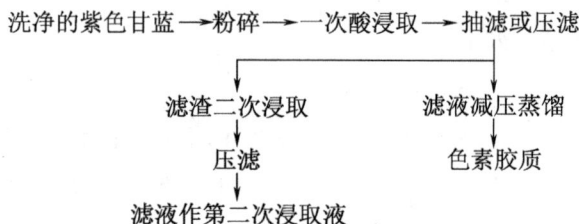

紫甘蓝色素的提取流程

显改变,在强酸情况下稳定性较好。因此在提取和利用紫色甘蓝色素时,应尽可能在低温、酸性条件下进行。Fe^{3+}浓度较大时,会明显地影响浸提液的颜色,由最初的红色变为暗红,后来为黄褐色。因此,在紫甘蓝色素的提取和使用中,要尽量避免与Fe^{3+}的接触。

b. 紫背天葵:2.0 g 的紫背天葵加95%乙醇预浸 1 天后,用微波炉进行微波提取,提取液经旋转蒸发仪浓缩、过滤。pH≤4 时,色素液为鲜艳的紫红色,pH≥4 时色素液颜色变淡,而且稳定性差。

c. 元宝枫:从元宝枫叶中提取黄酮,溶剂甲醇含量50%、提取时间 6 h、料液比1:16、温度80℃,提取 2 次。其中料液比为最大影响因素,温度其次,时间的影响最小。提取过程:

元宝枫叶 ——→ 干燥 ——→ 粉碎 ——→ 石油醚脱脂 ——→ 提取 ——→ 过滤 ——→ 大孔树脂吸附 ——→ 浓缩 ——→ 干燥 ——→ 产品

②影响萃取效果的因素:

a. 溶剂的影响:不同的溶剂提取的天然色素颜色也不尽相同,表 3 – 3为一串红花、九月黄菊花和玉米绿叶在不同溶剂下提取后的颜色情况。

叔丁醇、乙醇、丙酮对玉米绿叶、九月黄菊花浸出效果较好,而甘油和水则对一串红花效果较好。这可能是黄色素为非水溶性胡萝卜素,红色素为水溶性花青素。据观察:玉米绿叶的丙酮液随放置时间延长而变绿,一串红花的丙酮液用铁棒搅后变红,其余无多大变化。

表3-3　溶剂对浸提液颜色的影响

材料　＼　溶剂	叔丁醇	苯	甘油	乙醚	乙醇	丙酮	热水
一串红花(紫红)	黄红	—	淡红	淡绿黄	深绿黄	深绿黄	紫红
九月黄菊花(金黄)	黄	微黄	微黄	黄	黄	黄	橙黄
玉米绿叶(深绿)	绿	绿黄	绿黄	绿黄	黄绿	黄绿	红黄

　　b. pH 值的影响:溶液的 pH 值对提取的色素颜色有很大的影响,以 Naajo 色素为例,颜色随溶液酸碱性的变化不同,见表3-4。

表3-4　pH 值对 Naajo 色素的影响

溶剂	正戊醇	异戊醇	乙醇	乙醚	四氯化碳	水	丙酮	甲苯	甲醇
原提取液颜色	浅青	青	土黄	青	青	橙色	淡黄	淡黄	土黄
加稀酸后颜色	黄青	黄青	土黄	青	青	青	青	青	青黄色
加稀碱后颜色	蓝绿	深青	土黄	淡青	不溶	黄	橘红	橘红	黄褐色

　　此外,提取时间、料液比、提取温度、提取次数等因素都会对提取效果产生一定的影响。

　　(2)微波辐射法:番茄红素等脂溶性色素,有机溶剂不易渗透细胞将提取物溶出。采用微波辐射萃取可大大缩短时间,降低溶剂的消耗,提高萃取效率。叶黄素以微波加热提取,还可避免在温度过高的情况下发生氧化降解反应。

　　微波辐射功率的高低对浸取效果有显著的影响。浸取时间越长,辐射功率越高,浸取物吸收微波越多,扩散速度越快,浸取出来的色素也就越多。但浸取时间过长,使色素长时间处于较高温度的状态,色素的部分结构容易被破坏,吸光度反而下降。溶剂量增加,色素浸取量大,但随着溶剂量的继续增加,色素浸取量提高并不明显。为了减少色素被破坏和溶剂回收负担,液固比不宜太高。

(3)酶提取法:纤维素酶可使纤维素、半纤维素结构局部疏松膨胀,从而增大胞内有效成分向提取介质的扩散,提高色素提取效率。如提取花色苷,纤维素酶作用使吸附在纤维素及细胞壁上的花色苷容易释放;应用纤维素酶提取红花黄色素,与传统水浸提取工艺相比,提取率提高了 9.40% ~ 13.35%。酶提取具有作用温和、有效成分理化性质稳定等优点,酶促反应还可改变天然栀子黄色素中栀子苷的结构,生成栀子红、栀子蓝色素。

2. 粉状色素提取法

用上述方法从天然植物中获得的是染料溶液,由于天然染料在水溶液中的稳定性较差,因此可采用冷冻干燥技术获得粉状的染料。方法是将采集的叶茎粉碎,置于含有碳酸钠的弱碱性溶液中浸渍。煮沸萃取 6.5 h,萃取液在浓缩之前用棉织物过滤,最后对滤液进行处理:

①用具有三层薄膜的过滤装置对滤液进行处理。处理后使滤液中色素的相对分子质量分别控制在 5 000、10 000 和 2 000 000。

②采用孔径尺寸为 0.45 μm 的反渗透薄膜对滤液再进行一次处理。

③采用 CEP 实验系统对滤液进行离心处理、冷冻脱水、真空干燥。

3. 天然色素的精制

经浓缩或干燥方法得到的天然色素大多是粗制品,其中仍含有胶质、淀粉、糖类、脂肪、有机酸碱、无机盐、重金属离子等,甚至有特殊的异味,影响天然色素的稳定性和染色力。因此,还要对得到的色素分离提纯。

(1)吸附解吸法:采用大孔树脂吸附精制天然色素,精制过程易于控制,树脂洗脱后可反复使用。如 AB—8 大孔树脂对紫甘薯色素具有较好的吸附能力,可采用70%乙醇溶液洗脱。

(2)膜分离法:纤维素超滤膜和反渗透膜、微孔滤膜技术联用。在对栀子黄色素的提取过程中,采用无机陶瓷微滤膜对浸提液进行精密过滤,用聚酰胺卷式膜进行反渗透,浓缩过滤液,工艺过程简单,又可保证色素的质量。此外,可用壳聚糖膜对天然色素进行富集,2%壳聚糖膜对萝卜红色素的富集率达84%。

(3)酶作用法:天然色素粗制品中的杂质可以通过酶反应除去,该法对耐热性不强的天然色素特别适合。用水作溶剂提取姜黄色素时,提取物中的淀粉可用淀粉酶降解成麦芽糖和葡萄糖等,它们对色素吸附力较小,在酸性溶液中保持溶解状态,从而与沉淀的姜黄色素相分离。

4. 天然色素的稳定化

(1)微胶囊技术:将天然色素用微胶囊包裹,可以防止直接受光和热的影响。如类胡萝卜素稳定性差,选用喷雾干燥法包埋胡萝卜素,微胶囊包埋率>90%;栀子黄色素和β-环糊精可形成1:1包合物;对油溶性的辣椒红色素,采用混合乳化剂进行改性后,用琼脂、阿拉伯胶进行微胶囊化,获得具有良好水溶性的产品。

(2)色素的结构修饰:花色苷颜色易随pH值变化,这是由其C-2位水化引起的,通过掩盖C-2位,就可以抑制水化反应,稳定花色苷。稳定化方法可添加多糖类、配糖体、酚类以及有机酸,其中研究最多的是添加有机酸进行酰化掩盖C-2位,如4-香豆酸、阿魏酸、咖啡酸以及芥子酸等。

三、天然染料存在的问题

天然染料经不断研究探索后,有可能形成生态染色,但还存在一些问题,如染料的来源。天然染料来源于动植物和矿物,需要大量开采矿物或采摘砍伐植物、猎取动物,而这些又会造成生态环境的破坏,违背了用天然染料染色以保护生态和环保的初衷。为此,需要大量土地种植植被,但又面临土地问题。若在我国西部荒漠地区,大面积开发种植天然色素植物,不仅为天然染料的制备提供了丰富的资源,而且还有利于西部自然环境的改善和发展西部经济。目前亦有人工培育的植物,其色素含量比天然植物高。由于生物培养的方法可使细胞生长速度大大加快,这样使得天然染料的生产可以不依赖于自然界的植物,产量也可大为提高。

随着生物技术的发展。利用基因工程可望得到性能好、产量高的天然染料,而且作为合成染料的部分替代或补充是很有价值的,尤其是用天然染料开发一些高附加值、多功能的纺织品更具有广阔的发展前景。

第三节　环保型合成染料

一、概述

1. 绿色染料的性能要求

绿色环保型染料应满足下列要求:

(1)不含致癌物质:染料的致癌性是指某些染料会对人体或动物体引起肿瘤或癌变的性能。目前已知染料产生致癌性的原因有两种,一种是在某些条件下会裂解产生具有致癌作用的 24 种芳香胺。另一种是染料本身直接与人体接触就会引起癌变,称谓致癌性染料。其中属于第一类致癌性的染料比较多。

致癌芳香胺的含量不能超过允许限量 30 mg/kg。

①属 MAK Ⅲ A1 的致癌芳香胺 4 种,即:

4 - 氨基联苯

联苯胺

4 - 氯 - 2 - 甲基苯胺

2 - 萘胺

②属 MAK Ⅲ A2 的致癌芳香胺 20 种,即:

3,3′-二甲基-4,4′-二氨基二苯甲烷

4-氨基-3,2′-二甲基偶氮苯

2-氨基-4-硝基甲苯

2,4-二氨基苯甲醚

4-氯苯胺

4,4-二氨基二苯甲烷

3,3′-二氯联苯胺

3,3′-二甲氧基联苯胺

3,3′-二甲基联苯胺

2-甲氧基-5-甲基苯胺

4,4′-亚甲基-二(2-氨苯胺)

4,4′-二氨基二苯醚

4,4′-二氨基二苯硫醚

2-甲基苯胺

2,4-二氨基甲苯

2,4,5-三甲基苯胺

2-甲氧基苯胺

4-氨基偶氮苯

2,4-二甲基苯胺

2,6-二甲基苯胺

(2)不使人体产生过敏作用:染料的过敏性是指对人体或动物体的皮肤和呼吸器官等引起过敏作用,而过敏性染料是指这种过敏作用严重到影响人体健康的染料。目前,国际市场上严格规定用于人体等织物上过敏性染料的含量必须控制在 0.006% 以下。

(3)不含有环境荷尔蒙(或环境激素):环境荷尔蒙是一类对人类健康和生态环境极其有害的化学物质,又称为内分泌扰乱物质。目前

世界市场上规定了 70 多种被禁止的环境荷尔蒙,从结构上可分为 5 种类型:多卤素化合物、含硫化合物、不含卤素和硫的化合物(如苯系、萘系、杂环和稠环等)、菊酯类化合物和重金属等。染料不是环境荷尔蒙,但染料的生产中涉及许多环境荷尔蒙,如多氯联苯、对硝基甲苯、多氯二苯并呋喃、2,4 - 二氯苯酚等。

(4)对重金属的品种和含量有严格的限制:不少重金属对人体存在危害,而且一旦进入人体,由于化学性质稳定,不易排出体外;对皮肤、肝、脑、神经系统和内分泌系统产生毒害。镍超标可以导致肺癌的发生,六价铬超标可破坏人体的血液。在染色过程中含重金属的染料或染色助剂很容易被引入人体。德国通过立法手段强制规定了纺织品加工过程中,禁止使用含有砷、锑、铅、汞、镉等重金属的染料和助剂,有些国家限制的重金属还有镍、锡、铜、铬、钴、锌、锰和铁。

(5)不含对环境有污染的化学物质:要求染料及其添加剂不含对环境有污染的化学物质或急性毒性染料。对环境能够产生危害的化学物质有 170 多种,主要指挥发性有机化合物、含氯载体等可吸附有机卤化物以及有变异性化学物质和持久性有机污染物。如含氯的脂肪烃溶剂及含氯的硝基苯、含氯的苯胺以及相应的染色助剂等。这些物质会与人体蛋白质或人体核酸作用或在生态环境中积聚并通过食物链对人类产生危害,甚至能促使有机体产生癌变,因此,世界各国对其在染料及染色废液中的含量限制得很严格,如德国规定的染色废液排放标准为 100 g/L。

五氯苯酚是一种重要的防腐剂,对生物具有相当的毒性,它能使生物畸形并有致癌作用,该物质的限量为 5 mg/kg,绿色环保标准要求更为严格,其含量只能低于 0.5 mg/kg。

(6)对甲醛的含量有严格的限制:织物中的甲醛是由整理剂或助剂引入的。当纺织品中的甲醛含量大于 75 mg/kg 时会有难闻的气味,刺激眼睛及皮肤,普遍认为甲醛是对人体的细胞危害很大并可能产生癌变的物质,欧洲一些国家已经将甲醛列为潜在的致癌物质,对进口纺织品中甲醛的含量有严格的要求。规定儿童服装的游离甲醛量在 20 mg/kg 以下,直接接触皮肤的服装的游离甲醛在 75 mg/kg 以下,不直接接触皮肤的服装与纺织品及装饰用纺织品的游离甲醛量在 300 mg/kg 以下。

2.染料的绿色化及发展

由于环境保护的严格要求,使今后染料的发展要注重:染料新品种、染色新技术的开发和对部分老品种的改进。包括新剂型的开发、质量的升级和新技术的运用等。如催化技术、相转移技术、金属络合物催化技术、分子筛催化定位技术、酶催化技术等;积极开发各种色牢度、着色率高和提升性好的绿色环保型染料。虽然涉及到各类染料,但重点是活性染料和分散染料,因为应用这两类染料染色、印花的纤维素纤维和聚酯纤维,占纺织纤维的 80% 以上。

人们对环保型染料的理解随着时间的推移在不断地深化,促使染料行业积极开展染料的毒理学与生态学等方面的研究工作,开发出真正意义上的绿色环保型染料,才能使纺织品符合环保和生态标准。

二、环保型活性染料

1.环保型活性染料及应用特性

染料化学工作者研究了染色超分子化学、染料分子结构(包括空间构型)与染料性能之间的关系、染料拼混增效原理、助剂对染色性能的影响等,利用这些研究成果,开发出许多染料新品种,它们完全能满足国内外纺织品市场对绿色染料的要求,对染色新技术推广起到了促进作用。

新的活性染料含有乙烯砜/一氯均三嗪、乙烯砜/一氟均三嗪、双一氯均三嗪等双活性基,两个活性基之间的互补性,使染色宽容度增加,提高了染色重现性。

此外,环保型活性染料还有下列特点:

①高溶解度,有的染料溶解度在 200 g/L 以上,在小浴比染色时染料不易析出。

②低盐染色用染料,通过分子结构设计,提高了染料与纤维之间的亲和力,在染色时无机盐用量减少了 30% ~50%。

③特深色活性染料,利用分子内拼色原理,开发的特深色活性染料,具有较高的摩尔消光系数,用较少的染料即可染得深浓色泽。

④连续染色专用活性染料,利用拼混增效原理,开发出直接性适中、固色率高、浮色易洗涤的连续染色专用染料。

(1)多活性基的活性染料:活性基是决定活性染料类型及与纤维成键反应等性能的因素之一。Megafix B 型活性染料是一氯均三嗪和乙烯砜两种活性基的复合型染料,受到同一共轭体系内砜基的强烈吸电子效应,这种复合结构的一氯均三嗪基的反应性比单一的一氯均三嗪基强。由于同时具有两种活性基的长处,染料固色率高、色泽浓艳、反应性较强,稳定性较好。B 型活性染料提升力较高,既适于染中浅色,也适用染深色,染色时对盐的浓度、固色温度的敏感性较小,一般盐的用量选择在 20 ~30 g/L,固色温度 60℃左右。B 型活性染料适合用 Na_2CO_3 固色。而且解决了一氯均三嗪基与纤维结合键耐酸稳定性差和乙烯砜基与纤维结合键耐碱稳定性差的问题。

(2)高性能环保型活性染料:目前活性染料开发和发展的重点集中在"五高一低":高固着率、高色牢度、高提升性、高匀染性、高重现性和低盐染色等。Ciba 公司新近开发的 Cibacron S 型染料,具有中等亲和力、良好分散性、优异水洗性、超过 90% 的固着率和极高的提升性,其中 Cibacron Deep Red S—B 的提升力高于一般活性染料的 3 倍。DyStar 公司开发的 Remazol Fluorescent Yellow FL 是世界上第一个用于纤维素纤维的荧光活性染料,具有极鲜艳的颜色和好的色牢度,是活性染料史上的一个突破。

毛用活性染料的新品种有 Sumifix HF 染料;DyStar 公司开发的用于羊毛和丝染色的 Realan 染料、RealanWN 染料、Lanasol CE 染料等,它们大多含有乙烯砜等两个活性基,能用来取代铬媒染料。

我国也开发和生产出不少新型环保型染料,如 EF 系列活性染料、ME 型活性染料等。新开发的活性黑 KN—G2RC 133 能在棉织物上染得具有各项牢度优良的深黑色,是取代禁用黑色直接染料 C.I. 直接黑 38 等和黑色硫化染料的最佳选择之一。

(3)低温染色的环保型活性染料:近年来用于竭染的染料研究,注重在 50~60℃下进行染色,如 DyStar 公司开发的 Remazol RR 和 Sumifix Supra E-XF 型染料。前者包含乙烯砜、双乙烯砜和乙烯砜、一氯均三嗪活性基;后者均为乙烯砜和一氯均三嗪双活性基。Remazol RR 三原色染料特别突出低温染色,用于纤维素纤维吸尽染色、具有优异的相容性与重现性以及适宜的经济性,它的直接性、扩散性、固着性和易洗涤性之间有着很好的平衡。这类染料在染色时产生少量水解物,而且很容易从织物上洗除,因此只需较少量的水和能耗,而且湿处理牢度好。

(4)低盐染色的环保型活性染料:活性染料染色的耗盐量一般较大,近年来开发了多种低盐型活性染料。如汽巴公司的 Cibacron LS 系列和住友公司的 Surnifix Supra E-XF,NF 型染料,均为乙烯砜和一氯均三嗪双活性基染料。德司达公司开发的 Levafix OS 染色系统,是用于低盐染色的活性染料。染料为二氟一氯嘧啶和一氟均三嗪活性基。它们染色时用的盐只是单活性基染料的 1/2 到 1/3。

(5)合适配伍因子的环保型活性染料:活性染料配伍因子 RCM 值(Reactive dye Compatillility Matrix),对于活性染料竭染染色的染料相容性、重现性和稳定性极为重要,它由四个要素组成:

①染料的直接性(S,一次吸尽率);

②一次吸尽阶段的染料移染指数(MI);

③表示添加碱后二次吸尽对染料的匀染因素(LDF);

④表示碱存在下,达到染料最终固着率一半所用的固着时间(半染时间 T_{50})。

活性染料的配伍因子一般确定在以下范围:中性电解质存在下,$S = 70\% \sim 80\%$,$MI > 90\%$,$LDF > 70\%$,$T_{50} > 10$ min。

合适的一次吸尽率与企业的生产效率直接关联,通常一次吸尽率提高1%,生产总成本可减少2%。新的高坚牢度活性染料(一氯均三嗪双活性基)Procion H—EXL 系列染料已能达到 $S = 70\% \sim 80\%$,MI 值 $> 90\%$,LDF 值 $> 70\%$,$T_{50} > 10$ min,因此使这类染料具有优异的重现性、匀染性和扩散性,即使染浅色同样有极佳的汗渍牢度、日光牢度和耐氯牢度。

(6)部分新型活性染料的应用特性:

①用于 Tencel 纤维的染色:Tencel 纤维结晶度和取向度都很高,染料在纤维内部的渗透性和扩散性、匀染性差,上染率低。B型活性染料用于 Tencel 纤维染色,得色浓艳,上染率高,有着较高的耐摩擦和皂洗牢度;并且保持了 Tencel 纤维光泽明亮,手感柔软的特点。

适用于 Tencel 纤维的双侧双活性基活性染料,有可能将原纤交联起来,减轻残余原纤再度释放的倾向。但并不是所有的双活性基团活性染料都有这一功效。两活性基团的类型和位置、立体取向和间距,反应性的强弱,发色基团的结构和大小,桥基的弹性,都对能否与 Tencel 纤维形成共价键、发生交联键合有关。

②用于超细旦聚酰胺纤维的染色:DyStar 公司与美国 Dupont公司合作研究和开发成功用于 Tactel Coloursafe 超细旦聚酰胺纤维的新型 Stanalan 活性染料,该染料具有更好的湿处理牢度,且仅需简单的后处理就能获得深色。部分新型活性染料及适用性见表3 - 5。

表3－5　部分环保型活性染料及应用特性

国　别	公　司	系　列	应用特性
德　国	BASF	Basilen F	用于冷轧堆染色
	DyStar	Levafix E	用于低盐染色
英　国	I. C. I.	Procion H—EXL	用于 Tencel 交联染色
瑞　士	Ciba	Cibacron FN	用于 Tencel 交联染色
		Cibacron LS	用于 Tencel 交联染色
		Cibacron C	用于 Tencel 交联染色
		Cibacron MI	用于喷墨印花
	Clariant	Drimarene K	色牢度好
日　本	住友	Sumifix Supra	用于低盐染色,固色率高
美　国	C&K	Intracron CD	吸尽率高
		Intrafast A	用于丝、毛染色

2. 活性染料的发展方向

环保型活性染料节能、节水、节时、低盐、固色率高、色牢度好、污染低。目前,需要开发的活性染料有:适于染浅色的匀染性好的活性染料;满足室外工作要求的高耐光牢度的活性染料;满足运动衣要求的高耐洗牢度活性染料;满足低成本染色的特深色活性染料、耐碱性优异的冷轧堆染色专用活性染料、耐碱性优良直接性适中的湿短蒸染色用活性染料、可用于喷墨印花的活性染料墨水、可用于 Lyocell（Tencel）纤维和莫代尔（Modal）纤维交联染色的染料等。

另外对纤维素纤维及混纺织物染色的染料需求不断增加,如涤/棉一浴一步染色工艺的分散型活性染料等。

三、环保型分散染料

（1）BASF 公司研究与开发的新型 Compact ECO 系列分散染料,有 Palanil ECO CC 染料、Palanil ECO CC—S 染料和 Miketon ECO CC—E 染料。Ciba 公司的 Terasil 型染料、Kiwalon SK 型染料等,具有优异洗

涤牢度,分散剂可生物降解。

(2)Ciba 公司在近两年开发的 Terasil WW 型染料是一类具有邻苯二甲酰亚胺偶氮结构的新型分散染料,它在聚酯纤维及其混纺织物上具有很好的耐热迁移牢度和极佳的洗涤牢度,能提高蓝色、海军蓝色、黑色和蓝光红色分散染料的耐还原能力,克服了大多数传统的红玉色和红色分散染料对 pH 值敏感的问题。

(3)日本化药公司开发的 Kayalon Polyester Yellow Brown 3RL (EC)143 可用来取代过敏性染料 C. I. 分散橙 76 或 C. I. 分散橙 37。 Kayalon Polyester Black ECX 300 是无过敏性的环保型黑色分散染料; 该公司推向市场的 Kayaoln Polyester Black BRN—SF Paste100 是适于酸性介质染色、具有高耐光牢度和升华牢度且能除去低聚物的新黑色分散染料。

部分环保型分散染料的适用性见表 3-6。

表 3-6　环保型分散染料

国　别	公　司	系　列	应用特性
德　国	BASF	Compact ECO	用于快速染色
	DyStar	Dianix AD	用于碱性染色
瑞　士	Ciba	Terasil DI	用于喷墨印花
		Terasil TI	用于喷墨印花
		Terasil X	色牢度好,升性性好
		Teratop HL	分散稳定性好
		Unisperse	色牢度好
日　本	化药	Kayalon B	用于细旦涤纶染色
	住友	Sumikalon MF	用于细旦涤纶染色
美　国	C&K	Intrasil LTM	用于细旦涤纶染色

四、其他环保型染料的开发与应用

1. 新环保型硫化染料

如 DiresulEV 系列染料等。分子引入硫代硫酸基,不用硫化碱预还原或采用低用量和低还原性化学品进行还原的超微硫化染料。

2. 酸性染料

部分环保型酸性染料见表 3 - 7。

表 3 - 7　新环保型酸性染料

国　别	公　司	系　列	应用特性
德　国	DyStar	Supranol R	用于毛、锦纶染色牢度好
瑞　士	Ciba	Erionyl A Lanaset SI	用于锦纶染色匀染性好 用于喷墨印花
	Clariant	Nylosan E Nylosan F	用于毛、锦纶地毯染色 色牢度好、提升性好
美　国	C&K	Intracid F Nylanthrene B	用于毛/锦染色 用于锦纶印花、地毯印花

3. 用于新型纤维染色的环保型染料

DyStar 公司的 Dispersol Yellow Brown C—VSE、Palanil ECO Rubine CC 和 Palanil DarkBalue 3RT, 可用于聚乳酸纤维的中深色染色;Dispersol Flavine XF、Dispersol Rubine C—B150 可用于聚乳酸纤维的染色, 染色织物具有高耐光牢度;Miketon E CO Yellow CC—E、Miketon ECO Red CC—E 可用于聚乳酸纤维的浅色染色,其耐光牢度好。

Ciba 公司推荐具有高耐光牢度和高洗涤牢度的 Teratop 染料,用于聚对苯二甲酸丙二酯纤维(PTT)的染色,当与紫外线吸收剂 Cibafast HLF 并用时,染色物的光牢度可提高一级。

4. 可以用于喷墨印花的品种

Ciba 公司的 Cibacron MI、DyStar 公司的 JettexR(活性染料);Lanset SI、Jettex A(酸性染料);Terasil DI(分散染料、用于涤纶直接印花);Terasil TI(分散染料、用于涤纶转移印花);适用于丝印花的 Lanaprin

AI 染料;Irgaphor TBTHC 和 Irgaphor SPD(颜料)等。

第四节　环保型纺织助剂

一、概述

　　环保型纺织助剂除具有纺织行业所要求的质量与应用性能外,还必须满足:具有很好的安全性,低毒或无毒性;具有良好的生物降解性或可去除性等。

1.具有很好的安全性,低毒或无毒性

　　助剂的安全性指对皮肤没有刺激过敏性、致畸性、致变异性、致癌性、溶血性、急性和慢性毒性以及对生物(特别是水生物)的无毒性。毒性包括急性毒性、鱼毒性、细菌和藻类毒性。

　　纺织助剂的急性毒性大小一般用半致死量 LD_{50}(g/kg)来表示。LD_{50}指单位体重的受试动物一次口服、注射或皮肤涂抹表面活性剂后产生急性中毒半致死所需该试剂的最低剂量。鱼毒性以 LC_{50}表示,单位为 mg/L。

　　纺织助剂对水生细菌与藻类的毒性以 ECO_{50}表示,它是指 24 h 内纺织助剂对水生细菌与藻类运动的抑制程度,大多数阴离子和非离子表面活性剂的 ECO_{50}在 1 ~ 100 mg/L 范围内,若 ECO_{50}在 1 mg/L 以下,则表示该纺织助剂对水生细菌与藻类具有强毒性。

　　目前, BASF 公司对织物助剂的 LD_{50}、LC_{50}以及 ECO_{50}控制很严格,规定助剂的 LC_{50}和 ECO_{50}在 1 ~ 100 mg/L 间能够使用,LC_{50}和 ECO_{50}为 100 mg/L 为先进指标,此外还有急性毒性的规定。

　　印染助剂中使用量最多的是表面活性剂和以其为原料的复配产品,用作洗涤剂、乳化剂、润湿剂、分散剂、匀染剂、柔软剂、抗静电、杀菌剂等。它们在改善织物性能、提高产品附加值的同时,对人类和社

会环境也造成了一定的影响。在推行清洁生产中,只有那些毒性低、安全性高和生物降解性好的表面活性剂作为纺织印染助剂才能适合环保的要求。

（1）表面活性剂的毒性:常见表面活性剂的毒性见表3－8。

表3－8　一些常见表面活性剂的毒性

表面活性剂种类和名称		$LD_{50}/$ $mg \cdot kg^{-1}$	$ECO/mg \cdot kg^{-1}$	
			水蚤类	藻类
阴离子表面活性剂	直链烷基($C_{12} \sim C_{14}$)磺酸钠	1.3～2.5	4～250	—
	烷基苯磺酸钠	1.3	—	—
	醇醚(C_{12},EO_3)硫酸酯	1.8	5～70	60
	辛基酚聚氧乙烯醚硫酸钠	3.7	—	10～100
	肥皂类	6.7	5～70	10～50
	磷酸酯类	1.1	3～20	3～20
非离子表面活性剂	十二醇聚氧乙烯(7)醚	4.1	10	50
	十二醇聚氧乙烯(23)醚	8.6	16	—
	十八醇聚氧乙烯(10)醚	2.9	48	—
	十八醇聚氧乙烯(20)醚	1.9	—	—
	壬基酚聚氧乙烯(9～10)醚	1.6	42	50
阳离子表面活性剂	十六烷基三甲基氯化铵	0.4	82	—
	十六烷吡啶氯化铵	0.2	—	—

由表3－8可以看出,一般表面活性剂的毒性由高到低为:

阳离子表面活性剂 > 阴离子表面活性剂 > 非离子表面活性剂和两性表面活性剂。

（2）表面活性剂的致癌性、致畸性和致变异性:致畸性（胚胎毒性）,是指化学品对受孕母体产生的效应,引起胚胎死亡和改变;致变异性,是指在母体受孕前化学品影响卵细胞造成后代的遗传性缺陷的危险。

烷基苯磺酸钠广泛用于精练助剂和洗涤剂的配方中,有报道,这类表面活性剂经皮肤吸收后,对肝脏有损害,会引起脾脏缩小等慢性症状,但并不多见。可以用仲烷基磺酸盐(SAS)、α – 烯基磺酸盐(AOS)以及醇醚硫酸酯(AES)来代替,减少其影响。

近年来,对聚氧乙烯类表面活性剂的致变异性引起了人们的关注。研究的结果认为是反应过程中环氧乙烷聚合副反应能生成二噁烷以及未反应的氧乙烯所致。二噁烷是已经认定的致癌物,而氧乙烯被怀疑为致癌物质。

在生产 AES 中,也会产生副产物二噁烷,它是聚氧乙烯加成物在强酸存在下脱氧乙烯反应的结果。控制好 SO_3 与脂肪醇聚氧乙烯醚(AEO)的比例,不使 SO_3 过量,温度控制得当,以及 AEO 分子中的聚氧乙烯链不要过长,就可避免副产物二噁烷的产生。目前主要采用聚氧乙烯个数为 3 的脂肪醇聚氧乙烯醚制备 AES,因此比较安全。

美国保健与环保机构证实,二乙醇胺与二乙醇酰胺对鼠类有明显的致癌作用。在精练剂、净洗剂配方中,为增泡、稳定、增稠加入的表面活性剂 6501,即为二乙醇月桂酰胺与二乙醇胺的产品,要避免使用。

(3)表面活性剂对皮肤的刺激性:一般情况下,表面活性剂对皮肤的刺激性和对黏膜的损伤与其毒性大体相似。非离子表面活性剂对皮肤的刺激性最小,阴离子表面活性剂对皮肤的刺激性略大,阳离子表面活性剂则对皮肤的刺激性最大;具有长直链的产品,其刺激性比短的直链和有支链的小。非离子的斯盘和吐温系列属于刺激性较低的表面活性剂,如失水山梨醇聚氧乙烯(20)脂肪酸酯(LD_{50} 是 20 g/kg)。阴离子表面活性剂中,SAS(仲烷基磺酸盐)和 AOS(α – 烯基磺酸盐)对皮肤的刺激性较少。

另外,安全性对甲醛、异氰酸酯含量还有限制。游离甲醛有可能通过某些使用的原料带进纺织助剂中,使产物中残存(或可能残存)一定的量。异氰酸酯形成聚氨酯后,在高温下经酸或碱的水解可释放出芳二胺致癌性物质。

2.具有良好的生物降解性或可去除性

生物降解性或可去除性,一般指在一定的外界条件下,织物助剂能够被微生物氧化分解,最终生成二氧化碳、水及无机元素等对环境无害物质。欧盟指出环保性表面活性剂必须具有 90% 的平均生物降解度和 80% 的初级生物降解度。

(1)阳离子表面活性剂由于具有较大毒性,也因此使其在被微生物降解时受阻。烷基三甲基氯化铵和烷基苄基二甲基氯化铵的生物降解性略高于二烷基二甲基氯化铵、烷基吡啶氯化物;单直链烷基三甲基季铵盐降解速率快于双直链季铵盐;季铵盐的氮上一个甲基替换为苄基降解速率稍微降低。烷基吡啶的降解速率低于季铵类,烷基咪唑啉类化合物的降解速率快于季铵类。

阳离子表面活性剂与阴离子表面活性剂一起排放,能使阳离子表面活性剂易于分解。

(2)阴离子表面活性剂,分子结构中直链比支链易生物降解,且支链化程度越高,越难降解;若末端含季碳原子,由于无氢存在,降解十分缓慢。常用阴离子表面活性剂生物降解性大致为:

线型脂肪皂类 > 高级脂肪醇硫酸酯盐 > 线型醇醚类硫酸酯(AES) > 线型烷烃基和烯烃基磺酸盐(SAS、AOS) > 线性烷基苯磺酸钠(LAS) > 支链高级醇硫酸酯及皂类 > 支链醚类硫酸酯 > 支链烷烃基苯磺酸盐(ABS)。

(3)非离子表面活性剂的分子中,疏水基支链的降解难于直链;氧乙烯链越长,降解性越差;芳香环对降解影响很大,烷基酚聚氧乙烯醚特别是带支链的烷基酚聚氧乙烯醚,生物降解性很差,在许多国家中被禁用。嵌段共聚物的降解性更差。

英国有关部门 1999 年颁布了一个控制烷基酚和烷基酚聚氧乙烯

醚对环境影响的报告,提出了对其采取相应限制的措施。如 LAS 及烷基(辛、壬)酚聚氧乙烯醚类表面活性剂,在生物降解过程中产生的苯、酚等有毒物质对鱼类有害,虽然它的应用性能很好,但仍然不能作为发展中的环保型表面活性剂组分。

Baker 等研究了糖基脂肪酸酯及其衍生物的最终生物降解。棉籽酸糖酯和脂肪酸蔗糖酯都几乎能 100% 的降解,但当 α 位连有磺酸基、乙基后,降解度都明显降低。

(4)一般两性表面活性剂易于生物降解。甜菜碱和酰胺丙基甜菜碱均易生物降解。不同结构的磺酸基甜菜碱和羟基甜菜碱,在各种情况下都具有很高的初级生物降解率,但最终降解率,羟基甜菜碱要好于类似的磺酸基甜菜碱。两性咪唑啉型、氨基酸型也都具有很好的生物降解性。

3. 其他

(1)低甲醛或无甲醛:纺织助剂对甲醛的限制与染料相同。目前,涉及甲醛问题的印染助剂主要有:

①免烫树脂整理剂:以 N – 羟甲基作为活性基团的 N – 羟甲基酰胺类整理剂,如 2D 树脂、TMM 树脂等。

②固色剂:固色剂 Y 分子中存在 N – 羟甲基和 N – 次甲基,可水解产生甲醛。

③阻燃剂:氮—磷系阻燃剂为提高阻燃性能的耐久性,分子结构中引入 N – 羟甲基,也存在释放甲醛的问题。

④涂料印花粘合剂:自交联涂料印花粘合剂引入 N – 羟甲基丙烯酰胺类活性单体,也不能满足织物上甲醛限制量的要求。

(2)不含其他有害化学物质:纺织助剂对有害化学物质的限制与染料相同。有金属离子的固色剂 M;防水剂 CR 和一些阻燃剂;含卤前处理剂:如次氯酸盐漂白剂等;含卤整理剂:磷酸三(2,3 – 二溴丙基)酯,即 TDPBB;十溴联苯醚,阻燃剂 ZR—10 等;羊毛防缩整理剂;防蛀剂 Mitin FF；防蛀剂 N 等；含卤杀虫剂二氯二苯三氯乙烷，即 DDT 等；含卤杀菌剂：如 5,5′-二氯-2,2′-二羟基二苯甲烷(菌霉净)等。含卤卫生整理剂：如 2-溴代月桂醛，2,4,4′-三氯-2′-羟基二苯醚，2,3-二溴丙基丙烯酸酯，2,2′-二羟基-5,5′-二氯二苯甲烷，2,2′-二羟基-5,5′-二氯二苯硫醚等。

此外，裂解产生 24 种致癌芳香胺的纺织助剂：如净洗剂 LS 含有致癌芳香胺邻氨基苯甲醚，因为净洗剂 LS 是以对氨基苯甲醚为原料制造的，而对氨基苯甲醚是采用对硝基氯苯经甲氧基化和还原制成，工业上使用的对硝基氯化苯中夹带着 3% 左右的邻硝基氯苯，它在制造对氨基苯甲醚的过程中转变成邻氨基苯甲醚。

聚氨酯涂层剂使用的原料 2,4-甲苯二异氰酸酯(TDI)、4,4′-二苯甲烷二异氰酸酯(MDI)被怀疑含有 2,4-二氨基甲苯和 4,4′-二氨基二苯甲烷致癌芳香胺。

虽然各国执行的纺织助剂环保质量标准有所不同，有些指标和法规我国尚未执行，但环保型纺织助剂的技术水平、质量与数量、检测技术等都有待进一步提高，而且发展环保型纺织助剂是推行纺织品绿色生产和与国际接轨的一项重要任务，也是本世纪助剂发展的必然趋势。

二、前处理助剂

1. 前处理助剂与环保性

（1）非离子表面活性剂：聚醚是一类低泡沫、无味、毒性低、易生物降解的产品。聚醚类常用作乳化剂和消泡剂。

在精练剂或净洗剂等产品中，往往加入 TX—10(壬基酚聚氧乙烯醚)，欧盟明确规定禁用这种表面活性剂。宜采用天然脂肪醇聚氧乙烯醚或失水山梨醇酯和失水山梨醇乙氧基化合物。

烷基多糖苷(APG)，是由天然原料淀粉中的葡萄糖和脂肪醇或脂肪酸反应而成,是一种原料可再生的表面活性剂,无毒无刺激,对人体安全,对环境无害,并且有很好的生物降解性,称为绿色表面活性剂,APG 兼有非离子和阴离子表面活性剂的特性,与其他表面活性剂有较好的协同效应。糖环上有多个羟基,在水中能相互形成氢键,因此该表面活性剂没有浊点。APG 的乳化性能比 TX—10、平平加 O、Tween—20、Span—60 都好。

茶皂素是新一代天然非离子表面活性剂,是从茶籽饼粕中提取的一种皂类,具有较好的洗涤和乳化性能。

(2)阴离子表面活性剂:LAS 目前虽未淘汰,但已逐步被十二烷基聚氧乙烯醚硫酸盐(AES)、仲烷基磺酸钠(SAS—60)和 α - 烯基磺酸盐(AOS)取代。

净洗剂 AES 生物降解性比 LAS 好,符合环保规定。AES 有两种产品,一种以合成醇为原料(2EO),一种以天然月桂醇为原料(3EO),AES—3EO 刺激性和毒性最小,生物降解性最好。

AOS 和 SAS—60 几乎所有性能都优于 LAS,生物降解性好,有优异的洗涤去污、乳化、脱脂性能,其溶解性好、润湿力强、能耐电解质、耐强碱、耐高温(130℃不分解),有良好的配伍性,是制造绿色前处理助剂的理想原料。

多肽基表面活性剂的原料都来源于天然产品,生物降解性好,耐硬水,有优良的洗涤、乳化性能。多肽基表面活性剂是由椰子油脂肪酸和酪蛋白水解,再与月桂酸反应的产物,产品有 Promois EMCP 和 Promois EFLS。

茶皂素与 AES、AS 三原共聚物复配效果更好,是理想的环保型洗毛剂。在洗毛剂中有的工厂还加入净洗剂 LS,虽可提高洗毛效果,但该产品就不属绿色产品了。

阴离子表面活性剂中属环保型的产品还有脂肪酸甲酯磺酸盐(MES)、烷基醇醚羧酸盐(AEC)等产品。MES 的主要原料脂肪酸甲酯(ME)来自油脂,如以棕榈油为原料的 ME 洗涤性好,易生物降解,无毒,在冷水或硬水中洗涤能力均超过 LAS,用量仅为 LAS 的 1/3,是制造洗涤剂的首选原料之一。

采用阴离子和非离子表面活性剂的复配物效果更好。如烷基醇醚羧酸盐(AEC)及酰胺醚羧酸盐(AMEO)的生物降解性好,耐硬水,具有优良的乳化、分散、润湿、增溶等性能,特别是醇醚羧酸盐去污力强,配伍性好,钙皂分散力强,被发达国家誉为 21 世纪"绿色"表面活性剂。

AEC 可用于棉布煮练、漂白、丝光,羊毛、羊绒洗涤,还原染料染色的匀染剂,还可与烷基硅氧烷复配用作织物柔软剂,改进柔软效果,使织物防皱不泛黄等。

烷基磷酸酯是当前理想的渗透剂、精练剂产品。如辛醇聚氧乙烯醚磷酸酯,渗透效果好,是制造退煮漂一步法中耐浓碱、耐高温、耐氧化剂和耐硬水前处理剂的重要原料,也可作丝光渗透剂。

2. 浆料和退浆剂

(1)环保型浆料:纱线和纤维上浆剂生物降解性或在废水处理中去除率、被回收重复利用率低于 95 %(按干质量计)的被禁用。聚丙烯酸酯、聚丙烯醇(PVA)等化学浆料虽有中等的 BOD(生物需氧量),但退浆废水难以生物降解,污染较大。可以用易生物降解的人造浆料、天然易降解的浆料代替。还可以选用以聚丙烯酸盐和膨润土等为主要成分的浆料,不但用量少,污染小,而且有助于浓缩回用。

天然浆料主要来自植物或动物,一般为天然高分子化合物。来自植物的有各类淀粉,如:玉米淀粉、小麦淀粉、马铃薯淀粉、橡子淀粉等;植物胶:如海藻胶、田仁粉、槐豆粉、果胶、阿拉伯树胶、瓜尔豆胶及黄原胶等;动物胶:如明胶、骨胶、皮胶等;还有变性淀粉和糊精等。

这些浆料分别是从某些植物的种子、块茎、块根中,或从动物的骨、皮、筋腱等结缔组织中提取的。棉织物上浆主要采用淀粉或变性淀粉,如氧化淀粉、酸化淀粉、酯化淀粉、醚化淀粉等,这类浆料易于生物降解,对环境的危害性比较小,可替代部分合成浆料。

（2）环保型退浆剂:用淀粉酶代替碱退浆,产生的废水可生物降解,且无毒无害。

3. 精练剂和洗涤剂

英国 I.C.I. 的 Lenetol. HP. Jet 是用于棉织物的高性能低泡精练及漂白助剂,美国 Gresco 公司的 Grescoscour JNF 非离子精练剂,BASF 公司开发了一系列表面活性剂,它们均有优异的精练性能并可以生物降解。

目前还可以使用平平加 O、渗透剂 JFC、精练剂 ZS—95 以及相应的直链线型产品代替。羊毛等织物精练剂可以用水系精练剂取代氯氟烯烷类溶剂。国外采用生物酶结合 Basolan MW、M 处理,效果较好,不需再进行柔软处理。

已有厂家用 4A 沸石、偏硅酸钠等替代三聚磷酸钠。助洗剂中还可加入水溶性树脂（PEO）使液状洗涤剂黏稠,控制洗涤剂流动性,并可提高洗涤后织物的柔软性,PEO 是毒性很低的环保型产品。

4. 氧漂稳定剂

在氧漂稳定剂中,有一类属有机螯合剂,是用胺三醋酸（NTA）、二乙烯三胺五醋酸、DTPA、EDTA 等配制而成。这类稳定剂效果虽好,但生物降解性差,欧盟明确禁用,但其中 DTPA 的羧酸用磷酸基取代为二乙烯三胺五亚甲基膦酸（DTPMP）,则生物降解性提高,是一种理想的螯合剂。目前双氧水稳定剂趋向于用混合型,其主要原料可采用聚丙烯酰胺与磷酸酯盐。螯合型稳定剂大部分是有机酸多价螯合剂,如羟基羧酸盐、羧酸盐类、磷酸酯盐类、双氧水稳定剂 GJ—201,其中的羧酸盐类耐碱性强,适用于前处理冷堆工艺。

有些氧漂稳定剂中添加了三聚磷酸盐,此类含磷产品属环保禁用的。三聚磷酸钠虽无毒、生物降解性好,但排放江河后会引起水系富营养化,致水系溶解氧下降,造成水质恶化,使鱼类及其他水生动物大量死亡。

聚膦酸酯类是一种新型的既具有吸附又有螯合功能的优良稳定剂,分子结构中含有膦酸酯基及羟基等空间配位基团。结构式如下:

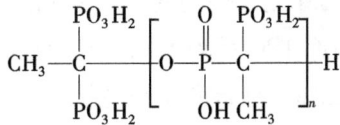

$$CH_3 - \underset{PO_3H_2}{\overset{PO_3H_2}{C}} - O - \left[\underset{OH}{\overset{O}{P}} - \underset{CH_3}{\overset{PO_3H_2}{C}} \right]_n - H$$

商品 Tannex RENA 是利用新的生产技术,将水玻璃改性后获得的连续式氧漂稳定剂,它保留和提升了水玻璃作为氧漂稳定剂的优点,例如稳定性好、白度高等,同时又避免了水玻璃易结硅垢、手感差等诸多缺点。使用 Tannex RENA 的优点是:高白度、高吸湿性、高 DP 值、手感好、降低碱的用量,属于环境友好的绿色产品。Tannex GEO 和 Tannex RENA 与常规氧漂稳定剂的 COD、BOD 等对比结果,见表3 –9。

表3 –9　氧漂稳定剂的生态指标比较

项　　目	常规有机氧漂稳定剂	Tannex GEO	Tannex RENA
COD(化学需氧量)/mg·L^{-1}	几百至几千,参考值 = 1 000	290	30
BOD(5 日内排水所消耗的生化需氧量)/mg·L^{-1}	几十至几百,参考值 = 150	32	0
MBAS(亚甲蓝活性物质)	几十至几百,参考值 = 70	0	0
BiAs	几十至几百,参考值 = 200	65	0

目前,德国 CHT. R. Breitich 公司的 Beiquest. AB,国内开发的双氧水稳定剂 ZFW—4 都是性能很好的环保型助剂。

5. 其他

脂肪酸羟乙基酯与能生物降解的油性溶剂混合,有极好的润湿、去污效果,对油类、酯类、树脂类及焦油类沾污物和许多难以去除的污垢都有优异的溶解能力。如瑞士 Fextilcoror AG 公司开发的 Losin OCB 和美国 Eastern 公司开发的 ECCOHR—CO 和 930—Conc,不含氯化物芳烃及酚类等有害物质,可生物降解。

转移印花使用的绿色环保助剂 TPC 系列产品,可以用于天然纤维纺织面料。而且,助剂 TPC 系列产品不含有甲醛或潜在游离甲醛,印制的天然纤维纺织面料,符合欧美发达国家的环保要求,易于利用分散染料印制的转移印花纸去转印天然纤维织物,且无须另外特殊的生产设备和工艺。

现在,不少公司采用天然物质复合前处理剂,例如拜耳公司开发的高品质绿色天然矿物质前处理助剂 Tannex GEO,就是以黏土为基质制成的助剂。

三、染色助剂和固色剂

1. 染色助剂

(1)染色载体:美国 Eastern 公司生产的涤纶染色用载体 Polydyol. HZV 和 HZV—5,对环境无害,可以生物降解。

(2)分散剂(扩散剂):扩散剂 NNO,为萘磺酸甲醛缩合物;扩散剂 MF 为 1 - 甲基萘磺酸的甲醛缩合物;扩散剂 CNF 是 1 - 苄基萘磺酸的甲醛缩合物等,产品含有残留甲醛,生物降解性也差。

国内代用品有木质素磺酸钠和分散剂 WA 等产品,分散剂 SS 为 2 - 萘酚 - 6 - 磺酸、甲苯酚、亚硫酸氢钠和甲醛的缩合物,这些扩散剂以甲醛为原料,甲醛为 0.7% ~ 0.8% 时分散性能最佳,但产品中只有极少量的游离甲醛,而且,缩合物是 C—C 键结合,键能高,很难水解释放出甲醛。用此类物质作扩散剂是安全的。

分散剂 Setamol. E(BASF 公司)除了有优异的分散性之外,生物降解性提高了很多。

(3)增深剂:一般增深剂主要用于黑色、藏青、蓝或墨绿等颜色的增深处理。国外已开发出一系列低折射率的增深剂,所用的化合物有氟系、硅系、乙烯聚合物、聚氨酯、硅石等。新开发的 BUILDER C—DM 是用于活性染料染色后处理的增深剂。其主要成分是特殊反应型聚氨酯树脂、丙烯树脂,pH 值 3.5~4,弱阳离子,能在织物表面形成放射状的薄膜,增深效果极佳。

有专利产品是通过单体聚合,生成低折射率的树脂覆盖在织物表面增深的。有二氧化硅类的增深剂专利,如用二氧化硅微粒(15 μm)、硅树脂、硅烷偶联剂等为主要成分也获得较好的增深效果。

小谷化学工业开发研制的适于各种纺织材料染深色的增深助剂 Luster 系列包括 Luster No. 96、Luster No. 78(丝绸、棉和人造丝专用增深剂)、Luster DP—1 及 Luster CT—125(涤纶专用增深剂)等 4 个品种。Luster No. 96 为通用型,不仅对涤纶的染色增深有效,而且对羊毛、锦纶和丝绸的增深加工也极为有效。整理后各种牢度极佳(摩擦牢度、耐汗牢度、耐晒牢度),耐洗涤,赋予织物柔软的手感、高雅的光泽和增艳效果。此外,Queenseter SI Super 也属通用型增深剂,除了用于 Luster No. 96 作用的纤维外,还能用于棉和粘胶丝等的增深处理,柔软效果高于 Luster No. 96。

(4)染色助剂:国外有人研究出一种用于羊毛染色的类脂体(Liposome)助剂,商品名为 Ecotrans W—8814。类脂体是由一种具有表面活性的生物类脂化合物组成,常用的是磷脂酚胆碱。染色时,染料的部分水溶液被夹在类脂体的双层间,使羊毛在染色初始阶段(≤70℃)染色速率受阻而变慢,因此可以代替元明粉作缓染剂。而在 85℃ 以后,染料的吸收显著增加,比一般常用的羊毛低温染色助剂效果好。而且,染色污水的化学需氧量(COD)要比使用传统低温染色助剂的低。

新西兰羊毛研究组织(WRONE)采用的助剂 Linsegal WRD(德国助剂公司生产),在大多数情况下可以代替传统的匀染剂。用活性染料染色时,只需用很少的 Linsegal WRD,染色 pH 值在 2 ~ 7 范围内均可,染色时间可以缩短,升温速度可以从传统的 1℃/min 提高到 2 ~ 3℃/min,染色所需的最高温度降低、染色周期缩短,可以使产量增加50%,劳动力成本降低30%,对散纤维及毛纱染色能增加得色量。由于在染色时减少了对纤维的损伤,纱线强力可增加 10% 以上,还可以减少纤维泛黄。此外,该助剂的生物降解性很好。

(5)生物酶皂洗剂:活性染料染色后需要皂洗,以去除纤维表面未固着残留的水解染料和浮色。皂洗是提高活性染料染色牢度的关键环节之一,有的活性染料水解物直接性很高,皂洗用水量大,而且不易洗除,严重影响了活性染料染色牢度。拜耳公司新推出的 Baylase 工艺(简称 BERRP),利用生物酶将未固着的染料水解物去除。在保持相同牢度,甚至提高牢度的情况下,BERRP 工艺可减少水洗次数,因此节省水、能源和时间。

2. 无(或低)甲醛固色剂

二甲基二烯丙基季铵盐聚合物、双氰胺与二乙烯三胺反应的缩合物、混合胺与环氧氯丙烷的反应物、新型阳离子改性的聚酰胺衍生物、含氮的衍生物及阳离子聚四元化合物等为低(无)甲醛物。如固色剂DFRF—1、NFC,无醛固色剂 SS、PC、FR、DS、LPA、FIX—1 和交联固色剂 C 等。

(1)聚氨砜化合物:聚氨砜(PAS)固色剂属水溶性阳离子聚合物。代表性产品有:Senkafix157、Daufix505RE、808、1000 及 202(日本纺织)。它是由二甲基二烯丙基季铵盐与二氧化硫在自由基引发剂和光辐射下反应而成。用量仅为一般固色剂的一半,就可获得固色效果。固色温度低(30 ~ 60℃),不需添加任何助剂,操作简便,尤其适合活性染料,固色后能保护活性染料不受酸性大气的破坏。不足之处是只耐70℃洗涤,不耐95℃洗涤。

(2)树脂型多胺缩聚物:树脂型多胺缩聚物由胍类与多乙烯多胺

缩合而成,可以作为固色剂 Y、固色剂 M 的无甲醛替代品。如双氰胺与二乙烯三胺,在催化剂的作用下,通过加成、环构化为咪唑啉和缩聚而成,该固色剂可与染料构成大分子化合物,并与阴离子染料成离子键结合改进湿处理牢度,没有甲醛。这类固色剂商品有 Sunfix 555—FT, PRO 100(三洋化成), Neofix RP—70, SS(日华), Suprafix DFC, NFC(染化), Fixoil R—810(明成), Indosol E—50(Sandoz), DFRF—2(上海纺织助剂厂)、固色剂 DUR、固色剂 SH—96 等。

此外,还有二甲胺、烧碱、氯丙烯及过硫酸铵在一定条件下反应的产物;混合胺与环氧氯丙烷的反应物;新型阳离子改性的聚酰胺衍生物;含氮的衍生物及阳离子聚四元化合物等。有的可用于直接染料,有的用于活性染料,有的可用于酸性染料及硫化染料。Indosol CR(Sandoz 公司)是 Indosol SF 直接染料的配套固色剂,国内 DFRF—1、IFI—841 为同类产品,织物上的甲醛量 Indosol CR 可在 400 mg/kg 以下,经 60℃水洗,可降低到 100 mg/kg 以下。

3. 去色剂或褪色剂

(1)清缸剂:目前环保型清缸剂有美国 Dexter 公司的 Dextraxlean. ALP、Boehme. Filatex 公司的 Lavaquik. VP1712 等。

(2)染色后洗涤剂:无泡皂洗剂 SW 对活性染料染色后的清洗特别有效,毒副作用小,在中性条件下生物降解性好。BASF 公司的清洗剂 Cyclanon. PE. JEF 对染料有亲和力,生物降解性好,用在喷射染色机时不产生泡沫。

在电子显微镜下可观察到 Tanaterge REX 呈海绵球状。与传统皂洗剂表面活性剂相比,在溢流、喷射等有湍流染色设备中,对未键合的水解染料可同时起到分散、吸附和机械摩擦的作用,而表面活性剂类型的皂洗剂只有净洗、分散作用。REX 可使处理后织物具有更加优异的干摩擦牢度和湿摩擦牢度。

一些环保型前处理助剂和染色助剂见表 3 - 10。

表 3 - 10   新前处理助剂和染色助剂

国 别	公 司	助 剂	应用功能
德 国	Bayer	Avolan KV	毛匀染
		Rersoftal LU	Tencel 防皱痕
	Henkel	Braviol PAM	Tencel 防皱痕
瑞 士	Ciba	Invadine PC	氧漂稳定
		Tinoclarite CBB	氧漂稳定
		Ultravon CN	Tencel 退浆润湿
日 本	日华	Texport D900	Tencel 防皱痕
美 国	Sybron	Tanaspan NL	氨/锦同色调染色
		Levelin HL	涤染色匀染修正
	Witco	Magnasoft HSSD	Tencel 防皱痕

四、印花助剂

1. 增稠剂

以丙烯酸为原料合成的增稠剂,在印花后往往不易洗去,尤其是生物降解性较差。BASF 开发的固体增稠剂 Lutexal. P,流变性较好,不易产生粉尘,而且其废气排放可以控制在较低的水平内,认为是一种较好的环保型增稠剂。

增稠剂 PAE、PAS、808,增稠剂 KG 201 等可以用来替代 A 邦浆。聚丙烯酸酯类合成增稠剂,相对分子质量 30 万~50 万,国内也有研制的产品。这些新助剂质量还在改进,数量可能在扩大。尿素在加工中起助溶和吸湿作用,国内也在研制使用以双氰胺为主组分的新产品。

2. 粘合剂和交联剂

2－氯－3－羟基丙烯共聚单体,在90℃时能自身交联。环保型粘合剂有:低甲醛粘合剂 Helizarin. Binder. ET,涂料印花粘合剂 CS 等。低温型交联剂 LE—780、BASF 的 Helizarin、交联剂 LF,释放的潜在甲醛比较少。低甲醛交联剂的商品还有 Acrofix ML、Acrofix UC03、Acrafix CA46069 等。Bayer 公司推荐的一种低甲醛交联剂,商品名 Acrafix CA46069,能符合低于 75 mg/kg 甲醛含量的要求。

近年来,国外致力于寻求新的粘合剂,即以 2 种或 2 种以上共混聚合物,使其分子链相互贯穿,并以化学键方式连接成网络结构,成为既是乳液聚合又是交联互穿聚合物的网络。这种新型粘合剂具有更优良的性能,耐磨性、耐水性、拉伸强度和粘合能力都有提高,不泛黄、弹性好、不发黏,解决了手感、牢度等问题,并符合环保要求。

五、环保型整理剂

1. 天然整理剂

许多天然高聚物具有特殊的结构及生物活性,且大部分无毒性作用并可被自然降解,将其改性, 使之成为新型的织物后整理助剂, 将是今后绿色织物整理助剂的发展趋势。

天然功能整理剂的种类大体可分为动物和植物两类:在动物类中,甲壳质和脱乙酰壳聚糖的后加工正受到人们的关注。此外,胶原、丝素粉、透明质酸、三十六碳烯(角鲨烯)正被用于对纤维衣料柔软、皮肤保温和保持水分的功能中;植物类功能剂包括艾蒿、芦荟、蕺菜、甘草等。

这类天然高聚物本身大多为 $\beta - 1,4 -$ 糖二苷结合形成的多糖类化合物, 其主链上一般含有大量的羟基、缩酮基、羧基、氨基等活性基团。这些活性基团既能够进行醚化、羧甲基化、烷基化、酰化、磺化等反应, 又能与纤维织物表面的活性基团进行交联反应, 并能产生较强的氢键作用, 从而在织物表面形成能赋予织物一定功能性的高分子膜。

(1)壳聚糖:壳聚糖极易溶于水, 处理织物时用量极少,且浸轧液可反复使用,工艺简单易行,只需轧—烘即可。用于织物的后整理时, 除可以保持棉织品的吸水、透气性外, 还具有防缩和挺括功能。

用蟹虾外壳(甲壳质)脱乙烯后成为脱乙烯多糖,制成的整理剂可用于织物的抗菌防臭和保湿整理,国内也有用作涂料印花成膜剂,壳聚糖抗菌防霉产品等。利用壳聚糖纤维还可制成具有远红外热敏性能的服装。

(2)角鲨烯:角鲨烯为一种脂质,可从鲨鱼肝脏中提取,含有与人体肌肤亲和性高的物质,可用作织物天然功能性整理剂。整理后的织物安全舒适,并具有良好的润湿性、柔软性和保湿性。

(3)丝胶素:从天然蚕丝精练液中回收、精制提取的丝胶素可对织物进行柔软舒适整理,丝胶素含有大量的氨基酸。丝氨酸含量最高,约占1/3,天冬氨酸和谷氨酸均在10%以上,具有良好的保湿性,用其整理后的织物柔软舒适,穿着时可使肌肤润滑。

2. 合成环保型整理剂

(1)柔软剂:德国规定用作纺织柔软剂的表面活性剂原料,最高容许排放度:阳离子表面活性剂 $6.5 \sim 8.5$ mg/L;非离子表面活性剂 <100 mg/L;阴离子表面活性剂 $8.5 \sim 43.7$ mg/L。

可研究、开发、应用以脂肪酸及其衍生物为原料的柔软剂,如用谷氨酸或天冬氨酸与 $C_{12} \sim C_{14}$ 脂肪醇经酯化、叔胺化、季铵化生成双酯季铵盐,对各种纤维的柔软效果等同于双十八烷基二甲基季铵盐,具有优良的吸水性和抗静电性能,而且有良好的生物降解性,几乎不产生污染问题。

新一代绿色柔软剂产品还有酰胺乙基咪唑啉、脂肪酸三乙醇胺季铵盐、烷基咪唑啉脂肪酸酯季铵盐、二甲基丙二醇胺季铵盐、甲基二乙醇胺季铵盐、卵磷酯型季铵盐类等。利用上述原料可制成固体或液状柔软剂。如阴离子柔软剂 ZF—SS、弱阳离子柔软剂 ZF—M。德国CHT. R. Breitlich 公司的 Tubingal. B 也是很好的柔软剂。

新型氨基有机硅柔软剂:氨基有机硅柔软剂具有优异而持久的柔软度和平滑性能,是目前较为理想的柔软剂,但其吸水性差,已有多种改性氨基硅柔软剂生产。另外,通过复配聚氨酯类预聚物制得的新品种,是在有机硅分子链上引入能自乳化成微乳液的基团,既有有机硅的柔软性、爽滑性,又有聚氨酯类预聚物的丰满感、柔软回弹感和高吸水性。

运用生物降解理论,在柔软剂的烷基链与阳离子氮原子上至少含有一个酯基或酰胺基等弱键,这些弱键在水处理过程中易于分解为脂肪酸和阳离子代谢物。日本明成公司开发"可食用"柔软剂,安全性高,容易分解,其原料是蔗糖脂肪酸酯,对皮肤无刺激性。

天然甜菜碱即三甲基胺乙内酯$[(CH_3)_3N^+CHCOO^-]$,存在于许多植物中。甜菜碱表面活性剂是甜菜碱的同系物,其性能温和,对皮肤、眼睛的刺激小,易于生化降解,并具有良好的洗涤、增稠、稳泡等作用。三乙醇胺脂肪酸酯甜菜碱两性柔软剂,分子中既含有与调理性有关的长疏水基和亲水基,又含有稳定性有限的弱键(酯键),易于被微生物分解。

(2)树脂整理剂:

①低甲醛无甲醛树脂整理剂:

a. 使用甲醛捕集剂和将树脂初缩体分子中的羟甲基、羟基进行醚化改性,如含有氨基的化合物易与甲醛反应,这种化合物都可以用作甲醛捕集剂。其中碳酰肼($H_2NHNCONHNH_2$),商品名捕醛剂 CH、Finetex FC、GU—72(大日本油墨)是效果最好的甲醛捕集剂,加入到 2D 树脂整理液中后,游离甲醛由 1044 mg/kg 降至 243 mg/kg。Hoechst 公司的 Arkofix NDS 是多元醇醚化的 2D 树脂,初缩体内加入碳酰肼,其释放甲醛及游离甲醛量都很低。

b. DMDHEU(2D 树脂)醚化改性物:通过醚化反应改性制得低甲醛树脂整理剂,最主要的有 DMDHEU 的甲醚化、乙醚化和多元醇醚化改性。用醇将羟甲基或羟基醚化后整理的织物与对应的未醚化整理的织物相比,游离甲醛很少(75~100 mg/kg)。由于醚化改性后反应速率大大降低，可以获得耐水解的树脂整理剂和树脂整理织物。另一方面，对于反应性很低的树脂整理剂，可以采用高效催化剂来获得树脂整理必要的反应速率。

BASF 公司的系列产品 Fixapret NF，COC、COF、CL、CNR；日本油墨公司的 Beckamine NFS，住友公司的 Sumitex Resin 系列产品 EX—309、NS—19、NS—11 NF—500K、NF—113spe；Ciba—Geigy 公司的 Knittex FF，FPM，FRCT Conc.；Hoechst 公司的系列产品 Arkofix NDS、NGF60、NGN、NFC、NGR、NHL；SunChem 公司的 Permaf resh ZF 以及上海新力纺织化学品公司的尼普威 SDP—Ⅰ和 SDP—Ⅱ都是醚化改性整理剂。

多羟甲基三聚氰胺树脂（包括 2D 树脂）是亲水性聚合物，与甲醇、乙醇、多元醇(乙二醇、丙三醇、季戊四醇)等低分子醇在酸性催化剂作用下，进行醚化改性时，控制反应生成的烷氧基数目，仍可得到亲水性较强的改性树脂；采用长链脂肪醇进行醚化反应，则导致树脂亲水性下降，免熨和抗皱整理性能随之下降。

醚化反应的多羟甲基三聚氰胺树脂中的游离甲醛及释放的甲醛含量大幅度降低，满足了环保型免熨、抗皱整理剂市场的需求。从高分子结构与性能的角度可以预测，醚化多羟甲基三聚氰胺树脂可进一步与具有一定摩尔质量的醇酸树脂进行共缩聚改性。而且，由于醇酸树脂的酸性具有催化作用，可降低醚化多羟甲基三聚氰胺树脂中的烷氧基、醇酸树脂分子上的羟基与纤维表面羟基反应的温度；在织物表面成膜后，由于醇酸树脂的增塑作用，能提高织物的回弹性，使游离及反应释放甲醛的量降至最低。

水溶性聚氨酯类整理剂，多为二异氰酸酯与聚乙二醇的缩聚物，经二胺或多胺进一步扩链后的摩尔质量在 10 000 ~ 20 000 g/mol，是水溶性无甲醛整理助剂，符合环保要求。如国内的 105 水溶性聚氨酯、免烫整理剂 SDP、RS 等各种无甲醛树脂产品。根据分子结构可以分析，采用氨基硅油或水溶性氨基硅油与聚氨酯嵌段改性，能得到兼具免熨、抗皱以及柔软、滑爽的环保复合型织物后整理剂。因此，对合成高聚物进一步功能化复合改性，可以提升助剂性能、降低有害组分含量。

②多元羧酸整理剂：多元羧酸与纤维素纤维羟基形成酯键交联，能改善棉、麻及粘胶纤维织物的防皱性和尺寸稳定性，作为免烫整理剂，要求其分子结构中至少有三个羧酸基团。丁烷四羧酸（BTCA）等多元羧酸类化合物是最有开发前途的无甲醛整理剂，BTCA 是由马来酸酐和丁二烯反应生成四氢酞酸酐，再经高浓度过氧化氢氧化为 1,2,3,4 - 丁烷四羧酸。BTCA 对提高棉织物的干湿弹性和 DP 级别较为理想，整理的织物无甲醛，耐洗性好，强度损失低，也不泛黄。但丁烷四羧酸（BTCA）类无甲醛整理剂，价格昂贵阻碍了大规模应用和推广。产品风格及防缩效果与 2D 树脂相比尚有不足之处，仍处在继续深入研究中。

除四元羧酸外，三元羧酸也可用于纤维素纤维的防皱整理。在催化剂和热的作用下，首先去水形成酸酐，然后与纤维素纤维反应生成酯和一个再生的羧基。其中柠檬酸（CA）虽不如 2D 树脂和 BTCA，但 DP 级也可达到 4 级，回复角为 250°左右。由于价格低，安全性高，有可能成为实用的无醛整理剂，其缺点是易泛黄和耐洗性差。

有报道对 CA 进行改性，方法是在 CA 中添加聚马来酸（PMA）。PMA 是一种结构和 BTCA 相似的多元羧酸，如单独使用 PMA 效果不理想，CA 与 PMA 反应后可形成更大结构的分子，同时生成更多官能团的大分子，该大分子和纤维素大分子之间形成多重酯交换，因此可提高整理效果。但 CA 和 BTCA 用于真丝绸整理效果较好。也有用环氧化合物树脂、乙二醇二缩水甘油醚（EDGE）、三甘醇缩水甘油醚（GTGE）等，选择适当的催化剂对真丝绸抗皱整理，也取得了明显的效果。

但目前开发的低甲醛和无甲醛树脂，其防缩效果以及经济性等还不很理想,无甲醛树脂整理剂仍是当前急需解决而尚未能完全解决的重要课题。

(3)其他整理剂:

①抗菌防臭防霉整理剂:目前使用的抗菌防臭剂主要有:日本可乐丽公司的 Saniter;美国 Dow Corning 公司的 DC5700;美国 Textile Biocideo 公司的 Reputex20;日本钟纺公司的 Bactekiller。我国在应用中草药抗菌方面进行了大量的研究工作,取得了很大的成绩,国内也有类似于 DC 5700 的产品,比较安全,可以应用。如果能在改进加工方法或使用微胶囊化技术方面开展进一步研究,使之能被纤维吸附或固着在纤维上,将会有很大的实用价值。

②防水防油整理剂:据报道,防水剂 PF、AEG、703、FTC、FTG、MDT 中都含有甲醛,它们虽可用有机硅防水剂来取代,但后者难以生物降解。

还有一种脂肪酸铬络合物的防水剂,如 Phobotex CR、Perlit DW、Cerol C、Quilon S、QuintolanW、防水剂 CR 等,是由硬脂酸与三氯化铬在甲醇溶液中生成的络合物,在织物上有优异的拒水性,但 Cr^{3+} 大大超过了 2 mg/kg 的限量,因此禁止使用。国内采用同类型铝盐防水整理剂 H(与除霉剂 HA 并用)、防水剂 WDC—108 代替。

含氟整理剂具有防水、防油、防污和易去污功能,而且效果显著,经其整理后的织物能保持原有的手感、透气性、色泽、穿着舒适性等特点,并具有一般烃类及有机硅类整理剂所不具备的防油性。此外,含氟织物整理剂还具有用量少、功效高、耐久性强、符合环保要求(但有的含氟有机化合物对生态有影响)的优点,因此其应用得到了普及和推广。今后在有机全氟烷基化合物整理剂的合成、氟代丙烯酸酯单体的合成及氟代丙烯酸酯共聚物的合成等方面有待进一步研究。

③阻燃整理剂:目前,纤维素纤维、涤纶和涤/棉织物上应用的阻燃剂主要是氮—磷及溴—锑两大系列。以往使用的磷系阻燃剂存在

游离甲醛与释放甲醛问题,很多被禁用。一般说磷氮系阻燃剂对环保相对有利,但也不够理想。在德国危险品条例中规定纺织品中阻燃剂不得含有砷、锑、铅、汞、镉等,因此,溴锑系阻燃剂也不利于环保,将逐步限制。过去认为对人体比较安全的一些阻燃剂,在新的环保要求和法规面前也必须重新加以考虑了。

国内的 CFR—201（相当于 Ciba Pyrovatex CP）可用于纤维素纤维,但工艺中要注意控制甲醛含量。阻燃剂 RFC—2 可用于涤纶。日本在近年新开发了含硼的特殊复合组分阻燃剂 NFR—650、NFR—650S、NFR—110,据称是一种无毒、无刺激性的产品。

综上所述,后整理助剂的环境保护和生态保护问题在纺织助剂中尤其令人担忧,这或许是欧盟禁用整理剂的症结所在。

3. 环保型助剂和整理剂的开发趋势

（1）运用新技术开发助剂和整理剂。

①采用复配技术开发环保型助剂:采用复配技术,使整理剂获得多功能性和高功能性。例如氨基改性有机硅类柔软剂虽有卓越的耐久性,但吸水性差,通过复配聚氨酯类预聚物,可以使织物获得有机硅特有的柔软性、滑爽性及聚氨酯预聚物特有的丰满、回弹性和吸水性。

复配增效技术是印染助剂开发的重要手段,例如,阴离子表面活性剂、非离子表面活性剂及各种添加剂的复配,得到性能优良的精练助剂。在今后的助剂开发中复配增效技术还将被广泛应用。

②生物技术:生物技术对环境的污染少,又有专一性。在纺织印染助剂的开发中,生物技术目前主要用于制造织物酶处理制剂。如用于真丝织物精练的蛋白酶,棉织物煮练的果胶酶和纤维素酶,棉、麻、Tencel 纤维光洁整理的纤维素酶等。

③纳米技术:纳米的小尺寸效应和宏观量子隧道效应,能提高处理织物的光热稳定性、耐水性、耐磨性、弹性,此外还可赋予织物抗菌、抗红外线、抗紫外线、抗电磁波辐射等功能,利用纳米技术制成的功能

性整理剂正在被开发利用。另外,纳米技术还可用于制造乳液粘合剂等印染助剂。

④微乳化技术:微乳化技术可以大大提高助剂的渗透性,提高使用性能。该技术已在有机硅柔软剂乳液的制备中得到广泛的应用,使有机硅的柔软性得到进一步改进。今后还将在粘合剂、涂层剂等高分子助剂的制备中获得应用。

⑤催化技术:催化技术包含多方面内容,如相转移催化技术、金属化合物催化技术、分子筛催化技术等,是目前国际上纺织化学品领域中研究和开发最活跃、发展最快的一种绿色合成技术,今后也将在纺织印染助剂的合成中得到应用。

目前市场已出现的,环保型涂层胶、聚酯超细旦纤维染色用匀染剂、新型氨基有机硅柔软剂、氨纶弹力丝纺丝油剂及硅酮油去除剂、羊毛织物耐久压烫整理剂、大豆纤维染色增深剂、大豆纤维混纺织物染色匀染剂、节能、节水、简化工艺的助剂、羊毛低温染色助剂、涤纶织物染色还原清洗助剂、常温洗涤剂、棉布直接染色用助剂以及新型载体等都是催化技术的新产品。

(2)开发适应新型纺织纤维染整加工的助剂:近年来,新型纺织纤维、复合纤维、功能性纤维被不断开发和应用,对染整加工技术和印染助剂提出了新的要求。另外,还要根据新型纤维的发展,超前开发相应的配套助剂。每种纤维的诞生,需要新的染整工艺、染料及助剂,而这些新颖染料与助剂的诞生,又推动了这些新型纤维的染整加工技术进一步发展。目前在国外掀起了涤纶超细纤维以及异收缩、异纤度、异截面的"新合纤"热。印染助剂公司纷纷为此超前开发和研制相应助剂与之配套。

(3)开发具有反应性功能基的高分子化合物作后整理剂:织物绿色功能整理剂集环保性和功能性为一体,有着很大的市场需求。

大多数纤维表面含有反应性基团如:—NH_2、—OH、—$CONH_2$ 等,为织物的功能整理提供了耐久的可能性。许多织物后整理助剂是带活性功能基的线型或支链型的高分子化合物，能够在织物表面（包括内表面）形成厚度在亚微米乃至微米级的、具有特殊功能化作用的膜。具有反应性功能基的高分子化合物，经性能优化、筛选以及适当的工艺处理，均可制成能赋予织物特殊性能的织物后整理剂。由于高分子化合物本身不含有毒或对环境造成破坏作用的物质，因此，用其制成的织物后整理剂比使用低分子化合物制备的具有明显的优势。

（4）多功能整理助剂：整理剂开发的目标主要为防皱免烫、阻燃、防缩、防水、防油、防污、防静电、增进手感、防螨、抗菌、防起毛起球以及防紫外线整理等。开发的方向为高效、耐久、无毒、环保，集多种功能于一体。

如防螨、抗菌是现代保健医学与纺织品后整理相结合的技术。螨能传播病菌。在国外，防螨抗菌后整理剂已广泛应用于床单、被单、毛巾、内衣、袜子、鞋垫等纺织品中。

主要参考文献

[1] 薛福连.从竹叶中提取叶绿素的新工艺[J].中国资源综合利用,2002,(1):33-34.

[2] 陈荣圻.德国环保新规定对印染助剂的影响及对策[J].印染助剂,1996,13(1):1-8.

[3] 刘晓燕,丁杰.竹叶绿色素的提取及稳定性研究[J].化学研究与应用,2000,12(2):202-204.

[4] 王华.传统天然植物药与纺织品的保健抗菌整理[J].纺织学报,2004,25(1):109-111.

[5] 章杰,张晓琴.环保型染料和染料的毒理学与生态学问题[J].江苏化工,2000,28(8):10-13.

[6] 日本蚕丝、昆虫农业技术研究所.微生物中天然色素的萃取及其在染色

中的应用[J]. 四川丝绸,1998(1):38-39.

[7] 徐腾.植物染料及其应用[J].技术进步,2004,25(11):16.

[8] 汪苏南,杨计军.天然色素化学及其在纺织品上的应用(一)[J].印染,1997,(6):35-38.

[9] 汪苏南,杨计军.天然色素化学及其在纺织品上的应用(二)[J].印染,1997,(7):41-43.

[10] 章杰.纺织助剂的新"绿色壁垒"[J].纺织导报,2004,(5):84-92.

[11] 钱雯.天然染料色素及其应用[J].江苏丝绸,2003,(2):9-11.

[12] 董慧,陆付耳.大黄素治疗消化系统疾病的研究进展[J].中国中西医结合消化杂志,2004,12(6):190-191.

[13] 张文超,段小娟.发展红花生产大有可为[J].农业科技与信息,2004,(7):46.

[14] 杜桂彩,郭群群,滕大为.高纯度叶黄素的制备及稳定性研究[J].精细化工,2004,21(6):447-449.

[15] 郭群群,杜桂彩,李荣贵.紫苏全草抗菌活性的研究[J].精细化工,2004,21(1):33-35.

[16] 张廉奉,赵丽凤.紫色甘蓝天然色素的提取及性质研究[J].南阳师范学院学报,2005,4(3):51-52,69.

[17] 张廉奉.紫色菜苔天然色素提取工艺的研究[J].河南教育学院学报(自然科学版),2000,9(2):37-39.

[18] 衣秀娟,陈伟,陈明珍,等.紫甘薯红色素检验方法的探讨[J].预防医学论坛,2005,11(2):190-191.

[19] 郑荣辉,骆雪萍.紫背天葵色素对纸的染色研究[J].China Pulp & Paper Industry,2005,26(7):53-54.

[20] 章皆怡.西欧染料工业的优势何在[J].纺织导报,2000,(3):46-48.

[21] 刘祥义,付惠,张晴,等.元宝枫黄酮提取方法研究[J].云南化工,2004,31(3):19-21.

[22] 王雪华,绿色环保的回应[J].四川丝绸,2002,(3)21-22.

[23] 孟繁梅,艾云灿.一株海洋真菌 Trichoderma sp. Q98 合成产物分析[J].

中山大学学报,2005,44(3):124 - 125.

[24] 李明银,覃淑君.天然色素在不同有机溶剂中的变化[J].绵阳农专学报,1990,7(2):51 - 53.

[25] 周应浩,黄一石,曹斌.一串红天然色素提取工艺的[J].视频研究与开发,2004,25(6):62 - 64.

[26] 李颖,蒋岚,胡敏杰.微波法提取天然红色素的研究[J].河南化工,2005,22(2):25 - 26.

[27] 徐清海,明霞.天然色素的提取及其生理功能[J].应用化工,2005,3(5):268 - 270,273.

[28] 陈怡译,承人校.纺织工艺的绿色技术[J].国外纺织技术,2000,(8):37 - 38.

[29] 王宪迎,任淑梅,王树兰,等.绿色纺织品染整加工初探[J].印染,1998,24(8):8 - 10.

[30] 陈勇,丁景华,徐士欣.矿物色素对纯棉织物的染色研究[J].北京纺织,1998,19(1):49 - 52.

[31] 吴瑛,张敬娟,陈健.Naajo粉末色素提取和稳定性研究[J].塔里木农垦大学学报,2003,15(4):17 - 19.

[32] 王振宇,杨谦.酶法制备花色苷的研究[J].中国甜菜糖业,2004,(4):26 - 29,34.

[33] 章杰.新型环保染料的开发[J].纺织导报,2001,(2):46 - 48.

[34] 方云,夏咏梅.表面活性剂的安全性和温和性[J].日用化学工业,1998(6):22 - 27.

[35] 张训天,兰淑仙,毛为民,等.高效精练剂TF—125A在连续前处理中的应用[J].印染,2005,31(8):23 - 26.

[36] 唐育民.印染助剂的环保指标与Eco - Tex[J].印染助剂,1999,16(4):4 - 7.

[37] 宋肇棠,国晶.环境保护与环保型纺织印染助剂[J].印染助剂,1998,15(3):1 - 9.

[38] 张济邦.绿色印染加工[J].印染助剂,2000,17(3):1 - 5.

[39] 任春华,邱力琴.柔软剂的环保限制及其对策[J].泸天化科技,2000,(1):58 - 61.

[40] 丁绍敏,周礼政.环保助剂在绿色纺织品开发中的应用[J].染料与染色,2001,23(2):33 - 37.

[41] 胡淑宜,邓邵平,黄碧中.天然绿色染料的开发研究[J].福建林学院报,1999,19(4):318 - 319.

[42] 唐育民,陆宁宁.绿色印染助剂的开发与原料选用[J].印染助剂,2000,17(3):1 - 5.

[43] 岳可芬,周春生,史真,等.新型咪唑啉两性表面活性剂的合成及性能测定[J].西北大学学报(自然科学版),2002,(3):258 - 260.

[44] 章杰.纺织品"绿色壁垒"的新动向[J],印染,2004,30(12):37 - 39.

[45] 岑乐衍.世界新染料——新助剂发展动向(上)[J].染整与化品,2003,(2):90 - 92.

[46] 郭晓玲,王向前.绿色纺织品的研究与开发[J].广西纺织科技,2002,31(1):43 - 45.

[47] 吴世刚.绿色织物的应用和发展[J].辽宁丝绸,2004,(1):27 - 28.

第四章 环境友好型前处理技术

前处理工序一般流程长、处理条件强烈(高温、高浓度、强碱、强氧化剂)、占地面积大、工作环境差和排污量大、污水成分复杂且处理时间长、加工质量难以控制,而且使用化学品污染严重、水资源耗量大,废水处理负担重。前处理过程可能的污染源包括:

(1)在精练中所用的酸碱会导致废水 pH 值不为中性。

(2)由于部分精练工序在高温下进行,因而产生高温的废水。

(3)废水的高悬浮物主要来自退浆及精练工序所产生的毛屑、纤维及淀粉、胶、蜡等杂质,使废水中的 BOD 值提高,常用的醋酸等酸化剂也会提高 BOD 值。

(4)废水的 COD 高主要来自 PVA 等化学浆料。为有效解决前处理工序的耗时、耗水、污染等问题,开发了环境友好型前处理技术。

第一节 前处理的新技术

从生态环保角度出发,应用新型前处理剂,开发新技术,有利于前处理工序节能、节水、节碱,可从根本上解决前处理污水的排放和处理。

一、环保型退浆技术

近年来,有研究经纱在超临界二氧化碳流体中上浆和退浆。这个工艺基于二氧化碳在超临界状态下可以代替传统的上浆和退浆加工中用的水,恢复到常压时,超临界二氧化碳立即气化,这样用于织物干燥消耗的能量很小,同时浆料和二氧化碳几乎能全部回收再利用,大大地降低了废水的排放量。该工艺主要用于涤棉混纺纱的 PVA 和聚丙烯酸类浆料,不能用于淀粉浆料。

二、精练

1. 节能环保助练剂

在精练等前处理中,选用高效快速精练剂或对节能环保型助剂进行筛选和应用,可以减少化学品的用量,同时节约能源,提高织物前处理的质量。例如,选用以合成洗涤剂与缓冲剂配成的专用真丝精练剂,与用在织物前处理的酶制剂、精练剂、退浆剂等产生复合作用,可以减少精练剂用量,提高处理效率;若将真丝织物常压精练改为高压精练,可以缩短精练时间;将真丝绸及交织绸的间歇式精练槽改为连续式平幅精练槽,丝绸精练液沉淀后,上层清液再回用。还有研究采用光催化氧化与煮练相结合改进前处理的技术,可大大提高前处理质量。

2. 矿物质精练

拜耳公司应用黏土的特殊性质开发出一系列染整加工助剂,如绿色氧漂助剂 Tannex GEO、用于连续式漂白的 Tannex RENA、用于活性染料染色后皂洗的 Tanaterge REX 和独特的黏土净洗剂 Tanede NOVA 等。黏土的结构是基于四面形和八面形的片体,主要含有 SiO_2 和 Al_2O_3 成分。当黏土加入到高速搅动的水中时,这些片体被润湿而彼此分离,产生了巨大的表面积。巨大的表面积使得它可以吸附所有类型的亲油性物质和杂质。

三、漂白

1. 过氧乙酸漂白

过氧乙酸(过醋酸)本身无毒,是一个对生态有利的环保型漂白剂,已应用在洗涤工业中。过氧乙酸还用于医药领域,低浓度的过氧乙酸可用来杀菌消毒。

　　用过氧乙酸代替次氯酸钠漂白首先在环保方面是安全的,因为它的分解产物仅为乙酸和氧,可生物降解,且无毒、对环境无不利的影响。从来源讲,它是一种非常容易制备的工业化学试剂。从漂白效果看,过氧乙酸是一种强氧化剂,具有过氧化物和有机酸的一般性质。过氧乙酸氧化能力强,用于纯棉织物一浴法煮练和漂白,可以获得满意的效果。

　　有研究应用高浓度过氧乙酸漂液加过渡金属离子和金属螯合活化剂,对棉织物低温漂白,但漂白效果还有待提高。从环保方面考虑,过氧乙酸与含氯漂白剂或过氧化氢漂白相比有许多优点,漂白中并不产生任何有毒副产物,设备腐蚀性低,可充分生物降解,在废水中不产生 AOX 负荷;过氧乙酸漂白活化能比过氧化氢低,所以对纤维损伤小。但过氧乙酸在强碱性条件下漂白时,和过氧化氢漂白一样,对纤维有一定的损伤。同时,对提高过氧乙酸漂白白度的工艺和存放的稳定性,还有待进一步研究。

　　过氧乙酸漂白工艺配方和条件:

过氧乙酸	7~9 g/L
渗透剂 JFC	2~3 g/L
pH 值	5~7
温度	60~70℃
时间	50~60 min

2. 过氧化尿素漂白

　　过氧化尿素是一种新型漂白剂,它利用率高,无腐蚀性,漂白工艺简单,时间短,溶液可以反复使用,节约能源,而且综合成本低。与其他含氧漂白剂相比,过氧化尿素易于储运,活性氧含量高(16% 左右),相当于 34% 的双氧水,在水中溶解度大,无毒、无味,不损伤纤维,没有污染,具有高效漂白杀菌作用。

(1)过氧化尿素的制备:取28%的双氧水14 L,室温加入1%的稳定剂,在搅拌下缓慢加入5 kg尿素使其溶解,反应一定时间后,加入0.3%的包膜剂,继续反应1 h,4℃放置过夜,冷却结晶,抽滤,晾干。

(2)过氧化尿素生产母液的循环及综合利用:过氧化尿素生产是一个绿色产业,在生产中无废料排放。过氧化尿素产品过滤后的母液可通过两种途径加以利用。

①在母液中补充部分双氧水与尿素,使之继续反应,母液得以循环利用。

②母液直接稀释作漂白剂,在漂白液中加入过氧化尿素母液,可延长漂白液使用周期,节约成本。

上述两种途径可以实现过氧化尿素生产母液的循环利用,既节省原料又防止环境污染。

(3)稳定剂的使用:过氧化尿素漂白需要加适合的稳定剂,否则加热后会释放出活性氧,大量的活性氧会损伤纤维,而未反应的活性氧会快速结合成氧气放出,造成浪费和危险。

过氧化尿素做漂白剂,其优势在不增加设备投资的前提下,用一步法代替传统的两步或三步漂白方法,并使其产品质量达到相应的标准,大大缩短了纺织品前处理工艺时间。虽然过氧化尿素漂白的成本可能会稍高一些,但因过氧化尿素为固体物料,比双氧水的稳定性好,便于远程运输和长期储存,且其无腐蚀性,漂白过程中过氧化尿素水溶液加热后会平稳、有效分解,持续放出活性氧,既能避免纤维损伤,又具有良好的漂白作用,利用率高,用量少,工艺简单,反应时间短,溶液可反复使用,故降低过氧化尿素漂白费用的潜力很大。

3.气相漂白

"气相漂白"新技术,机理是,空气中的氧气经过一高压放电装置被激化为臭氧,臭氧引入被漂织物容器中分解为氧气和新生态氧,依靠新生态氧对织物色素的氧化作用达到漂白目的。"气相氧漂"在干态中进行,不用水达到了"零排放",未作用完的臭氧,经尾气处理后还原为氧气,回归大气中,对环境无污染。

4.亚麻织物无氯漂白工艺

很多发达国家已经制定政策法规,限制含氯漂白剂的使用,并且把漂白废水中可吸附有机卤化物(AOX)的浓度作为控制指标之一。而亚麻织物用双氧水漂白的效果不如氯漂,因此,亚麻织物无氯漂白工艺成为当今纺织工业研究的热点之一。

①先用过氧乙酸初漂,然后再用双氧水复漂,以代替常规亚麻织物的次氯酸钠漂白,达到无氯漂白的要求。漂白过程中纤维强度损失小于次氯酸钠漂白工艺,过氧乙酸漂白的毛效也优于次氯酸钠,使用效果良好。漂白工艺为:

过氧乙酸	1.5～3.5 g/L
pH 值	7
焦磷酸钠	1 g/L
温度	70 ℃
时间	60 min
双氧水	3～4 g/L
pH 值	10.5
温度	70～80 ℃
时间	30～60 min

②国外亚麻纤维的漂白,有采用无氯(ECF, Elemental Chlorine Free)漂白技术,即在生产中用亚氯酸盐或二氧化氯来代替次氯酸盐,这样能减少有机氯化物的产生。

四、丝光

1.松堆丝光

丝光对棉织物起着很重要的作用,目前一般采用紧式张力丝光,但丝光用碱浓度高,去碱用水量大,排放的废水含碱量过高,回收负担又过重。采用松堆丝光新工艺使碱浓度降为传统工艺的 1/3。每 100 m 布节约烧碱 19 kg,而得色率还可提高 5%～10%,节省用汽,减少废碱的排放。

国内有用液氨处理的经验并能产生特殊的效果,如棉织物用液氨处理代替烧碱丝光,处理后织物具有优异的防皱和尺寸稳定的效果,已受到企业的关注。虽然液氨比碱丝光的成本稍高一些,但由于采用的密闭回收系统,所以能够很好地防止环境污染,今后有望成为一种重要的丝光前处理加工。

国外有用尿素丝光的报道,这样排放的废水就是液体化肥。总之,尿素或液氨丝光分解的氨,氮氧化物可回收用作肥料,有待进一步开发和工业化研究。

2. 羊毛无氯丝光

环保型羊毛无氯丝光、防缩技术很重要,现已应用于生产实践的无氯丝光法主要是高锰酸钾法和蛋白酶法。高锰酸钾的氧化能力强,对鳞片层有一定的去除能力。但极其容易造成羊毛的损伤,并且会产生二氧化锰在羊毛上形成褐色沉积物,必须用还原药剂去除,还原洗涤必须彻底,否则残存在纤维内部的正二价锰离子会被空气中的氧气再度氧化产生二氧化锰沉淀。这种方法成本消耗比较大,并且不容易控制。

五、碱减量

涤纶织物的前处理采用苛性钠溶液减量加工,以改善织物风格,但由于存在碱废液的问题,而且涤纶碱减量废水中含对苯二甲酸、乙二醇、碱等,生物降解性差、产生环境污染。可以用液碱代替固体碱,提高碱液的品质;采用连续式碱减量设备代替间歇式碱减量机械;选用高效促进剂,减少烧碱的用量;采用碱减量液自动测定及自动补加技术;涤纶织物碱减量工艺中的烧碱经过滤后再回用等清洁生产方式。

第二节 短流程工艺和前处理新设备

一、短流程前处理工艺

高效短流程前处理工艺采取冷轧堆技术和退煮漂一浴法技术,全部使用符合环保要求的绿色助剂,工艺流程短,效率高,耗能低,排污少。无碱(少碱)冷轧堆前处理工艺,是适宜棉及其混纺织物的少污染工艺,使工艺流程更短,效率更高,消耗更少,而且废水污染少和更少的污水排放量可以满足低污染和易于生物降解等要求。

采用冷轧堆工艺,将传统的退浆、煮练、漂白合为一道工序,其质量达到 3 道工序的水平,还节约大量的能源和劳动力,减少废水的排放,比传统工艺节约用汽 80%,节水 75%,节约化工原料 20%。有研究报道,采用 9201 低温高效精练剂后,综合节能 50%,COD 降低 20% ~30%,BOD 降低 22% ~50%。酶退浆和双氧水漂白工艺的应用,大大减少了废料和残液的污染源。

短流程一浴法与常规的退、煮、漂三步法相比,可节约水电气能耗 30% ~50%,减少污水排放和提高生产效率。

二、前处理新设备

用先进的工艺和设备替代或改造传统的工艺和设备,以减少能源的消耗,降低污染,也是清洁生产的内容之一。

1. 短流程前处理设备

适于退浆、煮练、漂白三步前处理合为二步或一步工艺的短流程前处理设备:如 Benninger 公司的 Ben—Bleach 系统。这系统有 Ben—Injecta 退浆部分。退浆时无须预先使浆溶胀,而是使用强力的蒸汽和水的喷射除去浆料。其他的组合部分有浸轧加工液的 B—Impacta、联合蒸箱 Ben—Steam 及垂直式的 Ben—Extracta 水洗装置。

另一种是 Ramish Kleinwefers 公司的 Raco—Yet 系统,将退浆、煮练、漂白结合操作。这系统主体部分包括给液装置、储存反应单元及后水洗机械。类似的系统还有 Brugman 公司的 Brubo—matic 系统。其主要单元是 Brubo—Sat,这部分包含加工液的给液装置、计量进料系统及蒸箱。

短流程前处理工艺的操作重点是浸轧,要求织物带液率高,浆料及杂质充分地降解,后道的高温高效冲洗也很重要。效果的优劣取决于设备、助剂及工艺,浙江印染机械有限公司等生产的平幅练漂联合机具有高给液和高效水洗装置,对实现退煮漂一浴短流程工艺提供了设备基础。

前处理工艺另一新趋向是湿布轧液的加工工艺,可省去高耗能的烘干阶段。例如,湿布丝光将会逐渐普及, Benninger 公司的 Ben—Dimensa 2000,是专为湿布丝光设计的。

2. 用于针织物的高效前处理设备

Dornier 公司的筒状前处理生产线,包括湿布丝光、漂白以及后工序的去除金属、皂洗和增白等工序。Santex 公司的连续前处理系统,则采用轧液一汽蒸来达到漂白和水洗。而 Kusters 公司的连续平幅前处理线,组合了 Vacu Wash—Applicator 真空清洗高给液装置,Vibrotex Ⅱ 水洗及松弛单元,Potoflush 水洗机,steepmaster Ⅱ 汽蒸反应单元及最后部分的冷轧卷装置。为缩短处理时间,应提倡高温前处理工艺,如在温度 105～130℃ 的煮漂,但是,对手感和强力难免有轻微的影响。在浸染机械中做前处理有灵活性,若在超低浴比喷射染色机进行,能更为显著地降低成本。

3. 其他节能高效前处理技术

德国和意大利开发了一种引人关注的工艺,该方法是将坯布粘附在开孔辊上,经喷水,由凹凸的转子引起水流波动来提高净洗效果。另一正在普及的方式是,对卷成束状的布以辐射状环流处理液,使成批的束状布高速旋转,依靠产生的离心力提高处理效果。该装置的特征是,仅用约布重6倍的水,进行以水洗为主的前处理。如瑞士一家公司开发的 ROTOWA NV—41 型设备,世界各地已有50台以上的该机器在运转,用于超细结构机织物、针织物、非织造布的前处理。

4. 逆流洗水技术

在印染加工中,水洗工序产生大量的废水。节约用水,循环用水是减少用水量的基本方法,同时,提高水洗效率便可将水洗过程中的水量减少。先进的逆流水洗技术可以有效地减少用水。在逆流水洗系统中,清洁水首先进入最后的洗水槽,然后流过一连串的洗水槽与布料逆流冲洗,由于布料移动方向与水流方向相反产生洗擦作用,可以提高洗水效率。在减少洗水用量方面,也有用分流式代替过去溢流式洗水。

国际上一些大的纺织机械公司,开发了高效水洗、废热废碱回收及小浴比的新技术和新装置,集节能、节水、环保于一体。例如,配套在织物定型机的废热回收装置,可以每小时节约 $19.2~m^2$ 的天然气,按每天工作20 h、每年251个工作日计算,每年可以节约20万元。还有公司设计生产的高效水洗、循环水清洗利用系数达到 >40% 的设备。

5. 电化学漂白与丝光

美国加利福尼亚大学发明一种电化学系统装置,主要用于无污染的精练与漂白。其基本原理是利用电化学装置的阴极释放出的碱液进行精练、漂白和丝光,而阳极产生酸中和残余的碱,杜绝废液的排放。

第三节 生物酶前处理技术

生物酶应用于染整工业最早是从退浆开始的,目前酶在染整加工中的应用主要有生物酶前处理和生物酶后整理技术,前处理技术主要应用于退浆、精练和过氧化氢的漂白中。主要有淀粉酶、蛋白酶、果胶酶和过氧化氢酶等。

一、生物酶退浆

采用酶法退浆,与传统工艺相比具有退浆效率高、废水 pH 值低、退浆废水可生物降解,且无毒无害等特点。如用淀粉酶代替碱去除坯布上的淀粉浆料,退浆时,淀粉酶能将淀粉水解成可溶性低分子糖,而且用酶处理产生的水解物无毒性,需注意的是这些分解物必须经处理后再排放,否则会提高退浆废水中的 BOD(生物需氧量)。

1. 淀粉酶类

淀粉酶退浆是一直沿用的工艺,而且有替代传统的碱退浆、酸退浆以及氧化剂退浆的趋势,酶退浆具有不会造成纤维损伤,退浆率高、环境负荷小等优点。

按淀粉酶作用方式分,有 α - 淀粉酶、β - 淀粉酶、葡萄糖淀粉酶、支链淀粉酶和异淀粉酶等。其中,α - 淀粉酶可以快速切断淀粉分子链,降低淀粉的黏度,是最重要的一类淀粉酶。淀粉酶按来源分,有植物淀粉酶、细菌淀粉酶和真菌淀粉酶。细菌淀粉酶耐高温,有碱存在的条件下也较稳定,最佳适用 pH 值范围(5~7.5)较温和;真菌淀粉酶的耐热性最差。中温型酶在温度高于75℃时即失活,高温型酶当温度达到100℃时仍很稳定,95℃时的活力是 60℃(pH 值为 6.0 和 8.0)的 4 倍。近年来的发展方向是通过基因重组技术,开发能在较宽温度范围内使用的酶,即宽温酶,最佳使用温度视产品而异。表4－1列出了部分退浆酶的使用温度。

表4－1 部分退浆酶产品及使用温度范围

产 品 名 称	使用温度范围/℃	公 司 名 称
Aquazym	20～70	Novozymes
Dezyme	20～70	Novozymes
Aquazym Ultra	60～90	Novozymes
Termamyl	85～115	Novozymes
Thermozyme	85～115	Novozymes
Suhong Desizyme 2000L	20～95	Novozymes
Baylase AT02	20～98	Bayer
Baylase LT	低温(＜75℃)	Bayer
Optisize HT 260/520	80～90	Genencor
Optisize HT Plus	40～110	Genencor
Optisize 40/160	30～70	Genencor

酶退浆后的纺织品比酸退浆和碱退浆的更柔软,国内外应用较多,并在不断扩大。国内酶制剂如 BF—7658、胰酶等早在 20 世纪 60 年代已应用,近年来有新型 α - 淀粉酶制品出现。

用 BF—7658 淀粉酶去除棉织物上的淀粉浆料正向高温处理发展,这样可以比当前使用的淀粉酶节省时间。胰酶一般从猪胰或牛胰中提取,成本高于 BF—7685 淀粉酶。

2. 其他退浆酶

黄麻织物或纱线常采用罗仁子粉(TKP Tarmrind Kernel Powder)作为上浆剂,这种浆料用碱退浆工艺复杂,若采用特定的淀粉酶退浆,效果良好。淀粉酶仅对淀粉和改性淀粉浆料起作用。实际应用时应根据浆料组成的不同,选用相应的酶制剂,如羧甲基纤维素(CMC)浆料选用纤维素酶。

3. 新型酶在退浆中的应用

合成纤维应用的浆料有聚乙烯醇(PVA)、聚丙烯酸(PAA),这些高分子聚合物不能进行生物分解和降解,造成环境的污染,目前研究人员正在研究、筛选具有某种功能的新菌种,通过基因改性成为高性能酶制剂;通过克隆、转基因的基因工程菌,制出新的酶种;或根据化学生物结构和酶学原理定向合成新型酶制剂等。目前较成功的酶有PVA 分解酶,涤纶、锦纶分解酶等高聚物的基因工程菌和合成酶等。

据报道,日本在研究开发用几种微生物混合培养 PVA 分解酶,制成的酶能去除织物上的 PVA 浆料。现在使用的浆料中往往还加入了脂肪或油类润滑剂,使浆料的润湿变得困难,降低或削弱了退浆的效果。但当浆料中使用的是甘油三酸酯类的润滑剂时,可配合添加脂酶退浆,有利于油脂的分解。

二、生物酶精练

传统的棉织物精练是在热碱液中进行的,效果非常显著,缺点是由于添加润湿剂、螯合剂等化品,造成了印染废水处理的沉重负担,精练废水含碱量大,pH 值高,要耗用大量的酸中和,并用大量的水冲洗,消耗大量的化学试剂和水资源,而且使废水中的 COD/BOD 的比率增高,污染了环境,据统计,印染废水的 70% 来自前处理中的煮练。

而且,如果在碱精练中工艺条件控制不严格,还易造成纤维素氧化损伤,强力下降。另外,由于在浓碱液中精练,致使棉织物的局部碱浓度过高,产生较大的收缩,对后续加工的质量带来很大的影响。

近年来人们尝试用生物酶进行棉织物的精练,可在温和的温度及pH 值条件下有效去除棉的脂蜡,而且对纤维的结构和强力没有损伤。生物酶代替传统的碱精练是发展的趋势,除了环保这一因素,还有经济上的因素。从经济的角度看,酶精练的实际成本并不高于传统的碱精练,综合考虑所节约的能源和水,有时可能更经济。

1. 精练酶的种类

棉织物精练的目的是去除果胶质、含氮物质、蜡状物质等天然杂质,提高棉的吸湿性以利于后续的漂白、丝光、染色、印花、整理等加工过程。根据棉纤维的组成,精练可使用果胶酶、脂肪酶、蛋白酶等,也有将这些酶制剂配合使用,产生相互协同作用改善精练效果。果胶质位于蜡质与纤维之间,因此有人将它称为"胶水",它的作用相当于将蜡质粘合在纤维上,将果胶质去除后,蜡质暴露出来,可在随后的高温浴中乳化去除。现在使用的果胶酶有普通果胶酶、碱性果胶酶和原果胶酶。

目前桑蚕丝的精练方法主要有皂碱法、酶皂碱(或洗涤剂)复合法等。酶皂碱(或洗涤剂)复合法处理的织物茸毛少、手感柔软,采用该类工艺还可以节能、节汽、减少污染。

(1)纤维素酶:纤维素酶和其他酶一样是一种具有催化作用的活性蛋白质,能使纤维素长链大分子水解成低分子糖类或单分子葡萄糖。工业上应用的纤维素酶种类较多,由于来源不同,性能各有差异,其中分解纤维素作用最强的来源于线状菌(TrichocIerma)的纤维素酶。

纤维素酶是能切断 $\beta-1,4-$ 葡糖苷键的酶的总称,它由内切 $\beta-$ 葡聚糖酶、外切 $\beta-$ 葡聚糖酶和 $\beta-$ 葡萄糖苷酶组成。在这些酶的共同作用下,纤维素能被水解。纤维素酶是唯一在单独使用时能改善织物润湿性的酶,在温和的机械搅拌作用下,纤维素酶的活性增大,但若用非常高的剪切力剧烈搅动,则可以使酶失活。可能是因为生物酶的三维空间结构被破坏,从而破坏了这种酶所具有的专一性。由于在使用时,会不可避免地造成强力损失,因此在加工中必须调节纤维素酶的反应速度,采用生物酶精练时,由于纤维素酶的反应速度慢,所以容易调节,这是比使用碱法精练有利的一面。

纤维素酶使棉籽壳成为自由飘浮的壳屑,随后再加以处理能去除纤维表面的棉籽壳,内部棉籽壳也大大减少,白度提高。此外,也可以通过在精练时,采用不同酶的协同效应,如纤维素酶、果胶酶、木质素酶和半纤维素酶等,以及螯合剂(如 EDTA)和机械搅拌的作用去除纤维上的杂质。

表面活性剂对酶精练也有辅助功效,有实验表明:随着非离子表面活性剂的浓度增加,其活性也随之增加;阴离子表面活性剂在低浓度时,可以适当地增加其活性,而阳离子表面活性剂通常起着抑制剂的作用。

纤维素酶处理时,要从酶组分、浓度、设备选用和工艺等方面加以控制,处理结束,必须使纤维素酶在碱性(pH > 9)或高温(80℃ 以上)下失活,以减少织物的损伤和纤维强度下降。

(2)碱性果胶酶:用于棉精练的碱性果胶酶,适用温度55℃左右,pH 值9.5 左右,使用条件温和,稳定性好,最主要的优点是不破坏纤维素的结构。碱性果胶酶水解机理是在果胶质/果胶酶复合体界面处迅速发生水解作用,产生水溶性产物而游离初生胞壁基质,释放出果胶酶,并能为其他果胶质再吸附。这一过程周而复始地重复进行着,直至酶因某种因素,如化学品、pH 值、温度等的变化而失活,终止反应。以下是三种碱性果胶酶商品。

①BioPrep® 系列是诺维信公司推出的碱性果胶酶,是一种基因改性的芽孢杆菌微生物,经发酵而制成的果胶酶,其使用温度不高于65℃。通过去除棉纤维初生胞壁中的果胶质,使露出的棉蜡在随后的热水清洗中容易洗除,提高织物的润湿性。此工艺被称为 Bio—Preparation(生物前处理),被处理织物的柔软性较传统工艺的好,并保持较高的强力,但白度较碱煮稍逊。当结合含 Ca^{2+} 的磷酸盐、碳酸盐等作为缓冲剂,会提高 BipPrep® 对果胶质的去除能力;若与非离子表面活

性剂联用,可以获得良好的润湿性和乳化能力;若再加入少量阴离子表面活性剂,将更有助于棉蜡的去除。BioPrep®精练可在常规的湿加工设备中进行,如浸轧设备、J—型箱和喷射设备等。

②Scourzyme L®是诺维信公司于2003年推出的一种碱性果胶裂解酶,可用于棉、亚麻、大麻及其混纺织物的生物精练。使用Scourzyme L®的工艺被称为Bio—Scouring(生物精练)。与传统工艺相比,清洗用水至少减少50%,不仅节约了大量用水,同时节约了能源。从某种程度上讲,其成本比传统的化学精练更经济。Scourzyme L®适用的pH值范围较宽,最佳为7.5~9.5;温度的选择视pH值而定,pH值8.2~8.5时最好使用55~60℃;当用于连续工艺时,建议在30~40℃浸轧。具体工艺的pH值、温度和处理时间的选择还应视织物种类、类型以及设备而定。加入缓冲剂有利于果胶质的去除。Scourzyme L®的应用工艺为:

Scourzyme L®精练──→乳化──→热水洗──→冷水洗

Scourzyme L®适用的设备同于BioPrep®。

③拜耳(Bayer)公司的Baylase EVO也是一种生物精练用碱性果胶酶,它能与酶退浆联用,适用于连续和间歇式工艺,为获得最佳效果,可加入非离子表面活性剂 DIADAVIN® ANE 和 DIADAVIN® UN 等。

(3)原果胶酶(PPase):原果胶酶PPase是催化不溶性原果胶,分解出游离水溶性果胶质的酶的总称。根据PPase的作用机理,分成A、B两种类型。A型PPase切断原果胶质中的聚半乳糖醛酸部分;B型PPase则分解聚半乳糖醛酸以外的部分,使水溶性果胶质游离出来。经试验表明,用PPase处理的棉纱可达到露出纤维素纤维的程度,精练效果(以吸水性评价)和碱精练相同。由于PPase对纤维素不起作用,因此不会引起处理后纤维强度的降低,处理后织物染色深度较碱精练法深。

(4)清棉师 Scolase 100T：清棉师 Scolase l00T 是一种高效绿色前处理剂。是由生物复合酶和螯合分散剂结合而成的阴离子型粉末状固体，易溶于 50～60℃水中，1% 水溶液的 pH 值为 11～12。前处理时，原则上只需使用清棉师 Scolase 100T 和双氧水，便可完成织物的退煮漂三合一连续式前处理加工，从而简化了工艺流程，提高了生产效率和织物半成品质量。该前处理工艺的作用机理是：90～100℃ 时，Scolase 100T 使果胶、棉籽壳、蛋白质迅速降解，并在双氧水的协同作用下溶解于热水。Scolase 100T 连续式前处理工艺为：

化料──→进布浸轧──→汽蒸──→热水洗（三道）──→冷水洗──→烘干

(5)煮练酶 SKD 系列：煮练酶 SKD 系列亦属基因改性生物复合酶制剂，利用酶的专一性和高效性，准确而彻底地分解纤维素共生物。煮练酶 SKD 系列产品可适用不同类型纺织品的前处理，如棉机织物、亚麻织物、亚麻/棉和棉/毛织物、全棉毛巾织物、棉/彩棉散纤维前处理以及苎麻脱胶工艺。使用煮练酶 SKD 产品可有效去除纤维素共生物及其他杂质，有利于后道染整加工，对纤维损伤少。

(6)半纤维素酶和木质素酶：天然的纤维素纤维中均含有半纤维素和木质素，尤其是麻类纤维含量较高，半纤维素和木质素极度影响纤维的可纺性能，通过半纤维素酶和木质素酶处理，可以大部分清除半纤维素和木质素，但半纤维素酶和木质素酶还没有在纺织工艺中单独使用，主要是和其他酶制剂，如果胶酶、纤维素酶等配合进行纤维处理。

2. 精练工艺

目前酶精练常常使用的是间歇式设备，如 J—型箱、喷射染色机等，存在问题是效率太低。因而有待开发适合于生物精练的连续式设备和工艺。

(1)酶连续精练的基本工艺流程：

织物浸轧温水 ——→ 浸轧生物酶液(二浸二轧) ——→ 履带箱汽蒸 (45min,70 ~ 75℃) ——→ 去碱箱中热水洗(80 ~ 85℃) ——→ 水洗槽热水洗(80 ~ 85℃) ——→ 水洗槽温水洗(60 ~ 65℃) ——→ 水洗槽常温水洗 ——→ 烘筒烘干 ——→ 落布

(2)生产操作要求:

①在织物浸轧酶液时,需注意浸轧槽酶液的温度稳定性和织物带液量的连续均匀性,保证织物浸轧时,轧辊压力左中右均匀一致,且使其吸收酶液充分,并保证浸轧槽酶液高度保持稳定。配制工作液时注意化料方法,酶液 pH 值、温度,以防酶失活。

②履带箱汽蒸时,需注意用直接蒸汽或间接蒸汽升温和保温时的连续稳定性,保证汽蒸时间充足,避免履带箱内由于操作不当造成绞布和气压过高使织物泛黄,影响产品质量。

③加强水洗效果,保持水洗槽喷淋常开,并且不断更换槽内冲洗下来的含杂质的水。织物落布保证布面干燥且不烫手,加强布面毛效检测频率和质量,提高毛效检测水平和方法,以保证织物润湿效果的一致性,如有毛效质量不合格的产品需再次返工回练,以便后道工序的正常运作。

(3)日本研发的连续式酶精练设备如图所示。

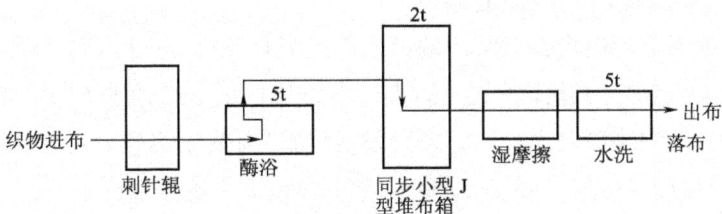

连续式酶精练设备示意图

生物酶精练运用于染整加工的前处理工序,越来越受到大多数纺织印染企业的重视。在精练中,使用单一酶还很难达到理想的精练效

果,还有待于加强各种生物酶精练剂的复配,以更好地发挥生物酶精练的各种优点,使工艺操作更加适用和高效。同时,酶精练中加入非离子表面活性剂有利于降低棉织物的表面张力,帮助酶向棉织物的微隙和裂缝中渗透,大大提高油蜡物质的去除;搅拌及使用混合酶可以提高精练效果,提高棉织物的润湿性能。

复合酶的应用是一项新技术,在洗毛时采用包含脂肪酶、蛋白酶等的复合酶配合洗涤剂使用,可同时洗去多种杂质,如羊脂、羊汗、蛋白质屑等,不仅能提高洗涤效果,还可增加原毛的手感和白度。

3. 生物化学法复合精练

一般是生物酶精练后再氧漂,由于酶作用的温和性以及专一性,对棉纤维上杂质的可及性及攻击性不如高温强碱处理,使织物的润湿性仍不高。有研究用新的生物酶前处理工艺,即在酶处理前,织物先进行氧化漂白处理,使棉纤维表面受到一定程度的破坏,再用生物酶精练,提高了酶的可及性,织物的润湿性能有很大程度的提高,甚至超过传统的碱前处理效果。因此,纯棉织物生物酶前处理的工艺流程可以采用:

织物热水预处理——→氧漂——→水洗——→酶精练——→水洗——→干燥

三、生物酶在漂白中的应用

棉织物漂白现在较常用的方法是过氧化氢法,存在的最大问题是对漂白反应起促进作用的金属离子与纤维间的自由基反应引起纤维损伤。生物酶漂白尚处于开发阶段,目前较为关注的是采用氧化还原酶,研究最多的有三种,即漆酶、过氧化氢酶和葡萄糖氧化酶。

1. 漆酶

漆酶属无基质特异性酶,能被它氧化的化合物范围很广。像漆酶这样的氧化还原酶需要某种介质在反应中起传送电子的作用。这种介质类似于催化剂,但在反应的过程中会被消耗,因而又并非真正的催化剂。现在使用的介质都存在效能和毒性方面的问题。因此将漆酶用于漂白的关键是要找到合适的介质和研究该酶的实用化问题,降低应用成本。

2. 过氧化氢酶

过氧化氢酶漂白效果并不明显,但是它能促进某些氧化剂的分解反应,可以利用它来去除双氧水漂白后剩余的过氧化氢,这就是所谓的 Bleach Clean up——氧漂生物净化工艺(诺维信公司提出),过氧化氢酶催化双氧水分解如下:

$$2H_2O_2 \xrightarrow{\text{过氧化氢酶}} 2H_2O + O_2 \uparrow$$

过氧化氢酶在冷水中作用,可节约大量能源;无须还原剂或水漂洗,可节约大量水;水解产物为水和氧气,可减少环境负荷;同时染色可以在漂白后连续进行,因此节省了时间。过氧化氢酶只作用于双氧水,对染色没有干扰,因而有些产品,如诺维信公司的 Terminox Ultra 可与染色同浴进行。

将过氧化氢酶用于棉织物的过氧化氢漂白不仅可以去除织物上残留的过氧化氢,而且可以直接染色,具有高效、节能、无污染的优点,是绿色染整技术的重要工艺之一。

3. 葡萄糖氧化酶

葡萄糖氧化酶(GOD)被认为是最有可能推广的酶漂白剂。葡萄糖氧化酶的漂白原理是 $\beta - D -$ 葡萄糖在葡萄糖氧化酶的催化作用下,生成葡萄糖酸内酯和双氧水,利用产物双氧水对织物进行漂白。催化的反应式为:

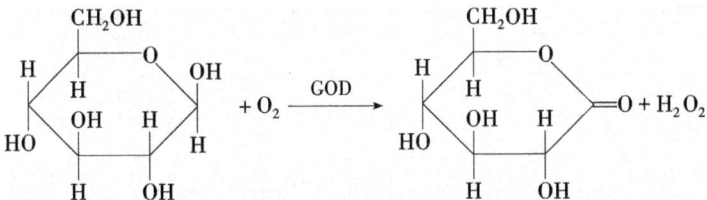

葡萄糖酸内酯水解生成的葡萄糖酸,对金属离子具有很强的螯合能力,因此漂白时无须加入双氧水稳定剂。在这种情况下,为避免酶失活,处理浴应调节在微酸性至中性,温度也应较低,这样处理条件下的织物白度与传统氧漂基本相同。此外,由于天然油脂成分的残留,织物手感柔软,有厚实感。葡萄糖氧化酶漂白需要的葡萄糖可以从酶退浆、酶精练的产物葡萄糖获得,使资源得以再利用。

四、生物酶在其他前处理工序中的应用

果胶酶可以用作麻纤维的浸渍脱胶等。生物酶也可用于织物的丝光——"生物抛光",即用纤维素酶对棉织物在无张力状态下处理,产品不仅与碱丝光效果相近,还赋予柔软性新特点。

脂肪酶是分解天然油脂的酶,在纺织加工中主要用于绢纺原料脱脂处理。同时,脂肪酶在羊毛水洗时是较好的助洗剂,能去除羊毛附生杂质、脂蜡,使羊毛获得可纺性;对涤纶进行处理,可改善涤纶表面的亲水性。

羊毛炭化:可以用氧化酶来取代硫酸用于羊毛的炭化工艺中。炭化属于比较剧烈的工艺方法,目的是分解沾在羊毛上的植物纤维和杂质,但它也会引起羊毛的损伤和降低染料的亲和力。用酶可以使羊毛上沾污的植物去除,采用的酶有氧化酶、水解酶或果胶酶。

部分生物酶在前处理中的作用见表4-2。

表4-2　生物酶在前处理中的作用

酶的种类	加工名称	加 工 目 的
果胶酶	精 练	去除麻、棉纤维中的果胶等杂质
脂 酶	精 练	去除蚕丝、羊毛纤维中的油脂
蛋白酶	精 练	去除蚕丝纤维中的丝胶
淀粉酶	退 浆	去除经纱上的浆料
过氧化氢酶	去除过氧化氢	去除过氧化氢漂白后残留的过氧化氢

第四节　超声波前处理技术

近代物理技术如:等离子体技术、离子溅射技术、微波技术、电子束技术、辐射技术及激光技术、电磁场技术等也渗入到了染整加工的各个方面,其中超声波技术以其方便、迅速、有效、安全而尤为引人注目,超声波技术在纺织上的应用也越来越受到重视。

一、概述

1. 超声波及作用

通常把频率为 $2 \times 10^4 \sim 2 \times 10^9$ Hz 的声波叫做超声波。超声波是一种频率超出人类听觉范围的声波,它既是一种波动形式,又是一种能量形式。超声波弹性振动具有分散、脱气及扩散功能。

前处理其目的是从纤维中去除天然的和外来的杂质,超声波的使用会提高处理速度。在液体介质中超声波的振动可以粉碎前处理液中的杂质粒子,增加洗涤剂的表面活性,改善乳化液和胶体溶液的稳定性。在纺织品的退浆、精练、漂白、水洗等前处理加工中,应用超声波设备可提高化学药剂的扩散速度,活化和加快反应进行,有利于去除纤维上的杂质,缩短前处理加工时间,降低环境污染,同时能保持并提高产品的质量。

2. 作用原理

在超声波传播时,弹性介质中的粒子产生摆动并沿传播方向传递能量,从而产生机械效应、热效应和声空化。声空化是液体中气泡在声场作用下所发生的一系列动力学过程,是超声波机械效应的一种特殊现象。

液体声空化的过程是集中声场能量并迅速释放的过程。当声波负压半周期的声压幅值超过液体内部静压强时,存在于液体中的被称为空化核的微小气泡就会迅速增大,形成直径可达 500 μm 的气泡;而在相继而来的声压正压相中气泡又被突然绝热压缩,直到"崩溃"或"爆炸"。崩溃瞬间,发生一个极短暂的强压力脉动,在气泡及其周围微小空间内出现"热点",形成高温高压区,温度可达 1900 ~ 5200 K,压力超过 5.05×10^4 kPa,温度的时间变化率可达 10^9 K/s,并伴有强大的冲击波和时速达 400 km 的射流以及放电发光瞬间过程,这些条件足以打开结合力强的化学键,并且促进"水相快速"反应,为促进和启通化学反应造成极端的物理环境。

一般说来,对过程的改进来自空穴作用,也可以笼统地解释为:超声波的有效作用是在合适的化学环境下获得的。

超声波的吸热效应可以使反应保持在一定的温度,为反应提供能量,从而节省了其他能量。超声波在提高试剂向纤维表面扩散速度的同时,利用声空化作用也可去除纤维毛细管和纤维交叉处溶解和包在液体中的空气,从而使药剂更容易进入纤维内部,与纤维充分接触产生作用,超声波在前处理中的作用及特点见表4－3。

表4－3　超声波前处理的作用及特点

作用	原理	作　用　及　特　点
退浆	声空化引起的分散、乳化和清洁作用	提高退浆剂的反应活性,降低退浆时烧碱的使用浓度、退浆温度和时间,节约能源,降低环境污染,处理后纺织品的白度和润湿性与传统退浆方法接近甚至有所提高,而且对试样的机械强度无任何不利的影响
精练	声空化引起的分散、乳化、洗涤以及解聚等作用	超声波脱胶比酸处理效果好,且作用时间短,可采用流水线处理工艺。绢纺原料精练中,超声波的除油、除胶效果明显比常规处理好,尤其对含油较高的原料,其处理效果更好,不仅不用进腐化缸,且不用高温、高 pH 值和长时间,在除胶保油的同时,对纤维损伤小,可根据不同的要求,保住不同程度的胶质,且通过超声波处理过的原料白度高,纤维松散,易与蚕蛹分离。超声波对果胶酶的煮练工艺也具有促进作用。使用超声波后,酸性和碱性果胶团的性能有显著提高,使用超声波煮练后的试样润湿性、白度比未使用超声波的试样均有所提高

作用	原　　理	作　用　及　特　点
漂白	提高试剂与纤维的接触面积,利用声空化破坏发色体系	减少了试剂用量,废水的排放,且白度较常规工艺明显提高

二、超声波技术在退浆工艺中的应用

Valu 等人在关于织物超声波退浆的研究中发现化学试剂和能量的节约现象。使用超声波退浆,可以提高试剂在退浆过程中的反应活性,从而降低退浆时烧碱的使用浓度、退浆温度和时间,提高退浆效率,节约能源,降低环境污染,处理后纺织品的白度和润湿性与传统退浆方法接近甚至有所提高,而且对织物的机械强度无任何不利的影响。这对于一些难膨化的浆膜,例如淀粉浆膜特别有意义,可带来节水和节能效果。

在退浆过程中,超声波空化作用可以使大分子之间产生分离,促进浆料与纤维的粘着变松,从而更容易从纤维上脱落;而超声波可以使去除的浆料由凝胶状态转化为溶胶状态,溶解性能提高,使其具有较好的退浆效果。由于超声波可以使反应保持在一定的温度,为反应提供能量,从而节省了其他能量。

三、超声波技术在精练工艺中的应用

超声波在煮练中的作用主要源于空化作用引起的分散、乳化、洗涤以及解聚等作用。超声空化作用使粘附在纤维上的污物表面张力降低。因此在各个表面上和低凹处起着清洁作用,同时空化作用使污物和油垢得以乳化,有助于清除油垢和污物。

1. 棉精练

超声波对果胶酶的精练也具有促进作用。在果胶酶煮练棉坯布的过程中,应用超声波后,酸性和碱性果胶酶的性能有显著提高,煮练后的织物吸湿性、白度比未用超声波的均有提高,其原因可能在于超声波、酶分子和液体媒质相互之间的多种物理和化学的作用。作用特点是:

(1)超声波增加果胶酶分子通过液体界面层向纤维表面的扩散速度;界面层果胶酶的扩散速度是关键因素,它制约整个反应的速率。

(2)超声波可以加速除去反应区域内杂质的水解产物,提高反应速率。

(3)超声波有利于果胶酶分子进入纤维内部,从而使纤维素纤维的酶处理更加均匀。

(4)超声波排除纤维毛细管和纤维交叉处溶解和包在液体中的空气,而且在碱性果胶酶煮练时超声波可以明显减少废水的排放,降低能耗以及生产的总成本。并且超声波在酸性或碱性果胶酶处理织物时可以提高化学处理的速率。

2. 麻精练

超声波对原麻中的胶质成分的分散有促进作用,且随频率、功率不同影响效果不同,这种作用使麻的胶质与纤维分开,再利用超声解聚作用将胶质去除。超声波脱胶比预酸处理效果好,且作用时间短,可采用流水线处理工艺。

3. 丝精练

超声波还可加速丝胶溶解。绢纺原料精练中,超声波的除油、除胶效果明显比常规处理好,尤其对含油较高的原料,其处理效果更好,不仅不用进腐化缸,而且不需高温、高 pH 值和长时间;在除胶保油的同时,对纤维损伤小,可根据不同的要求,保住不同程度的胶质,经过超声波处理过的原料,白度高、纤维松散,易与蚕蛹分离。

四、超声波技术在漂白中的应用

超声波的空化作用可以使试剂与纤维充分接触,一方面超声波作用于纤维使纤维内部的比表面积加大,从而增大了纤维吸附化学试剂的比表面,提高反应速率;另一方面超声波的空化作用有助于破坏发色体系,从而起到消色的作用。

用过氧化氢在冷漂、沸漂和超声波法处理棉和亚麻纱的过程中,随所用方法不同,亚麻对过氧化氢的消耗也不同。其中,煮沸漂对过氧化氢的消耗比冷漂及超声波处理都高,几乎为它们的 2 倍。超声波处理的温度(45℃)与煮沸漂(100℃)相比显著地降低。这种现象是由于超声机械及空化作用、大量的振动能传入液体内并产生一些热量,提高了分子动能和碰撞冲量,使反应液与纤维充分接触,从而加速了反应速度,降低了反应条件,漂白时间缩短,漂白后织物的强力介于过氧化氢冷漂和煮沸漂之间,处理后纤维的白度也优于传统的漂白方法,柔软性有显著的提高。

在超声波环境下用双氧水漂白棉织物,织物处理 1 h 的双氧水消耗比用冷漂(16 h)的高,但与煮沸法(2.5 h)相近,总效果显著地比冷漂好,与常规法相似。但超声波处理无须额外的能量,时间短,处理的织物吸水性与常规法一样好。同时,用超声波处理后的漂白棉织物有利于提高直接染料、活性染料的上染率,有利于活性染料染色时纤维—染料共价键的形成和稳定。

五、超声波技术对羊毛的作用

与传统精练法相比,在中性或很弱的碱性浴中,使用超声波精练羊毛纤维,纤维损伤程度降低,操作速度也有所提高。利用超声波洗毛可以降低洗毛温度,缩短时间,降低净洗剂用量。且在一定条件下,不用净洗剂或温度低于羊毛脂熔点仍可达到洗净毛质量要求,所得洗净毛的蓬松性好,羊毛纤维之间不发生纠缠,白度高,洗净毛中几乎无细小杂质。超声作用后,羊毛鳞片变光滑、尖部变钝,降低了羊毛纤维之间摩擦效应,而且作用时间越长鳞片摩擦效应越小,从而改善羊毛纤维的毡缩性。由于超声波对于羊毛纤维的刻蚀作用,羊毛纤维细度更趋集中,长时间作用会使羊毛纤维直径明显变小,断裂伸长增加,但对羊毛纤维强力无明显损伤。

六、超声波技术在前处理中的应用前景与展望

超声波辐射可以在较低的温度下进行,反应温和,有利于生产,高能超声波可以加快纺织品湿加工速度,该技术完全可以应用于工业化生产,解决传统染整技术不能解决的问题,替代某些传统化学加工,解决环境污染问题,并开发新品种和高质量的产品。因此超声波在纺织品前处理中的应用确实能起到明显的效果。对于纺织品加工来说,前处理工序占据着举足轻重的地位,对于其后的染色、后整理等工序有着重要的影响。

虽然超声波可用于多种纺织品染整加工工艺,在染整加工中的使用显示出许多优点,但也存在不少问题,如加工成本、超声波的方向性、噪声等。而且由于超声波设备的昂贵费用,限制工业大生产的应用。但随着科技的发展、工艺技术的进步和超声波设备在其他工业领域的推广应用,高性能超声波设备的价格有望降低,超声波技术在染整加工中的应用将会越来越广泛,使超声波技术逐步走向实际应用。总之,从解决环境污染、降低能源消耗、开发新型高质量的产品等角度来考虑,超声波在纺织品的前处理中以其独有的特色引起更多的科研工作者的关注。

第五节　纺织品前处理技术的
发展与趋势

纺织品前处理的发展今后将集中在新技术的开发与应用上:新纤

维及新品种的加工工艺,无水加工技术和生化技术的扩大应用;提高节能和循环经济效益:减少染料、助剂及水的消耗,短流程前处理工艺、湿布加工工艺,减少耗水、耗能和其他天然资源的消耗;在环保及生态方面:减少对环境的污染,清洁生产符合生态要求和可降解产品绿色工艺的开发,多采用可再循环利用的能源、原料和物料。

在针织物的前处理中,实现连续化应该是针织物前处理的新趋向,同时亦可将不同的工序连贯起来。例如,丝光与漂白可联合起来等。

无水加工技术亦可能应用于纺织品的前处理方面,使用超临界二氧化碳流体代替水,完全没有污水排出。目前,较有机会普及应用于前处理上的无水加工技术是等离子处理技术,尤其辉光放电类的等离子处理,可改性纤维表面的形态。有报告指出,在羊毛的加工中,等离子体处理能有效地替代氯化处理,并减省了几步工序。织物处理后的毛效高,尤其适合提供印花使用。

主要参考文献

[1] 权衡,李明春.羊毛的过氧化氢——脱乙酰甲壳质防缩整理[J].毛纺科技,2000,32(6):16-19.

[2] 李博,姜风琴,童步章.毛织物高锰酸钾丝光防缩整理工艺[J].毛纺科技,2000,32(3):28-30.

[3] 蔡再生,邱夷平.Marian McCord 棉织物常压等离子体处理退浆[J].印染,2005,31(22):12-15.

[4] Baird, K., Dimensional Stability of Woven wool Fabrics: Hygral Expansion [J]. Testile Res. J. 1963,(33):973-984.

[5] 戴小军,刘利军,丁园.新型漂白剂过氧化尿素的制备及应用探讨[J].印染,2004,30(3):4-5.

[6] 王宏,李晓春,田恬.过氧乙酸对大豆蛋白纤维织物漂白工艺的探讨[J].

印染助剂,2002,19(6):39-41.

[7] 郑汝东,王丽.过氧乙酸在大豆蛋白纤维针织物漂白工艺中的应用研究
[J].上海纺织科技,2004,32(4):32-33.

[8] 卢俊峰,刘波,冯云.亚麻织物全无氯漂白工艺的研究[J].化学与粘合,
2004,(4):210-213.

[9] 庄秋霖.纺织品前处理的发展与趋向[J].染整技术,2002,24
(2):17-19.

[10] 王爱兵,朱小云,杨斌.超声波技术及其在染整加工中的应用[J].针织
工业,2004,32(1),99-102.

[11] 高云玲.超声波应用于纺织品前处理[J].染整技术,2000,22(4):
27-28.

[12] 王爱兵,杨斌.超声波应用于纺织品前处理中的应用[J].中原工学院学
报,2003,14(1):73-75.

[13] 梁少华.激光表面处理技术在纺织品上的应用[J].印染,2001,(4):
50-52.

[14] 宋晓峰,唐淑娟,陈东生.超声波在印染前处理中的应用及现状[J].国
外纺织技术,2003,(10):18-19.

[15] KARUNDTTC A W, CARR C M, et al. Activated hydrogen peroxide
bleaching of wool[J]. Tex. Res. J.,1994,64(10):570.

[16] SEKAR, N. Bleaching of cellulosic materials[J]. Colourage 1999,46
(3):25.

[17] AMIN M N,DILRUBA F A.,et al. Industrial bleaching of jute and jute-cot-
ton union fabrics[J]. Bangladesh Acod. sci.,1999,23(2):227.

[18] PAN N C DAY,A,et al. Jute bleaching-a brief review[J]. Tex. Dyer Print-
er 1998,31(25):9.

[19] DYER J C. Bleaching compositions[P]. Eur. Pat. Appl. EP195.663 1986-
06-20.

[20] SCIALLA S,DRESCO P A. Process of bleaching fabrics[P]. Eur. Pat.
Appl. EP 995.792,2000-03-16.

[21] MARIA M C, BARROCA I M, Redruction of AOX in the Bleach Plant of a Pulp Mill[J]. Erwiron. Sci. Technol. ,2001,35(21):4390.

[22] 万清余,范雪荣.纯棉针织物轧蒸—生物酶前处理[J].印染,2005,31(22):19–20.

第五章　清洁印染加工新技术

第一节　天然染料染色

一、天然染料的染色性能

天然色素染色也是实现清洁染整和获得生态纺织品的途径之一。如以天然矿粉作着色剂,可以在沸水或常温中染色,不使用任何化学合成助剂,不需要特殊设备,对人体和生态均不会造成危害。

日本、韩国和印度等都相继成立了植物染料染色机构。有关植物染料染色的报道及专利相继出现,如用茜草、靛蓝、郁金香和红花提取色素染色的真丝内衣具有防虫、杀菌和保护皮肤的功效,用这类染料染色的纯棉针织品服饰也非常适合于对合成染料过敏者穿用。

日本伊藤忠商社用绿茶染色开发的棉制品具有抗菌、除臭、不引起过敏等优点,在日本市场颇受欢迎。北京纺织科学研究人员从几种植物中提取的天然黄(TR—Y)和天然绿(TR—G),采用 TR 工艺用于纯棉和丝绸染色。

红花、茜草或从其他植物中萃取的染料与常规染料的染色效果相同,染色牢度和深度也较好。不同的染料结构,可染适合的纤维织物。茜草、紫草、胡桃和大黄等天然色素结构中都有蒽醌或萘醌,相对分子质量很小,并具有疏水性,与分散染料的结构十分类似,可用于聚酯纤维的染色,其吸附等温线符合分散染料染聚酯的 Nernst 型。

聚酰胺纤维可用离子型天然染料染色,吸附等温线为 Langmuir型。用胭脂染色时,其色素为线型离子,则不止出现一种吸附,但Langmuir 吸附占优势。天然染料黄檗中的小檗碱,是目前天然染料中唯一的阳离子染料,染丙烯腈纤维符合 Langmuir 吸附,表明染料和纤维以离子键结合。棉平绒织物用研磨矿粉(350~400 目)制成的色浆染色(浓度 5%~10%),染色后色牢度如表 5-1。其他天然色素的染色性能参数,如表 5-2~表 5-5 所示。

表 5-1　矿物染料染色后的牢度　　　　　　　　　　　　　　　　　　　单位:级

测试对象	耐洗色牢度		耐摩擦色牢度		耐汗渍色牢度			
					碱　液		酸　液	
色　样	变色	沾色	干摩	湿摩	变色	沾色	变色	沾色
	3~4	4	4	3~4	4	4~5	4	4~5

表 5-2　天然色素主要性能

色素名称	稳　　定　　性					溶　解　度	
	耐光	耐热	耐氧化	耐酸	耐碱	水	植物油
叶绿素	好	好	好	可沉淀	好	溶	不溶
橘子黄	差	好	差	好	中	溶	不溶
可可色素	极好	极好	好	好	好	易溶	不溶

表 5-3　植物染料与碱性染料、直接染料的性能比较

染　料	上染率	色　度	染色成本	抗菌性	环保性
植物染料	较高	高	较高	好	好
合成碱性染料	高	低	低	无	差
合成直接染料	较高	一般	低	无	差

表 5-4　天然色素染色牢度　　　　　　　　　　　　　　　　　　　　　单位:级

色　素	耐洗(碱性)牢度		沾色牢度		湿摩擦牢度
	40℃	60℃	40℃	60℃	
叶绿素	3~4	2~3	4~5	4	4~5
橘子黄	4	3	4~5	4~5	4~5
可可色素	4~5	4	4~5	4~5	4~5

　　注　纯棉平布,色素浓度 1%,用超临界流体染色。

表5-5　废水 COD 值

废水种类	叶绿素	橘子黄	可可色素	化学合成染料
COD/mg · L^{-1}	1350	700	400	4 350

二、天然染料染色的特点及染色影响因素

1. 棉织物用天然染料染色的特点

利用天然染料加工纺织品既满足了人们对回归自然的需求,又可以设计出生态纺织品加工工艺。如棉织物采用生物酶精练、天然染料染色的加工工艺:

(1)生物酶精练,织物表面光洁,色泽明亮,加工流程缩短,不添加任何柔软剂也会产生一种自然的柔软性,保持了棉纤维的天然特性。

(2)精练后的织物可以直接用天然色素染色,直接性和亲和力明显提高,染色机理与直接染料染棉纤维相似,无须固色剂就可以达到较高的色牢度。但天然色素色谱不全。

(3)在加工过程中改善了作业环境,大大降低了废水污染。

2. 天然染料染色的影响因素

(1)温度的影响:天然色素受温度的影响很大,例如,甜菜红在60℃以上不稳定,所以染色不宜在高温下进行。

(2)染浴 pH 值的影响:控制染浴在适当的 pH 条件下染色,才能获得较高的平衡吸附量。例如,甜菜红素在碱性条件下不稳定,所以染色应在酸性条件下进行,色素分子中的—COO$^-$,可与羊毛上的—H$_3$N$^+$成盐式键结合。染浴 pH 越低,羊毛所带的正电荷数越多,上染速率越快,染料吸尽率越高。

(3)媒染剂的影响:天然染料除少数外,对纤维亲和力或直接性低,必须与媒染剂一起或采用特殊方法才能固着在纤维上,天然染料大多数是属于媒染染料,也有部分属还原染料、直接染料和酸性染料,

有的则属颜料,特别是一些矿物色素。

①色彩:不同媒染剂处理的织物颜色也有所不同。例如,丝绸织物用硫酸铜与洋葱皮提取的色素染色时生成铜棕色;使用亚锡酸氯生成橘色;硫酸铝钾,重铬酸钾和亚硫酸铁一起使用会生成金色、橘棕色;亚锡酸氯与硫酸铝钾的混合使用生成橘棕色;亚硫酸铁和亚锡酸氯一起使用时,与洋葱皮提取的色素生成饱满的金色。

②环保性:媒染剂的应用,尤其是金属离子对环境和有机生物体造成不良影响甚至带来严重危害,因此人们在关注天然染料的同时,也在不断开发天然环保的媒染剂。有人曾用蛋类中的蛋白质、牛血、尿素、腐杉的泥土、牛粪等物质来作为媒染剂。天然媒染剂有 mgrobalon、石榴皮、单宁、单宁酸、酒石酸、番石榴和香蕉叶灰等。

③稀土作用:我国的染色工作者用稀土—柠檬酸络合物作为天然染料的媒染剂,对苎麻纤维染色,使天然染料—稀土—织物三者形成稳定的络合物。稀土离子可作为中心离子与染料配位体络合,提高染色牢度和色光的稳定性。此外,它还具有类似电解质的促染作用。

(4)分散剂、稳定剂的作用:有的天然色素不稳定容易变色,需要加入稳定剂。大部分天然染料相对分子质量都比较大,易团聚,阻碍上染。但可以用阴离子或非离子表面活性剂使染液中的染料颗粒分散,形成较稳定的分散体系,使织物和染料接触的机会增多,上染速度加快。染料的水溶性越小,加分散剂染色的效果就越明显。

3. 天然染料存在的问题

(1)染色重现性差:以植物染料为例,即使是同一种植物由于产地不同、气候条件不同及采集时间不同都会影响色素的组成及色泽。在工艺上,对天然色素的染色工艺,还需进行规范的试验和设备选择,确定各种工艺参数,制定产品质量指标。

(2)染色牢度:天然染料普遍存在染色牢度差的问题,尤其是耐日晒牢度和耐皂洗牢度。如天然染料所染的黄色,耐日晒牢度仅为3

级。传统的天然染料染色方法还存在着给色量低,染色时间过长等问题。

(3)其他:天然色素植物的颜色品种有限,在性能上,很多天然色素的化学结构和毒理学尚未详细研究和测试;天然染料的提取需要消耗大量植物,造成染料价格高;目前还缺乏天然色素与纤维或织物结合机理的研究;天然色素的染色工艺有待于进一步优化等。

第二节　环保型纤维的染色

一、新合成纤维纺织品染色

1.聚乳酸(PLA)纤维纺织品染色

(1)聚乳酸纤维的染色性能:聚乳酸纤维适合用分散染料染色,但由于纤维组成和结构不同于 PET 纤维,故常用于染涤纶的染料并不完全适合。总体上看,聚乳酸纤维染色温度低,染深性和牢度较差,对碱和温度更敏感。

分子较简单,特别是呈线型,存在较多酯基、羟基、卤素原子和氨基等极性基团的染料与 PLA 纤维有较高的亲和力,这些染料较易扩散进纤维内,通过偶极力或氢键与纤维分子结合。而分子虽然较简单,但缺少上述基团的染料,或者分子体积较大的染料结合能力较差,不易进入纤维,导致染色提升性、染色效率低,染色平衡吸附量也低。不少染料的饱和吸附量只是 PET 纤维的 1/6 左右(100℃染色)。染料在 PLA 纤维上的吸附机理仍然属于 Nernst 分配性,要提高深染性和提升性,应该提高染色饱和值或染料在纤维上的溶解度,可以从选用染料、助剂和改变染色条件来实现。

分散染料吸附在 PLA 纤维上的色光也有明显变化,一般来说其颜色会向短波长方向偏移,即红色移向橙色、宝石红移向紫色、蓝色会移向紫色。这表明分散染料在 PLA 纤维上的吸附状态与在 PET 纤维上也不同。PLA 纤维对光折射率较 PET 纤维低(PLA 为 1.40,PET 为 1.58)。所以在纤维上染料浓度相同时,PLA 纤维得色比 PET 纤维的深。

一些适合醋酯纤维染色的分散染料对 PLA 纤维有较高的上染率,但染色牢度不高,许多 PET 纤维染色用染料,特别是蓝色染料在 PLA 纤维上的牢度也不高。因为 PLA 纤维具有较高的 UV 透射率,在波长 370~240 nm 的透射率比 PET 纤维高得多,紫外线较容易透入 PLA 纤维内,使染料发生光褪色或变色。所以 PLA 纤维应选用耐紫外线强的染料,或者使用合适的紫外线吸收剂提高耐光牢度。

PLA 纤维吸湿性不高,不易在水中溶胀,所以染色后经过合理洗涤,湿处理牢度可以达到很高。但是如果染后水洗工艺不合理,或者后整理时处理温度太高,以及存在一些有不良作用的整理剂时,会明显降低湿处理牢度和摩擦牢度,因为 PLA 纤维 T_g 低,染料扩散速度快,容易泳移到纤维表面,降低染色牢度。

PLA 纤维染色产品,蓝色蒽醌结构的染料烟熏牢度也较差,可能与这种纤维的光透射率较高和烟气容易扩散进纤维有关。

(2)聚乳酸纤维染色的影响因素:

①温度:PLA 纤维,在 70℃以下几乎不上染,但在 80℃后上染加快,故在 80℃以前可以较快升温,但达到 80℃应该缓慢升温(1~2℃/min)。为了加强移染,在 90~95℃时保温 5 min 左右,最高染色温度在 100~110℃,在此温度染料扩散速度很快,足以达到最高上染率。在高温一般保温 20~30 min,时间不宜太长,以免纤维损伤。PLA 纤维 T_g 低,所以染后温度降低速度应慢,以免产生皱折和手感发硬,通常保持 2℃/min 降温,直至 50℃以下,才能排液和洗涤。染色过程中,织物张力不能太大,否则易擦伤和变形。

升高温度可以促进染料上染,增加染色深度。但纤维的强力、延伸性损伤也大,从 100℃到 130℃几乎是成直线地降低,可以通过选用亲和力高、发色性好的染料在 100～110℃染色。

PLA 纤维在高温湿热状态下时间太长,还会引起纤维结晶增长,改变纤维的染色性,上染速率和最高上染量均下降。而且要严格控制升温速率和时间,以提高染色重现性。

②pH 值:PLA 纤维是一种脂肪族聚酯纤维,对碱特别敏感,很容易水解损伤,所以不能在碱性浴中染色。但在酸性浴中,纤维也会发生明显的水解,因此在碱性和较强酸性浴中纤维的强力和延伸性均会降低,故染色 pH 值为 5～6 较适合。

③洗涤:染后的洗涤对产品色光和牢度影响也很大,也是由于纤维的 Tg 较低,所以洗涤不应在强碱性和过高温度下进行,以免纤维损伤和染料褪色、变色,染后洗涤温度一般在 60～65℃,最好在中性浴,时间宜短,不宜用烧碱和保险粉还原清洗。

PLA 纤维是一类热塑纤维,无论是染前热定形,或染后热定形,定形的温度和张力对纤维的染色性能影响很大,最高处理温度不超过130℃,处理时间宜短,30～45 s 为宜。PLA 纤维染色重现性比 PET 纤维差得多,染色影响因素很多,一般染浅色和中色时,浴比影响大,染深色时,温度影响大,染后洗涤对颜色影响也很大。

2. 其他新合成纤维染色

除上述纤维外的新合成纤维还包括:聚对苯二甲酸丙二酯(PTT)、聚氨酯等。在纤维中加入各种功能化合物或纳米材料,又可以制得各种功能纤维或纳米纤维。

以丙二醇代替乙二醇制得的 PTT 纤维,在分子链中多了一个亚甲基,分子柔顺性增加,熔点只有227℃左右,玻璃化温度也明显降低,因此染色温度也随着降低,PET 纤维的最快上染温度为 100～110℃,而PTT 纤维则是90℃左右,因此它可以在常压100℃染中色、浅色,115℃下染深色,且染料吸收率高,染同样深的色泽,比 PET 消耗的染料要少。这就大大简化了染色工艺和染色设备。但由于纤维结构的变化,适用这种纤维的分散染料与 PET 不同,染料在 PTT 纤维中扩散速度较快,而且对温度较 PET 纤维敏感,因此这种纤维染色的湿处理牢度相对差些。随着这种纤维的发展,应该筛选适用染料和开发一类新的分散染料、染色助剂和染色工艺。

二、新型天然和再生纤维的染色

1.原生和再生竹纤维染色

原生和再生竹纤维都属新型纤维素纤维,未经浓烧碱处理的竹纤维吸附染料的能力比棉纤维稍差,但经过浓烧碱溶液处理后纤维染色性能大大提高。染色用的染料主要包括活性、直接、还原染料等。但染色速度和提升性不同,由于染色性能有差异,所以染色工艺条件不完全相同。总体上说,它们最适合用活性染料染色。

2. Lyocell 纤维染色

Lyocell 纤维被称为"21 世纪绿色纤维",这种纤维容易染色,也容易原纤化。原纤化也给其制品在染整加工和服用过程中带来许多问题。为了克服原纤化的缺点,开发了 Tencel A100 纤维,它是在纺丝过程中施加交联剂进行交联,以减少原纤化,交联后其他性能也发生了变化,例如染深性大大提高,染色物的表面色深可达到未丝光棉的二倍;上染速度增快,匀染性降低,移染性变差,染色重现性也差。

一些研究发现,多活性基活性染料和部分直接染料染色后可减轻原纤化程度,选用合适的染料和专用染料也是有效的。

用双活性基团活性染料染色,有可能将原纤交联起来,减轻残余原纤再度释放的倾向。但并不是所有的双活性基团活性染料都有这一功效。两个活性基团的类型和位置,立体取向和间距,反应性的强弱,发色基团的结构和大小,桥键的弹性等都能影响与 Tencel 纤维共价键的形成或交联键合。

Lyocell 品种还在不断扩大,特别是功能性的纤维,ALCERU—

Schwarza 公司的 SeaCell 纤维,就是用 Lyocell 纤维生产工艺制得的抗菌功能性纤维,在纺丝时,加入了海藻细粉,这种纤维吸附金属离子能力很强,吸附银、锌、铜等杀菌金属离子后,具有很强的杀菌能力,纤维的染色性能也发生了很大变化。

3. 大豆蛋白质纤维染色

大豆蛋白质纤维的分子结构中有多种吸色性能好的极性基团,可显示出介于蛋白质纤维与化学纤维之间的染色性能,适用染色的染料范围较广泛。尤其是采用活性染料染色,产品颜色鲜艳而有光泽,同时其耐日晒牢度、耐汗渍牢度也非常好,与蚕丝产品相比有很好的染色鲜艳度与染色牢度。

但是,在染整加工时要特别控制湿热和碱液处理条件。大豆蛋白质纤维本身易泛黄,纤维呈米黄色,且较难漂白,在100℃以上的水浴中收缩较大,这和聚乙烯醇纤维类似。

从理论上分析,大豆蛋白质纤维可以用酸性、直接、活性和中性等染料染色,但染料上染率相对较低,而且颜色鲜艳性、提升性及湿处理牢度较差。因为酸性和活性染料主要和蛋白质结合,而纤维蛋白质含量仅25%左右,也被 PVA 包围和隔离,同时蛋白质在提取时多次受到化学作用,可以和染料结合的—NH_2 等基团不断减少,所以上染率相对较低,另外,直接染料和中性染料虽然可以上染蛋白质和 PVA 两种组成,但湿处理牢度不够理想。因此适用于该纤维染色的染料、助剂和工艺还有待进一步研究和开发。

4. 蚕蛹蛋白质纤维染色

蚕蛹蛋白质纤维是由蛋白质和纤维素形成的复合纤维,适用的染料有酸性、媒介、中性、直接和活性染料。酸性染料可以染蛋白质,蛋白质在纤维的外层,因此纤维用酸性染料可以染成浅色、中色、深色,但是酸性染料染色的牢度很差。由于蚕蛹蛋白在分离、纯化和纺丝过程中,遭到了明显的损伤,氨基数量较少,而且容易溶胀脱落,因此结合染料的能力大大降低,即使吸附的酸性染料,也容易随蛋白质在湿热和摩擦下脱落。此外,一部分染料也沾在纤维内层的纤维素上,牢度很差,用中性和直接染料的情况也类似。

蚕蛹蛋白质纤维适合用双活性基活性染料染色,上染率和染色牢度均很高,而且还可以明显改善纤维的物理机械性能,因为双活性基染料在染色过程中起了多种作用,染料不仅可以固着在蛋白质上,也可以固着在纤维素上;同时双活性基可以在蛋白质、纤维素、蛋白质与纤维素分子链间起交联作用,改善纤维的物理机械性能,防止蛋白质脱落和纤维失重。但活性染料染蛋白质和纤维素的条件不同,所以要选用适当的助剂和染色工艺。

三、转基因纤维染色

目前蜘蛛丝的数量很少,有关它的染色未见报道。但可以预料,它的染色性能将和蚕丝,特别是柞蚕丝相似。通过转基因技术制备的蜘蛛丝蛋白质纤维,由于它的组成和结构不同于常见的蛋白质纤维,其染色性能也将不同。

除了转基因蜘蛛丝外,转基因蚕丝也在开发研究,还有转基因羊毛、转基因棉等纤维。目前全球转基因棉占棉花种植面积的12%。事实上转基因棉的性能和原来的品种有明显变化,因此染色性能也不同,我国科学工作者曾将兔毛基因转到棉纤维上,使棉纤维的手感和亮度有了改善。利用转基因技术,已培育了一批天然彩色棉,这些彩色棉虽然不必再用染料染色,但还存在色牢度差或不够鲜艳的问题,所以不少人在研究通过改性或固色处理来提高牢度。

转基因技术在纤维制造和改性方面的研究越来越多,通过转基因技术必然会获得愈来愈多的新纤维,而且,大多和常用纤维或几种新纤维混纺、交织、改性或复合制成纺织品,所以多组分的新纤维纺织品染色是研究的重点之一。它们的染色必须根据纤维、染料和助剂化学品的特点,制定合理的染色工艺,才能获得良好的染色效果。

第三节　环境友好型清洁印染工艺

目前环境友好型清洁印染技术,可以概括是将环保型染料、助剂等化学品、清洁染色技术以及先进的染色设备等相结合的技术。

当今世界尤其是西欧和北美许多纺织品染整加工的研究机构和公司企业,竞相开发有利于环境保护和缩短染色加工周期的新技术。大多数欧洲国家签署了 Parcom 协定,保护大西洋沿岸水面,对纺织印染厂的污染进行了限制。

未来染色加工将建立在更加安全、完善的生产加工链上。纤维材料、染料和化学品环境友好,对人体和环境不产生有害影响;工艺和设备先进,可减少染化料使用,减少污染和废水排放;生态的生产加工,不会破坏资源和环境;产品安全、有益健康和多功能,整个生产链受到严格监控。

我国逐步建立和完善的环保政策,加大了对环境污染的惩罚和责任追究。印染生产和排放废液是环保部门审查的重点,因此加强实施以节能、防污、治污为宗旨、集环保和生产效益为一体的清洁染整加工,对于染整工业的生存和可持续发展越来越重要。

目前一些染色新技术正逐步成熟和得到推广应用,更新的染色技术还将不断出现。

一、活性染料清洁染色工艺

1. 活性染料无盐或低盐染色

活性染料染色往往需要加入大量的中性电解质、固色碱剂和染色助剂等,例如食盐和元明粉。这些电解质染色后全部排放到染色废水中,造成水质的变化或带来污染,染色废水的 COD 和 BOD 值较高,加大了废水处理负荷。

解决这些问题的方法是开发和选用直接性高的染料染色,减少盐的用量;开发和选用固色率高的染料,减少碱的用量。另外,应用新的染色助剂、优化加工工艺,应用自动控制系统:控制升温速率、pH 值、染化料和水的加入等。在设备方面,采用小浴比染色机或轧堆染色工艺。如 Zeneca 和 Monforts 公司开发的 Econtrol 工艺,在规定条件下,可大量降低废水中化学品的含量。

此外,通过纤维改性,提高对染料的吸附能力,同样可以减少盐和碱用量。如对纤维素纤维进行胺化改性,在纤维表面接上带正电荷的季铵基后,大大增强了纤维对直接、活性等阴离子染料的吸附上染能力。活性染料染色时,可以在低盐或无盐中染色,可以在中性条件下固色,这些都有利于生态环境。

活性染料无盐或低盐染色时应注意:

(1)活性染料的选择:减少碱剂和电解质用量的方法是,可以采用乙烯砜型活性染料或乙烯砜型的异双官能团染料,如 Ciba FN 型染料、Cibacron LS,DyStar 的 Levafix OS,废水污染相对较轻。

(2)合理的组合盐对低盐染色效果明显:采用 NaCl、Na_2SO_4、KCl 和 K_2SO_4 四种盐,以(10 + 20)、(15 + 15)和(20 + 10)g/L 三种组合方式,组合总量为常规用量的 1/2 时,仍可获得较高的 K/S 值。

2. 活性染料的冷轧堆染色

(1)冷轧堆染色工艺:冷轧堆主要应用在纯棉织物活性染料的染色。染色时,先将织物浸渍含染料、碱剂、助剂等的染液,浸渍后保留一定的带液率,使染液吸附在织物表面并部分挤入纤维,然后打卷堆置一定的时间,使染料完成吸附、扩散和固色过程。

(2)染色特点:活性染料冷轧堆染色具有高效、优质、短流程、节能、降耗和少污染等优点,工艺和设备简单、基建费用低、生产准备周期短、排放废水少。由于是低温堆置,染料水解少,匀染和重现性好,固色率与常规两相轧蒸法相比提高 15% ~25%,从而减少了染料的用量、污水中色度和污水处理的负荷。由于冷轧堆工艺没有中间烘燥及汽蒸,节省了大量电能和蒸汽,避免了中间烘燥造成的染料泳移色差弊端。适用冷轧堆的染料品种多,加工成本低,对厚薄织物均适合,尤其适用于小批量、多品种的加工。

(3)染色影响因素:

①染料的性能:冷轧堆染色染料与纤维的结合和固着是在堆置过程中完成的,故其工艺条件与染料的化学结构及性能有很大的关系。冷轧堆染色工艺中染料是在浸轧中上染纤维,室温堆置的过程中固色,故对染料直接性要求不高,应选择溶解度好、扩散性好、直接性低、反应性强的染料,有利于匀染和透染,浮色也易于从纤维上洗去。

②碱剂:pH 值增高,有利于染料与纤维反应;但过高的 pH 值会加速染料分解,降低染料的固色率。一般,X 型活性染料采用纯碱为碱剂时,用量 15 g/L;KN 型宜采用烧碱、纯碱和硅酸钠的混合碱剂,烧碱(2 g/L)+纯碱(15 g/L)+硅酸钠(20 g/L);M 型染料采用烧碱与磷酸钠混合碱剂,烧碱(2 g/L)+磷酸钠(6 g/L),K 型染料可以用烧碱,用量约 12 g/L。

③时间和温度:堆置时间的长短,取决于染料的反应性和扩散性、使用碱剂的强弱及其用量、织物的厚薄及紧密度等。在固色阶段,染料与纤维发生键合后,染料不再迁移,因此,延长固色时间对匀染作用不大,反而会引起部分染料的水解。一般 X 型活性染料其堆置时间宜在 4 h 左右、M 型的宜在 7~8 h、KN 型的宜在 9 h、K 型的宜在 21 h 左右。

④轧余率:冷轧堆法轧余率以低一些为宜,一般控制在 70% 左右,带液过多,一方面在堆置过程中,染料易水解;另一方面,打卷堆置时染液因重力向下淌流,往往下层深,上层浅或出现横档染痕。

据统计,各种染色工艺的综合成本:以冷轧堆法为 100% 计算,则卷染法是118%,两相浸轧汽蒸法为125%,绳状浸染200%,因为绳状浸染浴比大,得色率低,其成本比冷堆法高出一倍。有企业以冷轧堆染色替代原卷染工艺,每年可节约用水15000 t。省电30000 kW·h。节省蒸汽1800 t。冷轧堆染色工艺已盛行于欧洲及东南亚各国。

3. Econtrol 染色工艺

该染色工艺是活性染料对纤维素纤维进行连续染色的新工艺,在染色时可以不用尿素、盐及减少碱的用量,它是由 BASF 公司和 Monforts 公司联合开发的,与目前用活性染料对棉和粘胶纤维进行染色的冷轧卷堆、浸轧—烘干热固工艺、浸轧—汽蒸工艺和浸轧—烘干—浸轧—汽蒸工艺等相比,具有高效、简便、节能、经济、易于控制等特点,已用于聚酯/纤维素纤维织物上,与其相似的工艺有 Econtrol Flexi(BASF)、Pad—air—Steam 25(DyStar)和 Pad—Humidity—Fjx(Ciba)等。该新工艺可以适用乙烯砜型、一氯均三嗪型和双活性基染料等,使用以二氯均三嗪活性基为基础的染料时,称为 Econtrol Maxi 染色工艺。

4. 提高活性染料染色牢度的方法

活性染料受光照褪色现象是一种非常复杂的光氧化反应,分析光褪色机理,可以在染料结构设计时对光氧化反应制造一些障碍,如染料分子含有多个磺酸基和吡唑啉酮的黄色染料,酞菁甲䂳和双偶氮三螯合环的蓝色染料,以及含金属络合的红色染料可以延缓光褪色,但缺乏鲜艳的红色。

活性染料染深浓色纺织品的湿摩擦牢度常常较低,原因是水溶性活性染料的浮色转移和有色纤维微粒子的机械摩擦转移。提高活性染料深浓色染色纺织品的摩擦牢度必须从染料选用、染色工艺、织物品种和添加专用助剂等方面综合解决。选用固色率高于70%,最终上染率和固色率之差低于15%的染料,可以减少染色织物的浮色;或者染料一次上染率不高于75%,这样浮色容易清除;另外选用染料提升力很高的染料,染深浓色时染料用量不能超过纤维饱和吸附量的10%。此外,染色工艺也是非常重要的,洗除浮色是关键,硬水不利于洗除浮色,应使用软水。最好用非接触式烘燥。还有选择专用提高湿处理牢度的助剂处理,活性染料深浓染色织物的湿摩擦牢度可以提高 0.5~1.0 级。

新型活性染料,特别是含两种不同的活性基,如一氯均三嗪基和乙烯砜基,以及合适的染料母体与连结基组成,同时具有多活性基的特性,缩小了吸附与固着率之差,具有两个不同活性基之间的加和增效作用产生的新特性,染料和纤维成键后有更好的耐酸和耐碱稳定性、耐过氧化物洗涤的能力、更高的固着率和染色重现性,以及适于中温和低温、短时染色等。但是使用这类染料时要注意:

①基本三原色的选择,以保证染料的直接性、扩散性、固着行为和牢度性能得到合理平衡。

②对日晒牢度较差的需要慎重选择。也可以经过实验选用合适的日晒牢度增进剂,但一般采用紫外线吸收剂对活性染料日晒牢度改进不明显。

③染深浓色泽时不少品种的湿摩擦牢度较差,需要慎重地使用和改进。

对纺织品的汗渍牢度、含有过氧化物的碱性湿态光褪色牢度等,是活性染料研究和开发的重点。

二、节水染色工艺

节水染色包括小浴比染色工艺和低带液率的染色工艺,此外还包括循环用水,重复利用水资源的技术。

1. 小浴比染色

染色用水量随着加工方式、工艺浴比和设备不同有很大变化,除了轧染、冷轧堆染色的用水量较低,轧蒸(特别是湿短蒸)和小浴比染色工艺都有节水的效果。浸染用水量高,如果几个工序合并一浴法染色、漂染二浴二步法改为一浴一步法、重复使用染浴中的染液、减少冲洗量都可以实现节水染色。

应用各类新型小浴比染色设备,染液和织物可快速循环、升温和翻动,浴比可低至1:5(甚至1:3),染化料和用水量以及产生的废水废热可以大大减少,有利于节能减污。目前已有印染机械公司推出智能化小浴比和封闭式染色等工艺和设备。

2.染浴循环再利用

加强染化料的回收利用工作,减少污水量也是构成清洁生产的重要因素之一。根据染液组成消耗情况,有研究染浴循环利用的工艺,包括酸性染料、分散染料染浴的重复回用,染浴中残存的染料浓度可以用分光光度法和高效薄层色谱法测定,以确定补充的染料量,重复进行染色,获得较好的重现性,这样可以节约5%~10%的染料,65%~80%的助剂、电解质以及几乎全部染浴中的水。这种工艺对于单一染料的染浴有较好的效果,对多种染料的染浴较难控制,此外还要求染料的稳定性要好。

3.新型涂料染色

近年来,涂料印花和涂料染色广泛使用。涂料染色不经历上染过程,最大的优点是工艺简单,染化料和助剂用量少,染色后不必水洗。有时与树脂整理同浴进行,少用或不用交联剂或催化剂,焙烘也可一次完成,工艺流程缩短,节约了水和能源。

涂料染色的最大缺点是手感差,有些粘合剂有毒(含有甲醛或有毒的游离单体)。研究和开发新型涂料染色,首先要选用无害的涂料和粘合剂,并改善染色织物的手感和颜色鲜艳度,目前已有一些符合生态要求的涂料和粘合剂。为了改善织物的手感,有厂家生产了特别柔软的粘合剂。也有通过减少粘合剂的用量,合理控制粘合剂在织物上的分布。例如研究开发粘合剂包覆涂料,用它来染色,纺织品的手感和透气性有很大改善,而且牢度也好。

4.原液染色

原液染色是指在聚合物加工时或加工后、纺丝前加入着色剂制得有色纤维的方法。目前原液染色技术在欧美和日本已广泛用于合成纤维,其中已工业化的原液染色纤维有:聚酰胺、聚酯、聚丙烯、聚乙烯、聚丙烯腈等。原液染色效果优越、工艺简单、节约能源,尤其适用于按标准色号进行大规模生产的织物。

三、高效水洗和绿色加工

1. 高效水洗

染色后的水洗和皂洗用水量较大,所以应用高效水洗设备和设计合理的水洗工艺,在生产中积极推行采用低水位、逆流水洗技术和设备,应用固色剂或交联剂提高固色效果,从而减轻水洗负担,降低用水量和洗液颜色深度。

在清洗单元操作中安装计量设备,控制冲洗时间及用水量,有关工序设备做到选型、配套合理,力争一水多用,包括洗水的重复利用,后工序的洗水含杂较少,直接或经过简单快速处理后可再用于前工序的水洗或皂洗。

2. 应用"绿色"染色助剂

近年来研究开发了不含有害重金属离子的染料、媒染剂、固色剂;无甲醛固色剂。另外,载体研究也取得一定进展。环保型载体 SML 是醚类,低毒、无味、易生物降解,适用于微细纤维、超细纤维以及其混纺织物的载体染色。实验证明,环保型载体 SML 在染色初期有一定的促染作用,但作用较温和没有冬青油那样强烈,能够避免传统载体由于初染率太高导致的染色不匀。还可以提高分散染料在纤维上的显色性,并且不影响染色织物的干摩擦牢度和湿摩擦牢度。

3. 应用仿生着色

天然物体,特别是生物的颜色丰富多彩,色彩缤纷,产生颜色的途径多种多样,大致上可分色素生色和结构生色两大类。色素不仅结构各不相同,还有各自的特殊功能。例如叶绿素,它在植物中主要是通

过光合作用,将光能转化为电能、化学能和生物能。结构生色是通过
对光的散射、干涉和衍射作用产生颜色,一些动物,例如蝴蝶美丽的颜
色和结构生色紧密有关,许多动物的颜色是色素生色和结构生色相互
结合的结果。目前已有结构生色的彩色纤维和薄膜,它是一种不需化
学品,无污染的生色途径,结构生色的特种纺织品将会受到重视。另
外新的仿生着色产品会愈来愈多。仿生着色纺织品将是多功能性的,
产品不仅有美丽的颜色,还有抗菌、保湿、抗紫外线和具有光—热、
光—电等转换功能。因此,所使用的染料既能生色,又具有其他功能
性。今后功能染料的应用会不断增加,新的功能染料和化学品将不断
被开发。

4. 减少染色废水残余染料的途径

　　提高染料上染率和织物耐洗牢度,可以减少染液残留的染料,同
时减少后道水洗染料的脱落。生产中采用计算机控制配色与配料、合
理调配染料与助剂用量、控制和减少染料及助剂在储存处的流失、减
少在储存和加工使用的包装桶、袋内残留及地面上的溅落等。

　　(1)染料良好的提升性和匀染性都有利于向纤维的渗透和扩散,
减少表面容易脱落的染料。

　　(2)选用高性能助剂和工艺,提高染料有效成分利用率。选用的
染料具有适中的水溶性和直接性,水溶性基团不能太多,否则会影响
后面的水洗牢度。直接性不能太低,否则染料上染百分率低,染液残
留染料多,水洗也容易脱落。

　　(3)使用前处理质量高的坯布控制对染料溶解性强的助剂用量,
以免与染料作用残留在染液中,使织物得色浅、残液色度深。

　　(4)根据染料结构特点,有些染色宜使用软水或去离子水,以减少
水中的钙镁等金属离子对染料的络合,使染料溶解在染液中。

　　(5)加强固色和优化染色工艺,使染料—纤维—固色剂之间有机
地结合,防止染色和水洗时染料从纤维上脱落造成浮色。

(6)使用纤维膨化剂或染色促进剂,提高染料扩散上染性能。另外加入增深剂等对染色织物进行整理,可减少染料用量而获得深浓色效应,同时提高湿摩擦牢度。

(7)活性染料固色后要降低布身的 pH 值。织物上带碱,皂洗时染料易水解脱落,如乙烯砜型活性染料与纤维生成的键不耐碱。

四、高信息网络和高自动化染色

未来是高信息化网络时代,这也会反映到染色加工中来。为了适应高效快速反映,将建立多种通讯方式,从市场需求,原料供应,产品设计,订货交货,技术信息分析到各道生产加工的连接和管理等方面都将建立在信息网络上进行。未来的染色也是高度自动化的,为了减少劳动力和提高加工效率和质量,所有加工都在自动化设备控制下进行,这样将大大改善生产环境,无人生产车间将会愈来愈普遍。

立信 TiewTex 中央计算机控制系统,利用计算机和网络技术,对所有染色机进行中央控制。工作人员可以在控制室里应用中央计算机编辑染色工艺,分析历史记录,安排生产计划以及对车间的染色机进行在线监控,实现生产管理和过程控制的现代化,全面提高染色加工质量,提高生产效率。

五、清洁染色新设备

染整机械制造厂商新设备的开发,集中在节能、节水、高效和原料能源的循环利用以及提高自动控制的水平上,缩短染色加工周期。

1. 电化学染色设备

德国 Krantz 公司推出了电化学染色机,当采用还原、靛蓝、硫化等染料进行染色时,可以不采用烧碱、保险粉等药剂,而是通过电化学方法,将染浴介质回用,使得上述染料还原。这种方法的优点是节省了80%的化学药剂,水耗几乎为零。

2. 气相或升华染色设备

气相或升华染色不用水作染色介质,在较高温度或真空条件下使染料升华,并吸附和扩散于纤维中。气相或升华染色时染料不仅吸附在纺织品表面,在一定温度下还扩散进入纤维并固着在其中,发生上染过程。这种染料转移和上染机理与热转移印花类似,要求染料有较强的升华性。目前主要是一些非离子型的分散染料或易升华的颜料。染后也不必水洗,所以无废水产生。

3. 节能节时设备

新型973A蒸箱可以使染料充分预溶解、吸附、扩散,因此从蒸箱底部排放的废液基本上是清水,不仅节约了大量染化料助剂,而且环保、节能和低耗。973A蒸箱还可以进行浅色涤/棉织物的分散/活性、分散/直接一浴法轧蒸工艺,缩短了工序流程,增加了汽蒸轧染工艺的品种适应性。973A蒸箱的专利技术,合理地解决了湿蒸法需高带液量的机械问题和中间干燥引起的染料泳移问题。

新式中空滚筒可以显著提高烘干效率,适应性也很强。热风式烘燥系统采用热风受控循环方式,通过对热风和被烘干物的监控参数(温度、湿度和速度)进行测定,可以实现烘干自动化。如将烘燥系统做得小巧紧凑,有完善的隔热设施,使热损失减至最小,带清洁过滤吸尘装置的中央排风,也可以减少环境污染。红外线烘燥主要是由煤气热辐射器发出热源,根据织物幅宽确定辐射面的大小,它的烘干方式是多样的,可根据不同的织物进行选择。红外烘干主要应用于中间烘干,如涂层织物、叠层织物,这种烘干方法效率高且成本低。无线电频率(微波)加热,主要是利用微波发射器发出微波,对织物进行烘燥,多应用于烘干成衣。烘燥效果好,成本低,环境污染少。

4. 节水和循环设备

目前市场上推出的高效水洗设备,专门配置了水循环处理和过滤回用的装置。立信公司设计开发的ECOTECH环保系列染色机,将染色浴比降至 1∶4～1∶6,显著节省了水、电、蒸汽,缩短了染色周期。ECO—6 高温染色机可以进行快速染色加工;ECO—8 双环松式常温染色机具有广泛的适用性。单管载量为 3～120 kg 的立信 Allfit 系列中样染色机,具有与大型溢流染色机基本相同的结构及工作原理,是调节化验室小样处方与大型染色机处方之间的桥梁,可以有效提高染色一次成功率。该机还适用于小批量、特殊织物染色。

COS 系列筒子纱染色机是立信公司开发的新一代筒子纱染色机。COS 具有超低浴比的特点,最小浴比仅为 1∶5,COS 可染各种天然、化纤及混纺纱线。具有快速入水和快速排水、MIR 多功能智能水洗系统,并配合高温排放、热水预备缸等功能,可显著缩短纱线的染色加工周期,实现高效环保染色。

MK 88 高速染色机是加工化纤及其混纺织物,尤其是各种机织物的先进染色机械。MK 88 具有喷射力强、流量大、速度快、载量高及一机多用等优点,能满足化纤面料染色对布速、染液交换、温度控制等各方面的要求,尤其适合化纤织物的前处理、碱减量、染色等加工。

5. 气流染色及设备

气流染色,染液以雾状喷向织物,使得染液与织物在很短的时间内充分接触,以达到匀染的目的。水仅仅是作为染化料的载体,而带动织物运行的是高速气流。因此,它的浴比可以非常小。其次,染液吸尽条件也不一样,织物不是从周围的染液中吸液,而是从分散在织物表面上的染液吸尽染浴的。在气流染色中,染化料助剂经气流雾化后直接喷洒在织物表面,渗透力强,接触面大且均匀。同时,织物在高速气流中,充分扩展并抖动,由此保证织物的匀染性及重现性。通常,气流染色机更适用于比表面积大的高档织物染色。

气流染色机浴比小,热交换效率高,染色时升温速率可达 8～10℃/min,大大缩短了常温至 90℃的升温时间。其次是染液循环快、布速高,织物能在很短的时间内与染液多次交换,快速均匀吸尽上染。

染色保温完毕,即可高温排液,并不影响织物的运行。从 135℃ 降至 100℃ 只用 3～4 min。而且在高温排液过程中,采用的是泄压高温排放,织物中水分吸热汽化,再加上织物在气流的带动下,连续循环,所以不会出现降温速率过快而引起织物的褶皱现象。

水洗时,气流染色机通过喷射系统将清水喷向织物,射流泵可直接产生 60～80℃ 的热水浴,故水洗效果很好。气流染色虽然是在高速运行下进行,但是因为织物几乎不带液,所以并不会产生很大张力。而且,气流的密度较小,即使在高速条件下,也比较柔和,因此对织物的损伤很小。

气流雾化染色机,染色耗水量仅为传统染色用量的 50%,染化料减少 10%～15%、助剂节省 40%、节省蒸汽 40%～50% 以上,缩短了染色时间(节省 50%),排污减少 40%,目前符合绿色环保的生态学染色装置,故誉为 21 世纪绿色环保型气流染色机。

目前,西班牙 ATYC 公司在欧盟赞助和本国政府的补贴下与西班牙理工大学合作,研发了一个新的环保项目,就是用喷气蒸发化学染液后进行雾状染色,即将气流技术应用到织物染色上,也称喷气式染色技术。

德国 THEN 公司推出"THEN AIRFLOW"雾化染色机、立信 AFH 高温气流染色机,染化纤织物浴比仅为 1:3,棉类织物浴比可降至 1:4。利用气流喷嘴的搓揉作用,可以进行 Tencel 织物的原纤化加工。AFH 具有高布速,纯棉织物工艺速度为 350 m/min,化纤织物则高达 600 m/min。AFH 加工起毛程度低,方便校色、重染。近年来还有一些染色设备制造厂推出 1:3 浴比的气流染色机,同样显著节省了水电、蒸汽,缩短染色周期,降低生产成本和能耗。具有绿色环保、社会效益良好的特点。

气流雾化染色机适用于棉、麻、真丝、涤纶及其混纺物的染色和后整理;染色难度较高的超细纤维和 Tencel 纤维的染色和后整理。对针织物和机织物都有较好的适用性,并可进行"桃皮绒"整理、"砂洗"整理以及酶的"生物抛光"整理等。

第四节　高能物理技术在染整加工中的应用

一、棉纤维的物理改性技术

1. 紫外线辐射改善棉织物的染色性能

用紫外线辐射改善棉织物的染色性能,通过低压汞灯产生紫外线(185 nm、254 nm)辐射物质,对阳离子有了很高的亲和力。这是由于在辐射紫外线时,纤维素受到了一定程度的氧化,形成了一定数量的醛基、羰基、羧基,使纤维具有一定的负电荷。若对织物进行紫外线局部改性后染色,改性部位和未改性部位染色性能不同,可以产生不同颜色的花纹效果。同样,用紫外线对棉纤维进行接枝改性或局部进行紫外线处理,再染色也可以获得特殊的花纹图案效果。

2. 电子辐射与微波辐射技术

采用电子射线,γ 射线束等高能射线对纤维素原料进行预处理,可获得所期望的纤维素聚合度,减少溶解或反应法化学药品造成的环境污染。电离辐射的作用,一方面使纤维素聚合度下降,相对分子质量分布比普通纤维更集中;另一方面是使纤维素结构松散,并影响到纤维的晶体结构,从而使纤维素活性增加,可及度提高。有研究者采用水和醇类、丙酮等有机溶剂组成的混合溶剂,进行 N – 异丙基丙烯酰胺在棉纤维上的预辐射接枝,即实现了棉纤维改性的探索,又为棉纤维预辐射接枝的机理研究提供了一定的信息。

二、激光辐射在染整加工中的应用

激光在染整中的应用有:纤维材料改性;对聚合物表面进行刻蚀,

产生形态变化;激光辐射后纤维表面结晶度有所下降,非晶区结构增多,由此产生增深作用;透染性、上染速度提高等。

由于高聚物纤维外表面光滑,因此在织物表面很难获得好的染色效果。织物染色后,大约有5%的入射光会直接反射。经过紫外激光处理的PET纤维染色时,仅使用平常量的染料就能得到很深的效果。效果的提高归功于粗糙的纤维表面所产生的漫反射。如激光处理的PET纤维,照射后可在纤维表面形成羧基。利用这一现象,按一定图案或花纹照射到织物上,然后用阳离子染料染色,形成照射部位着色的花纹图案效果。

三、等离子体技术在染色中的应用

在染整加工过程中,应用等离子体技术在织物表面进行处理,可以改善纤维的染色性和显色性,这一点对于超细纤维和羊绒的染色尤为重要。利用等离子体技术,还可以对纤维进行减量或增量处理,使功能纤维的表面活化或涂层。对于要求良好的匀染和高得色量的染色物,用电晕前处理具有重要的作用,无须预洗涤、煮练、漂白、汽蒸、中间干燥和后洗涤工序,尤其在较低温度和减少盐用量的情况下,就可以达到与传统工艺同等的染色效果。

(1)纺织材料在氧等离子体作用下,表面发生氧化、分解、接枝等化学反应,从而提高纤维附着性、吸水性、染色性、可纺性、抗静电性和摩擦牢度等性能。低温氧等离子体对棉纤维表面的作用主要为刻蚀作用,等离子体活性粒子将能量传递给棉纤维表面初生胞壁中的分子,使棉纤维表面的伴生物果胶,蜡脂在高性能粒子轰击下脱离表面,同时也在棉纤维表面留下了许多深浅不同的凹坑,即造成刻蚀。随着通过电晕设备道数的增加,织物离子化现象明显,pH值显著降低,说明产生了羧酸基团。

(2)苎麻纤维等离子体改性。麻纤维染深色性和色泽鲜艳度差,利用低温氧等离子体处理的苎麻织物毛细效应、上染率和染深色性能都会发生变化。表面润湿性能有所改善,因为纤维表面形成较多的亲水基团,产生微凹纹和裂纹,增大了表面积和对水的吸附能力,也有利于染料的吸附上染。

(3)羊毛纤维等离子体处理后,用强酸性染料染色,染料的上染速率明显提高,但平衡上染百分率基本没有改变。由于等离子体的刻蚀作用,使羊毛表面更加粗糙,羊毛纤维的表面亲水性增加,所以染料的吸附速率明显提高。但由于中性染料分子比较大,染料向纤维内部的扩散能力比较弱,染色速率没有明显提高。

(4)等离子体对涤纶的作用有以下几方面。

①等离子体处理后的涤纶获得持久的耐水性、抗静电性。

②经等离子体处理后纤维分子链断裂形成一些极性基团,一些等离子体的原子或基团也可能被接上纤维表面,使织物增重,改变润湿性和染色性能。

③超细纤维对光反射力强,显色性差,比常规纤维染同样色深需要的染料要增加数倍。等离子体处理后,使纤维表面变得粗糙,能降低对光的反射,产生增深效应。

电晕放电工艺的应用改进了染色过程,即不再需用表面活性剂,而且采用较低的温度,为纺织印染加工降低了生态方面和经济方面的成本因素。

四、静电或磁性吸引

目前有研究,将染料制成带电荷或磁性的微粒,然后在电场或磁场中,通过静电或磁性吸引施加到纺织品上,再经过热焙烘、汽蒸或热压等方式使纺织品上的染料吸附、扩散和固着在纤维中,染后只需经过一般性的洗涤或通过电场、磁场将未固着的染料从纤维上除去,即可完成染色过程。这种工艺目前还尚处于探索性研究阶段。

五、超声波染色技术

1.超声波的作用

超声波在染色体系中的作用概括有三个方面：

(1)分散作用：染料对纤维的上染过程通常以单分子状态来完成，但在染液中染料分子或离子会形成聚集体，或以胶束状态存在。超声波不但能使染液中的染料聚集体解聚，而且还可以将分散浴中的染料颗粒击碎，获得粒度为 $1\mu m$ 以下高稳定性的分散液。超声波可以提高水的活性以及染料在染液中的溶解度。例如，在直接染料对苎麻的染色中，超声波可以明显提高染料的上染速率和上染百分率。在直接染料对棉织物的染色中，染料的平衡上染百分率提高8%。

有研究表明超声波可以提高染料对纤维的亲和力，加速染料的吸收，提高纤维的得色量，但对于不同的染料，其亲和力提高的幅度不一样。

(2)除气作用：超声波的空化作用可以将纤维毛细管、织物经纬交织点以及纱线内部溶解或滞留的空气排除掉，从而增加了染液与纤维的接触面积，有利于纤维对染料的吸收。因此超声波对厚密织物的染色效果的影响更为显著。

(3)扩散作用：超声波的空化作用可以穿透纤维表面的吸附层，使染料的扩散边界层变薄，促进染料向纤帽表面的扩散，超声波能增加纤维内无定形区链段的活性，使高分子侧序度降低，而且有可能使纤维的结晶度和取向度下降。染料在纤维内部的扩散速度加快，与常规染色相比，扩散系数可提高30%左右，染色活化能明显下降。有报道在亚麻织物的染色中使用超声波，可以降低染料上染的活化能、提高染料的平衡上染百分率和上染速率，从而克服了传统亚麻染色得色量低和染色困难的缺点，减少染料的浪费。

2.超声波染色的影响因素

影响超声波在染色中作用的因素主要有：超声波的频率、强度、纤维和染料的种类、染料浓度、染色温度、电解质等。

(1)超声波染色的强度一般为 $0.8 \sim 1.0$ W/cm^2,在该染色条件下染料对纤维的上染率可达到最大,同时还可以使纱线或织物蓬松,纤维柔软,但不会引起纤维永久性松弛和纤维形态的改变。通常超声波染色采用的声波频率在 $20 \sim 50$ kHz 之间,也就是空化作用发生最显著的波段。低于该频率的声波不易引起空化作用;当声波频率超过 100 kHz 以上时,有可能引起纤维的聚合度下降、原纤化以至熔融等。

(2)超声波产生声空化效应的最佳温度为 50℃,所以一般超声波染色的温度采用 $45 \sim 65$℃。染色过程中部分声能转化为热能,染浴无须外加能量,而且温度越低空化作用越明显,超声波对上染速率的影响就越大。如果没有超声波处理,温度低,染料分子的动能就小,纤维的溶胀程度就小,染色难以进行。应用超声波染色,可避免由于高温染色对蛋白质纤维和部分化学纤维所造成的损伤,同时还可以使在高温下难以处理的工艺顺利进行。

(3)在直接和活性等染料染色时,如果不加电解质,即使在超声波处理条件下也难提高染料的上染率,说明超声波的能量还不足以克服带有相同电荷的染料与纤维之间的斥力。所以,无论是否在超声波处理条件下染色,都存在盐效应。

(4)超声波对不同纤维和不同染料作用也不同。一般超声波染色对于疏水性纤维、相对分子质量较高的染料、达到染色平衡时间长的染色体系作用较为明显。例如,分散染料对醋酯纤维的超声波染色,与常规染色相比较,其上染速度的提高很显著,而对纤维的得色量增加并不明显。

染料种类对超声染色的影响尤为明显,即使是同类染料,超声波对其亲和力提高的幅度不同。另外,染料的浓度越高,超声波在染色中的作用也就越明显。

但超声波染色也存在一些问题,如加工成本、超声波的方向性、噪声等,而且,由于超声波设备的昂贵费用,限制了工业化生产。

第五节　超临界二氧化碳流体
染色技术

一、超临界二氧化碳染色与清洁生产

根据统计,印染加工的织物与排放的废水重量比高达 $1:120 \sim 1:150$,全国印染废水排放量估计全年为 16 亿吨。

非水和无水染色是减少染色废水的一种重要途径。应用超临界二氧化碳流体作为染色介质,溶解染料并吸附到纤维上的全新染色法,染色不用水,而且使染料转移到纤维上的能力远远超过水,减少了染色时间,完全不使用助剂,避免大量废水给环保带来的能源和环境污染问题,是摆脱了排水、排气、废弃问题的环境友好型染色法。

传统的分散染料染色需要有还原清洗和烘干两道工序,最主要的是它以水为介质,而超临界二氧化碳真正实现了无水染色,省去了还原清洗和烘干工序,降低了能源消耗,二氧化碳无害,可循环使用。残余染料也可回复到粉状,使染料利用率大大提高。

近年来,意大利、瑞士、英国、美国、日本等国家相继投入了大量资金开展这方面的研究,国内外都有用于超临界二氧化碳的非水染色整套设备研制成功,使其具备了实用的价值。

二、超临界二氧化碳流体染色技术

1. 超临界二氧化碳流体特性

二氧化碳的临界温度是 $31.05℃$,临界压力是 $7.37\ MPa$。而水的临界温度是 $374℃$,临界压力是 $22.05\ MPa$,所以应用二氧化碳的超临界技术要比水容易得多。不同状态下二氧化碳的性能指标见表 5-6。

表5-6 不同状态下二氧化碳的性质

参　数	气相 $(1.01 \times 10^5 Pa, 25℃)$	液相 $(1.01 \times 10^5 Pa, 25℃)$	超临界相 (P_c, T_c)
密度 $\rho/g \cdot cm^{-3}$	$(0.6 \sim 2) \times 10^{-3}$	$0.6 \sim 1.6$	$0.2 \sim 0.5$
扩散系数 $D/cm^2 \cdot s^{-1}$	$0.1 \sim 0.4$	$(0.2 \sim 2) \times 10^{-5}$	$(0.5 \sim 4) \times 10^{-3}$
黏度 $\sigma/g \cdot cm \cdot s^{-1}$	$(1 \sim 3) \times 10^{-4}$	$(0.2 \sim 3) \times 10^{-2}$	$(1 \sim 3) \times 10^{-4}$

　　超临界二氧化碳流体的密度和对染料的溶解能力远远高于气体,甚至高于液体;超临界相二氧化碳的扩散系数高出液态数百倍,又和气体一样,可以均匀分布在整个容器中,对纺织品有很强的渗透作用。超临界二氧化碳染色能在一台设备上完成整个染色过程,目前超临界二氧化碳染色中,分散福隆黄 SE—6GFL、分散蓝 2BLN 和分散红 FB 等染料已成功用于染涤纶。

　　天然纤维的染色,还需要开发相应的染料系列,目前尚处于研究探索阶段。但纤维素纤维以碳化二亚胺和树脂预处理后,使表面具有疏水性,便可用分散染料在超临界二氧化碳系统中进行染色。

　　当前,非水介质染色工业化生产的问题是设备成本高,对分散染料具有选择性,染料品种还不够齐全。对亲水性纤维和亲水染化料难于使用,这些有待今后深入研究。

2. 超临界二氧化碳染色的影响因素

　　(1)温度:在恒定压力下,低温时,染料在超临界二氧化碳中的溶解度大,在纤维上的扩散率低,故上染率低。随温度升高,染料的聚集状态减小,大多成单分子状态存在。可以提高纤维中染料的扩散速率和上染率,缩短染色时间。

　　(2)压力:恒温下,随压力增加,可以提高染料的溶解度。通过调节压力可改变染料的溶解度和在纤维表面的吸附量。

（3）流体流速：超临界二氧化碳为介质的染色过程是一个染料首先溶解，然后上染纤维，再溶解，再上染的过程，其中流体起传质作用。流体流速较低时，相同染色时间内流经整个染色循环体系的二氧化碳量较少，携带的染料量较少，织物上染率较低。随着流速的提高，染色循环体系的二氧化碳量逐渐增多，携带的染料量也增加，促进上染过程。流速达到一定程度后再提高，染色 K/S 值基本不变。同时，流体的流速对织物匀染性也有很大影响。织物染色的均匀性取决于染色过程中各点的压力分配和流速的变化。当流速较低时，因染色未达到平衡，二氧化碳流体从内向外经过织物各点的压力损失较多，导致织物各点压力分布不均匀，结果染色均匀性差。随着流速提高，流体流经织物各点的压力损失逐渐减少，当达到平衡流速时，织物各点压力分布比较均匀，匀染性也高。

（4）染料复配剂：尽管许多常规用于水相染色的分散染料，在超临界二氧化碳中有适当溶解度，但只能得到浅色。原因是商品分散染料中的分散剂、稀释剂、油剂、抗尘剂、抗静电物质存在，严重影响了染色条件下染料从超临界二氧化碳中分离出来。若使用纯染料，难以防止染料熔融，用复配染料可以部分地避免。

（5）疏水物质：二氧化碳是非极性分子，疏水物质如纺纱添加剂、织造准备用剂、润滑剂、筒子油等能高度溶解于二氧化碳，染色时被萃取，虽不影响染色过程，但在染色结束二氧化碳压力释放时，这些物质沉淀为油点，大部分沉在筒子外表面。要克服这种问题，织物必须在染色前先在超临界二氧化碳中萃取处理。在体系加压至 30 MPa、升温到染色温度过程中完成。

对于某些染料，即使采用超临界二氧化碳染色法，未固着的游离染料可能还留在纤维表面，这时，就要用超临界二氧化碳在较低温度下进行清洗代替还原清洗。清洗下来的染料最终以粉末状重新沉淀在设备的储存箱内。

三、染色设备

20世纪末,汽巴公司和德国纺织研究院合作开发超临界二氧化碳流体染色新技术,并生产出这种技术所需的整套设备。目前,国内外已研制有数台超临界二氧化碳流体染色的小型和中试设备。

图5-1为超临界二氧化碳染色机工作原理图。染色时,将被染物卷绕在染色经轴上,装在染釜内,将染料放置在染缸的底部,然后将染缸密封。通入二氧化碳清洗几次后,在一定压力下将体系加热到染色温度,温度恒定时,染缸加压到工作压力,然后在恒定温度和压力条件下染色。在染色过程中,二氧化碳不断地流动通过染釜,染色完毕后,将高压釜降为常压,二氧化碳变为气体,通入大气或循环使用。取出干燥的染色布样。

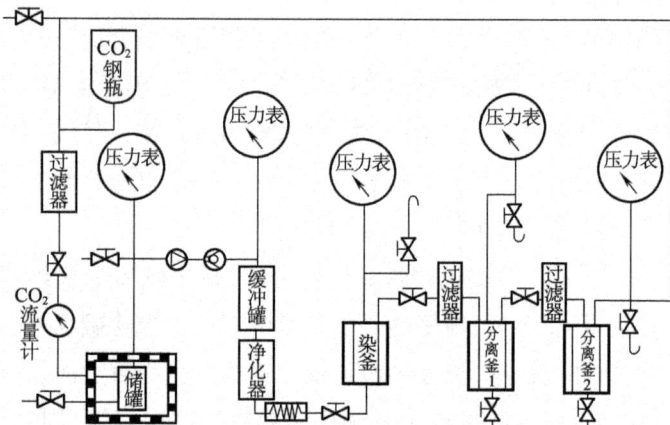

图5-1 超临界二氧化碳设备示意图

四、聚酯纤维超临界二氧化碳的染色

聚酯纤维用二氧化碳作为染色介质时,虽然二氧化碳分子不会和聚酯纤维分子形成氢键,但是由于它分子小,容易进入纤维规整的区域产生增塑作用,降低纤维的玻璃化温度,增加纤维分子链的活动性和自由扩散体积,所以在温度较低的情况下实现染色。

超临界二氧化碳染色体系黏度极低,分子间作用力小,因而染料受到的扩散阻力小,扩散速度快,染料很容易从溶液中转移到纤维上,并较快地扩散到纤维内部。

在商业化、实用化上人们最为关心的是设备费用的生产成本。虽然初期投资额较高,但德国 ADO 公司以 1000 L 工业规模染色的聚酯纤维估算,发现与水的成本相当,尤其是规模提高时成本优势更大。

随着环保要求越来越严格,开发非水染色将更加被重视,超临界二氧化碳流体染色,虽然希望它完全代替水作为染色介质是不现实的,但在一些特殊的染色体系有望应用。除此之外,一些新的非水染色介质还会被开发出来。如离子液体也可能被开发作为一种非水染色介质,由于它无蒸汽压力,在常压下进行染色,染色设备简单,而且通过调节离子液体疏水组分,可以作为多类染料染色介质。有试验证明,不仅直接、酸性、活性染料等离子染料有很好的溶解性和上染率,分散等非离子染料也有好的上染率,因此它是一种较好的染色介质。

第六节　环保印花新设备和工艺

一、印花设备与清洁生产

1. 平网印花机

(1)平网印花机的技术进步主要在于节能、节水和自动化控制程度的提高。如新型双辊伺服传动平网印花机,以工业计算机和 PLC 为核心的电控中心,配以先进的导带驱动伺服系统,并采用电液比例阀技术的液压单元、微机 PLC 及彩色触摸屏技术的变频传动印花单元,以提高全机的机、电、液、气一体化程度。该机印花精度达 ±0.1 mm;

1 m花回的最高车速 20 m/min；全中文图形化的监控软件，使人机对话非常方便。

烘干部分具有高容量喷气烘房，适用于各种织物，其大气流循环，能有效地节约能源。

（2）高效水洗单元。清洁单元由浸没在水中的锦纶毛刷以及节水的逆流供水系统组成，如图 5 - 2 所示。在清洁单元中有一对旋转方向与导带前进方向相反的毛刷辊，每一毛刷由单独驱动电机控制。前面的毛刷起预洗作用，后面的毛刷为彻底清洗。供水管位于后一个毛刷附近，因此，后一毛刷先得到清水，经使用后的水以与导带前进相反的方向逆流到前置毛刷所在的预洗水槽，经洗刷后再流入排水槽管道。供水可被调节到适当的需用量。

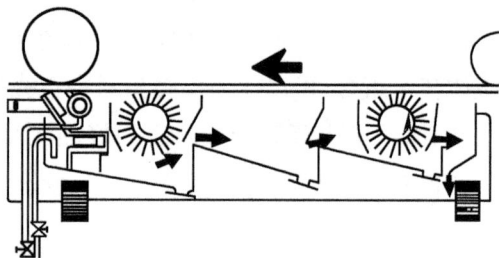

图 5 - 2　印花导带清洗单元示意图

2. 圆网印花机

JX—O2 型圆网印花机是新近发展的一种高技术含量的大型印花设备。特点是：

①圆网采用数字化电机独立传动，避免了集体传动而产生的累计误码率差和能量损失；圆网独立传动数字化控制，纵向不跑花，对花精度高，运行稳定性好。JX—O2 型圆网印花机还可通过每套色独立控制的显示屏进行调节，调整期间不影响主控显示器。

②采用数字对花系统，可开机或停机对花、更新品种，产量高并节

约了前期对花样布的损耗,省布量6%以上。

③圆网导带之间的速差可调,使印花达到最佳效果。

④具有车速、速差、计时、故障诊断显示和对花参数锁定功能,实现人机界面,便于指导维护与维修。

⑤由于采用了圆网数字独立传动,延长了设备使用寿命,还可降低维修费用。

⑥不同周长花回的圆网可在本机同时使用。

⑦克服了用12色花筒只能印11色花型的缺点。

⑧上浆装置采用辊筒上胶刮浆,并可选用磁棒上胶。采用磁棒,薄布不易打滑最适合薄织物和仿真丝,达到了上浆均匀,避免了气泡的出现。

一些新型圆网印花机,在运行控制上,实现了人机界面并可显示设备故障,可及时进行诊断及远程诊断。伺服控制系统分别控制每个圆网的运转,对花装置采用自动预定位,圆网圆周、横向和斜向定位调整补偿,由电动机精确快速执行,能自动检测和定位圆网的初始位置。三点定位系统精确固定圆网卡盘,并由电子感应器测定圆网在生产状态中产生的扭矩,超标即自动停车。同时,导带线速测量采用全数字式高速脉冲在线变换技术,保证圆网与导带同步,确保印花精度达到最佳水平。

3. 转移印花

转移印花具有下列特点:

①设备简单轻巧、占地面积小、投资少、工艺简单、操作方便;

②织物印花后不需要固着和水洗,无废水污染;

③能真实地再现转移印花纸上的图案和色泽,花纹精细、立体感强、牢度高,尤其可以印制传统印花方法所不能印制的层次丰富及严格的几何排列图案;

④尤其适合于收缩性较大的针织物及合成纤维变形织物的印花;

⑤成品率高。污染少,属于清洁加工。

转移印花图案丰富多彩,花型逼真,艺术性强,特别适于印制小批量的品种,但转印纸的耗量大,成本高。

(1)升华法:利用分散染料的升华特性,使用相对分子质量为250~400、颗粒直径为0.2~2 μm的分散染料与水溶性载体,如海藻酸钠、醇溶性载体乙基纤维素或油溶性树脂制成油墨,在200~230℃的转移印花机上处理20~30 s,使分散染料转移到涤纶等合成纤维上并固着。

升华法一般不需要经过湿处理,可节约能源和减轻污水处理的负荷。

(2)泳移法:转移纸油墨层中的染料根据纤维的性质选定。织物先用固色助剂、糊料等组成的混合液浸轧处理,然后在湿态下通过热压泳移,使染料从印花纸转移到织物上并固着,最后经汽蒸、洗涤等湿处理。

(3)熔融法:转印纸的油墨层以染料与蜡为基本成分,通过熔融加压,将油墨层嵌入织物,转移到纤维上,然后根据染料的性质作相应的后处理。

(4)油墨层剥离法:使用遇热后能对纤维产生较强黏着力的油墨,在较小的压力下就能使整个油墨层从转印纸转移到织物上,再根据染料的性质作相应的固色处理。

转移印花一直都以转印纸为转印介质,转印后无法再利用,现在有研究成功以金属箔为热转移印花基材的"无纸热转移印花机",这种特制的金属箔可以像纸一样,先印上花纹图案,然后将花纹转移至织物上,在热转印后可重复使用,基本上无损耗。以金属箔取代纸,可避免造纸和废纸再生带来的环境污染,还能降低15%以上的生产成本,具有良好的工业应用前景。

(5)棉和涤/棉织物的转移印花:传统转移印花工艺,只能在涤纶、锦纶纺织品的印花,限制了这种印花方式的发展。许多科研工作者希望将分散染料转移化纤的工艺应用到真丝、纯棉、麻织物等天然纤维织物上。

转移印花应用在纤维素纤维上有许多新的进展,其中一些已申请了专利。技术方法为:纤维素纤维的化学改性、熔融转移加工、活性染料的湿转移加工等。

涤/棉织物的转移印花,过去是将纤维素纤维进行化学变性,如苯甲酰化、氰乙基化或进行树脂处理,然后用分散染料转移印花。新工艺是用新型活性分散染料转移印花,这样可提高印花织物的洗涤牢度和摩擦牢度。由 Prepatex 推出的更新的进展是纤维素纤维用特殊的改性有机硅化合物进行预处理,然后采用分散染料转移纸进行转移印花。

美国有试验成功真丝转移印花,德国研究用一种经改进的转移印花纸,可在丝、毛织物上获得印花效果,但后道工序仍需汽蒸固色和清洗织物上的载体性助剂。同时,瑞士 Sublistatic、英国 Holliday 等公司和美国南方研究所等均有科研报道。

二、涂料印花与清洁生产

1.涂料印花的特点及应用前景

应用涂料印花的特点是加工流程短、节能、节水、有利于环保。另外,涂料印花还具有适应多组分纤维的印花加工,不受纤维原料品种制约等优点。但用涂料印花的主要问题是手感和色牢度较差,特别是大块面积和深浓色的产品透气性也差。

国际同行认为"应用涂料是一场革命",目前国际上应用涂料印花较多,平均应用比例已达到 50% ~ 60%,其中美国达到约 80%,澳大利亚所占比例更大。英国、美国、德国、澳大利亚等涂料应用发展很快,以技术先进国家专家们的经验,基本可以反映当前涂料在纺织上应用的发展水平。

今后涂料应用的发展前景广阔,一是多种纤维织物越来越多,使用涂料印花最为简便;二是今后家用装饰纺织品的扩展空间很大;三是涂料生产技术和应用水平不断提高改进,更增强了扩大涂料应用的信心,特别是国内外对节能降耗和清洁生产越来越重视,要求生态环保越来越高的新形势下,扩大涂料印花的应用势在必行。

除转移印花外,涂料印花是唯一不需洗涤工序的印花工艺,但从涂料印花机和烘缸洗涤下的色浆残留物也进入了废水。当印花品烘干以及焙烘时,增稠剂中有少量物质挥发,随废气释出。有时产生大量有机化合物的散发,也会对生态环境产生影响。影响涂料印花品质和环保性的主要因素为:涂料、粘合剂、增稠剂和添加剂、焙烘温度等。

2. 环保型涂料印花助剂

在涂料印花中基本上有两种方法可减少对环境和废水的污染。一种是应用污染作用低的产品,另一种是保证较少的印花色浆进入废水。

Ciba 精化公司推出的 Unisperse 涂料印花色浆;DyStar 公司推出的 Imperon HF 涂料印花色浆,即使印制浅色,也具有极佳的耐光色牢度和耐气候色牢度,而且还有很高的热稳定性和干洗牢度。选择环保型涂料,是印花织物能具有很好的各项牢度和重现性、印制生态产品的基础。

用 Lutexal P 取代传统碳氢化物的增稠剂制品,避免了废水的碳氢化物污染。BASF 公司提供用于涂料印花的乳化剂、含乳化剂的添加剂和增稠剂,并不含有对鱼类有毒的 APEO 类。使用对环境安全的分散剂。BASF 开发的固体增稠剂 Lutexal P,流变性较好、不易产生粉尘,而且其废气排放较低（36 mg/m³）,符合挥发性有机物的排放标准（150 m/m³）,因此可以认为是一种较好的环保型增稠剂。

尿素是一种农用肥料,它广泛地被用于印花色浆中作为染料溶解、吸湿等助剂,但是它排放江河、湖泊后也会造成水质富营养化,同时在碱性条件下能生成有毒的氰酸盐。L. C. I. 公司开发的 Matexil FN—T 有促进染料溶解及上染的作用,可部分取代尿素。日本 Senka 公司研发的 GOG—01 是由双氰胺为主成分的微分散胶状物,可以取代尿素,效果很好。

BASF 公司推出的 Helizarin 交联剂 LF 是一种改性的三聚氰胺—甲醛缩合物,它可以大大减少释放潜在甲醛。用交联剂 LF 6 g/kg 时甲醛含量为 90 mg/kg,用 LF 加 15 kg 尿素时为 20 mg/kg,已达到不用交联剂的水平。目前正在进行无甲醛交联剂的研究与开发,可能的非甲醛交联剂有甲基丙烯酸环氧酯、丙二醇丙烯酸单酯等,但性能还不够满意。

有研究应用多羧酸通过酯交联作用与纤维素生成交联键。研究集中在使用柠檬酸、1,2,3 - 丙烷三羧酸;1,2,3,4 - 丁烷四羧酸(BTCA)和 1,2,3,4 - 环戊烷四羧酸;应用次磷酸钠催化剂;还有加入聚氨酯或丙烯酸酯聚合物弹性体,可以开展零甲醛为基础的进一步扩展工作。

Sunnyfix NF 是应用丙烯酸酯单体和三羧酸为基础的产品,完全没有甲醛,因此 Sunnyfix NF 对生态和环境保护都是有利的。

丙烯酸缩水甘油酯(GA)是一种具有双官能团的单体,比甲基丙烯酸缩水甘油酯(GMA)具有相对更高的反应活性。应用此种粘合剂的印花产品干摩擦牢度、湿摩擦牢度及手感等均比传统粘合剂的同类产品性能有所改善。此外由于没有使用羟甲基丙烯酰胺作交联单体,粘合剂在使用过程中不会释放出对环境有害的甲醛。

丙烯酸酯类和乙烯类单体,如苯乙烯、丙烯腈等共聚也可合成无甲醛低温粘合剂。

3. 新型涂料印花

(1)柔软涂料印花系统:海立柴林(Helizarin)®柔软涂料印花系

统,是 BASF 公司经多年研发推出的一种工艺,相比传统涂料印花,该系统整合了环保型涂料、合成增稠剂、柔软型粘合剂、乳化剂和柔软剂等一系列涂料印花组分,可获得与活性染料印花相同甚至更好的牢度、相似的鲜艳度和手感。海立柴林 ECO 涂料色浆中,涂料分子分布极细(约 $0.3 \sim 0.8 \, \mu m$),如此细的颗粒可保证得色鲜艳和稳定,并有很好的耐日晒牢度、耐干洗牢度和耐氯漂牢度;对还原剂比较稳定,具有较高的耐热稳定性。所有色位均可获得 Oeko - Tex 标准 100 认证。

(2)纳米涂料特种印花:纳米涂料特种印花,就是在涂料色浆中添加 0.3% 纳米级硅基氧化物,能改善原来色浆性能,获得良好效果,其中包括色浆具有良好的触变性,良好的透网性,增加了膜的强度、弹性、耐磨性和耐水性,从而提高了各项色牢度,并且改善了印制花纹的清晰度和透明度。这种纳米级的硅基氧化物,加入量少,但性能改善很大,为涂料印花发展起到很大作用。目前,国内外还在进一步研制中。

三、活性染料印花清洁加工工艺

活性染料印花固色率比染色还要低,通常只有 60% ,40% 的染料在洗涤时进入了废水,或通过洗网、印花橡皮毯和烘缸进入废水。改进时,需要具有高的固色率,同时直接性低的染料,因为还要防止在洗涤时白地的沾色。提高印花固色率的另一个重要途径是选用合适的助剂。

1. 增稠剂 Lutexal 4561(BASF)

BASF 公司新开发的合成增稠剂 Lutexal 4561,可以提高固色程度,节约染料,因而显著地减少了废水的污染。例如,一只蓝色染料施加量为每公斤织物 60 g,当应用海藻酸盐作为增稠剂固色率为 67%;以 BASF 的 Lutexal 4561 作为增稠剂,达到同样色深,每千克织物用

50 g的染料,固色率是75%。因此使用 Lutexal 4561 时,进入废水的染料量减少了37%。大大减少了活性染料印花废水脱色的问题。

2. 新型印花糊料 SGL

新型印花糊料 SGL 系列(江苏省常熟市苏格兰糊料有限公司)的应用,能降低印花综合成本、提高印花质量。SGL 系列是以特种淀粉为主要原料,采用最新合成工艺合成的糊料。它具有冷水成糊、制糊方便、脱糊容易、稳定性好、抗盐性强、与染料相容性好、透网性和渗透性佳等特点。是完全取代海藻酸钠、合成增稠剂、进口糊料的理想产品。

3. 糊料 QDU

青岛大学研制的新型活性染料印花糊料 QDU 在低浓度下有较高黏度,黏度在 pH 值 5 ~ 11 保持不变,流变性能好,耐酸碱性及抗重金属离子性能均优于海藻酸钠,可替代海藻酸钠用作活性染料印花糊料,并且能明显降低活性染料印花成本。

4. 应用复印技术的印花

最近,复印技术也应用于布料印花,顾客到商店翻阅样品簿,选中自己满意的图案和颜色后,在 10 min 内通过布料复印机即可在白色的床单或枕套上形成需要的印花成品。这是运用复印机原理,利用光电感应成像技术,上色剂是颜料和胶粘剂的混合物。纺织品相继通过三个布料复印机,就可以印染出各种彩色图案。佐治亚理工学院的研究者认为,这类布料复印机在几年之内可以研制出来,它将传统的印花过程简化,且不需要水为媒介,较常规的印染过程节约能源(包括水)90%,减少了常规印染废水对环境的污染。

当今市场竞争激烈,开发新品种、增加附加值、增强竞争力,提高印花整体水平刻不容缓,目前,我国出口印花布售价不高,而进口的是时尚花型、高附加值以及各种高档的印花底布,与发达国家相比,我国在这些方面的差距还很大,因此需要创新性地开发和研究。

第七节　喷墨印花技术

数码喷墨印花系统是一种集印染技术、电子计算机、信息科学技术、机械设备交叉融合为一体的高新技术。在整个印花过程实现数字化,不仅可以达到传统印花的效果,而且可以产生传统印花机不能比拟的特殊效果。数码印花以全新的生产模式提高生产效率和产品质量,降低环境污染,使印花技术开拓和进入一个崭新的时代。

一、数码喷墨印花与清洁生产

一般纺织品印花需用到平网印花机或圆网印花机、蒸化机、上浆机、漂洗机、烘干机等印染机械设备,设备生产线长达几十米到上百米。车间里的气味、噪声和污水以及印花助剂、染料、增稠剂、色浆废水排放等对环境影响很大,造成环境污染。

当今市场需求个性化,小批量、高精度、绿色环保、快速反应已成为时尚需要,传统纺织印染对此需求显然不适应。而快速发展的新型印染技术——数码喷墨印花改变了这一切。

近年来,纺织市场上喷墨印花的应用有所增加。喷墨印花快速、灵活、图案清晰,具有创造力和竞争力,合乎生态要求。数码喷墨印花是将通过数字化技术手段,如扫描仪、数码相机或因特网传输的数字图像或计算机制作处理的各种数字化图案输入计算机,经电脑分色印花系统 CAD 编辑处理后,由印染专用软件 RIP(Rester Image Processor 的缩写)控制喷墨印花系统,将专用墨水直接喷印到各种织物上,获得所需的各种高精度的印花产品。染液只需四种基本色,就可印制上万种颜色。印花过程无废水,印花机清洗由电脑自动控制,排出的废液无污染,最后借助紫外光快速完成上染固色,不需水洗即完成原设计要求的印花织物,因此,数码喷射印花技术是一种绿色高科技印花技术。

1. 数码喷墨印花原理

数码喷墨印花的工作原理是对墨水施加外力,使其通过喷嘴喷射到织物上形成一个个色点。数码喷墨印花由数字技术控制喷嘴的喷射与否、喷何种颜色的墨水以及在 XY 方向的移动,可以在织物表面上形成所要求的图像和颜色。因此数码喷墨印花得到的整个图像是由细小的色点组成,这就要求有较高的喷射墨点密度,通常用分辨率表示。

分辨率指每英寸内的点数(Drop per inch,简称 dpi),是用来衡量数码喷墨印花机的一个重要技术指标。喷墨印花时,不同的基布对分辨率的要求也不相同。一般分辨率在 180 ~ 360 dpi 时,图像已有良好的清晰度;对精细的图像分辨率在 360 ~ 720 dpi 已足够。由于纺织物受纱支、密度和织物组织规格的影响,数码喷墨印花时,分辨率也不是越高越好,达 1440 dpi 已视无点状态。分辨率提高后,对喷嘴的喷射频率、定位精度的要求更高。

数码喷墨印花不仅要求高精度的喷嘴技术,高精密的控制技术,同时,要求具有高纯度、高浓度、高牢度、高稳定性的墨水与之匹配,才有实用价值。

2. 数码喷墨印花的特点

(1)数字喷墨印花是 CAD/CAM 技术进步的直接产物,它通过计算机处理图像,省去了常规印花法繁杂费时的图案设计等工序。在喷墨印花工艺中,人工所占比重越来越小,解放了大量的劳动力,但在某些设计方面,人的思维和创新是无法由机器替代的。此外,面料的选择,染料的选用和色彩的组合等也需要人工控制,因为不同质地的面料适用的染料也有很大不同,需要有专业经验的设计人员适时进行调整。

（2）喷墨印花从设计到生产不仅能快速反应其订单需求,而且有很大的随机性,无须分色、描稿、制网（或滚筒）和配色、调浆、印花、后处理等过程,极大地简化了生产过程,降低了制作成本,如刻制筛网、浆液制备、印刷、停车等方面的损失都不存在了。

计算机印花工艺的简化,使打样周期缩短以及打样成本大大降低,节省了制版的费用和时间,更重要的是能够加工原来许多传统印花方式无法完成的图案,使纺织品面料的设计者可以更加开拓思路,发挥想像的空间,从而使设计的面料色彩更丰富,印制的图案更精细,使纺织面料实现高档印刷的印制效果,扩大了纺织印花产品的领域,提升了产品的档次。

（3）喷印的素材灵活,无颜色、回位、没有图像和套色的限制,可以无限制地选择其重复的尺寸,根据需要进行柔性化生产,自由调整图形的大小和位置,实行连续、独幅、定位花的喷印。因此喷印的数量灵活,生产批量不受限制,使小批量、多品种、快速反应和个性化的市场需求得到真正的体现。

来样图像和设计样稿可经过计算机进行测色、配色、喷印,简便快捷,数码印花产品的颜色在理论上可以达到 1670 万种,突破了传统纺织印染花样的套色限制,特别是在对颜色渐变、云纹等高精度图案的印制上,数码印花在技术上更是具有无可比拟的优势。避免了传统印花样品确定后,图案、花型、颜色搭配等很难修改的情况,要喷印和配色等工艺参数的素材以数字信息记录并储存在计算机中,作为批量生产的依据,可随时调出喷印,也可迅速转产,印制同一图案不同色调的系列产品,并可以在生产过程中对图案和颜色不断修改,在制作上具有灵活性的市场应变能力,这是数码印花生产有别于传统印花生产的一大技术优势。

（4）数码印花分辨率高、精度高,对花精度和重复精度 < ±0.1 mm,几乎不存在对花及套色准确性问题,无论何种花型、多少

种套色,全以直接印花方法完成。数码喷射印花技术是通过数码控制的喷嘴,在需要染料的部位,喷射相应的染液微点,许多微小点速成所需的花型,达到视觉上色彩连贯一致、花型逼真和照片的仿真效果,而传统印花对于色彩的饱和度和层次的鲜明性表现相对较差,对于一些云纹过渡也较难把握。

(5)数码喷射印花过程中,由计算机自动记忆各色数据,批量生产中,颜色数据不变,基本保证小样与大样的一致性。而传统印花方法小样和大样的一致性则很难保证,因为调浆的批次不同,导致同一个颜色发生细微变化的情况。数码印花过程中的数据资料以及工艺方案,全部储存在计算机之中,可以保证印花的重现性。

(6)数码印花生产无须进行退浆、漂白和丝光等常规前处理过程。数码印花属于绿色生产方式,喷印过程中不用水、不用色浆,染料的使用由计算机"按需分配",即按需滴液施加墨水,无染液、色浆、染化料的浪费和印花废料的排放。废水和能耗也较低,生产环境安全可靠不产生污染。由计算机控制的喷印过程噪音较小(<60 dB),避免了传统的"雕印"工艺高能耗、高污染、高噪声、使用大量还原剂的污染与染料浪费的现象。保证了鲜艳的色光和牢度,解决了传统印花需要水量大,调浆、水洗过程产生的废液、废水、废浆以及染料对生态环境的污染,实现了低能耗、无污染的生产,是一种绿色清洁生产工艺,为开创资源节约和环境友好型纺织染整加工奠定良好的基础。

但喷墨印花技术仍受到低速生产的限制,不可能快速,只能用低黏度的染料,且印花色带尺寸小。用以喷墨印花的布料必须特殊准备,使它能在喷墨印花机上铺开运作和快速吸收染料。在选择染料方面,很多颜色如珍珠、金属和白色还不能用于喷射头,印花后的固色和整理等还需要进一步的探讨。

二、喷墨印花工艺及影响因素

无论是纤维素纤维还是蛋白质纤维,其印花工艺一般都由:图案设计、喷印颜色的调整和处理、印花前织物的预处理、烘干(印前烘干)、喷墨印花、烘干(印后烘干)、后处理和水洗、烘干等步骤。喷墨印花的效果与织物的预处理和印花用墨的质量等有关。

1. 油墨的性能和种类

喷墨印花的油墨配方包括染料(或涂料)、载体粘合剂、树脂和其他添加剂,如黏度调节剂、引发剂、防菌剂、防堵塞剂、助溶剂、分散剂、pH 调节剂、消泡剂、渗透剂、保湿剂、金属离子螯合剂等,其中添加剂要根据需要选择使用。迄今为止,尚无普遍适用于织物喷墨印花的标准油墨配方,但所有油墨配方必须满足一定的总体技术要求,由于喷头的喷嘴直径非常小,印花的分辨率高,对油墨液体的黏度、表面张力、均匀性、无机盐含量、染料的粒子大小、液滴形状和稳定性等有严格的限制,同时,油墨有高的亲和力、良好的固化性质和牢度、手感、上色率等。不同的印花工序,对油墨的耐高温性、导电性也有一定的要求。

(1)油墨的物理性能:

①基本性能:油墨要安全性好,无毒、无害、无燃性等;纯度高,油墨中不能含有任何颗粒、杂质、灰尘等;因为每一染料色浆只能喷印 20 g/m^2,所以显色性应高;粒径要小,一般控制在 1 μm 以下;导电性也应控制在 750 S/cm 以上;pH 值须适当控制;染液色光的准确性和稳定性要好;其他如相对密度、含固量、分散稳定性、存储稳定性、染料的抗分解性、抗凝聚性和抗沉淀性等均有一定的要求。

②油墨的表面张力:在连续喷墨印花中,油墨的表面张力影响很大,它不仅决定着液滴的形成、液面弯曲度,也影响液滴对织物的湿润和渗透。油墨的表面张力必须低于纤维的表面能,一般要求在 30 ~ 50 mN/m。

③黏度:黏度是另一个重要的物理性质,与传统的印花相比,用于喷墨印花的油墨应具有非常低的黏度,一般在连续喷墨印花中黏度为

2～10 mPa·s,在按需喷墨技术中为 10～30 mPa·s。

④油墨的喷射性能:

a. 油墨滴液的形式:需均匀的液滴尺寸、恒定的液滴速度等;

b. 喷嘴堵塞情况:油墨中的固体成分不能堵塞喷嘴;

c. 油墨对织物表面的润湿性和适应性要好;

d. 不能有微生物的产生,具有耐蒸发性、抗发泡性等性能。

(2)油墨的种类:世界上大染料公司和生产喷墨印花设备的公司都纷纷开发新的印花墨水进入市场,汽巴精化公司申请了喷墨印花活性染料墨水的专利,将含一氯均三嗪、一氟均三嗪、乙基砜硫酸酯等活性基的活性染料用于数码喷墨印花墨水。用超滤、反渗透等膜分离手段将染料中的无机盐除去,用 1,2 - 丙二醇或 N - 甲基 - 2 - 吡咯烷酮等作为助溶剂,甲基纤维素、乙基纤维素或海藻酸盐等作增稠剂,再加入 pH 缓冲剂和防霉剂配成喷墨墨水,用微压电式喷墨印花机印花,得到较好的结果。

佳能公司申请了制备分散染料喷墨墨水的专利,所用的染料为 C. I. 分散黄 7、C. I. 分散黄 54、C. I. 分散黄 64、C. I. 分散黄 70、C. I. 分散黄 71、C. I. 分散黄 100、C. I. 分散黄 242;C. I. 分散橙 25、C. I. 分散橙 37、C. I. 分散橙 119;C. I. 分散红 60、C. I. 分散红 65、C. I. 分散红 146、C. I. 分散红 239;C. I. 分散紫 27;C. I. 分散蓝 26、C. I. 分散蓝 35、C. I. 分散蓝 55、C. I. 分散蓝 56、C. I. 分散蓝 81:1、C. I. 分散蓝 91、C. I. 分散蓝 366 等。加工时将分散剂、去离子水和有机溶剂均匀混合,放入砂磨机中,加入钢珠进行砂磨。然后过滤掉粗粒子,制成染料分散液。

油墨分涂料和染料两大类型。

①涂料型油墨(两相油墨系统):涂料型油墨对织物的纤维类别不存在选择性,印制后处理十分简单,仅需要进行适当地热焙烘,不需要汽蒸、水洗就能得到印花成品,减少了废水污染。但对涂料的粒度必须严格控制,以防喷嘴堵塞,而且印制品手感和摩擦牢度还难以满足

高的标准。

粘合剂的种类与性能对印墨的性能有一定的影响,粘合剂的粘着能力与其相对分子质量有关,这种体系存在的问题是黏度大、体系粒径的稳定性差,导致印墨出喷射口时的凝聚、剪切不稳定乃至相分离。一般涂层胶系列粘合剂成膜的优化条件为:交联剂用量是粘合剂的10%,预烘干燥后,在120℃下焙烘40 min,这样形成膜的强度高,色变小。

将粘合剂或树脂预先制成微胶乳剂,含固量30% ~50%,印花前与涂料混合、喷印、热焙烘使之附着到纤维表面。通常微胶乳剂为改性的丙烯酸酯,丙烯腈丁二烯或改性丁二烯共聚物。粘合剂或树脂胶乳15% ~20%、涂料4% ~8%,加少量吸湿剂(尿素)。适于各种纤维织物的印花。

例如,采用通过乳液聚合得到的粒径在 <0.2 μm 的微胶乳粘合剂,在 TOXOT Imaje S4 1000(法国)连续喷射印花试样机印制,将不同比例(总含固量 <28%)的粘合剂 IV—82、涂料 F6B 以及2.5%的添加剂(不计总含固量内)配成的喷墨配方,分别喷印不同品种的真丝织物。试验结果可以得出,随着粘合剂浓度的增加,体系黏度和表面张力均呈上升趋势,粘合剂成膜的拉伸断裂强力最好时,交联剂用量是粘合剂用量的10%。

综合评定体系黏度(η)、表面张力(σ)、喷印性能、弯曲刚度、摩擦牢度和透气性各项指标,得出最佳方案是粘合剂 IV—82(含固量为50%)用量15%、Hoechest 涂料红 F6B 为5% ~9%、添加剂2.5%。粘合剂 IV—82 为丙烯酸类乳液共聚物,粒径 <0.2 μm,通过控制丙烯酸丁酯和甲基丙烯酸甲酯的不同比例得到,焙烘后成膜的玻璃化温度分别为 -10℃和 -21℃。

②染料型印墨:染料型油墨主要以水为载体,用活性、分散和酸性染料等配成。染料呈溶解状态,不存在粒度问题,只要添加其他组分

满足油墨系统的基本性能,就可方便地应用。

目前,以采用染料型墨水为多。例如活性染料是纤维素纤维染色和印花的主要染料,另外,活性染料粒径比较细($\leqslant 1.0~\mu m$),在水中具有很高的溶解度,可用于配制成高浓度的棉织物喷墨印花墨水,而且具有不易阻塞喷头的优点。常用的有四种基本色 CMYK(即青、品红、黄和黑)和 2~4 种特别色(金黄、橙、红、蓝)组成。由于喷嘴直径极小,分辨率又高,以致一些数码喷墨印花机都要求用指定品牌的墨水,以保证该设备正常运行。

喷墨印花墨水是数码喷射印花成本高的直接原因。目前,各大公司生产的墨水还难以适应各种型号的数码喷墨印花机,关于墨水的色相、饱和度、浓度等还没有一个统一的标准。表5－7列出了汽巴精化公司的六种喷墨印花墨水系统。

表5－7　汽巴精化公司的六种喷墨印花墨水系统

商品名称	用　　途	品　种　数
Cibacron® MI	用于纤维素纤维及丝绸的喷墨印花活性染料墨水	9 个品种,1 种清洗液和 1 种稀释液
Tesasil® D	用于涤纶的喷墨印花分散染料墨水	8 个品种,清洗液和稀释液各一种
IRGAPHOR® T	用于所有纤维的喷墨印花颜料墨水(压电式)	6 个品种及 1 种清洗液
BIHIGHCONG Lanaset® SI	用于丝绸、尼龙及羊毛的喷墨印花酸性染料墨水	8 个品种及 1 种清洗液
Tersil® TI	用于纸张再转移到涤纶上的分散染料墨水(热气泡式)	5 个品种及 1 种清洗液
Tersil® TI	用于纸张再转移到涤纶上的分散染料墨水(压电式)	8 个品种及 1 种清洗液

喷印时"色料"通过多个密集排列的高压喷嘴(直径 10~100 μm

可调),在计算机控制下定量地喷射于织物上,形成预期的多彩精密图案。

已成功用于制造喷墨墨水的染料有:适于棉织物印花的活性染料 Cibacron MI;聚酯纤维印花的 Terasil DI 染料等;用于纸张再转移到涤纶上的分散染料墨水(热气泡式)Tersil TL 系列、分散染料墨水(压电式)Terail TI 系列;适用于丝绸、尼龙及羊毛的酸性染料墨水 Lanaset SI 系列等。酸性染料墨水印花色光稳定性较好,但存在色牢度差的问题,难以满足更高品质的要求;活性染料墨水印花时,染料分子可与纤维上的羟基或氨基共价结合,因而可以获得较高的色牢度,但存在色光较难控制的缺点。

(3)改性染料型油墨:染料型油墨印花如果不经过后处理,难以达到足够持久的耐洗和耐摩擦等牢度,但经高温蒸化或加热,促使染料向纤维内的渗透可以提高这些性能。有的染料如活性、还原染料需要在一定条件下经过化学反应才能在纤维上固着,但是反应难以达到100%,对于未固着的染料或残留在纤维表面的染料,需要充分洗除和烘干。有将活性染料和丙烯酰氯反应,引入碳碳双键改性,改性后的染料在织物上能自聚合,这样可提高印制牢度。

又如,将配制的油墨加入单体或低聚体的混合物喷射到织物上,然后使其在织物花纹处聚合形成薄层,显示花纹图案。喷印处方为:

脂肪族氨基甲酸酯二丙酸盐	24%
四羟基乙基二丙酸酯	8%
导电性调节剂	2%
稀释剂如醋酸乙烯酯	48%
光敏引发剂	3%
丙酮	x
色素(分散染料)	<10%

工艺：

印制──→焙烘(8 s)

(4)新型油墨:DyStar 公司最近推出了一系列用于羊毛、丝和锦纶织物的 Jettex® A 水溶墨。Jettex® A 系列产品包括 7 种标准墨和 3 种辅助墨,能够覆盖传统酸性染料印花所达到的色彩范围。Jettex® A 印花墨是在传统纺织印花使用酸性染料的基础上开发的,是对已有 Jettex® R 系列活性染料印花墨的补充。

另外,采用 Jettex® A 黄素 7GFLE—0 和 Jettex® A 若丹明 BNE—0 荧光墨,可以在泳装上印出夺目的图案。

杜邦公司研制的数码印花专用染料系列产品 Artistri,是专为 Artistri2020喷墨印花机和 Artistri 印花软件研制的油墨产品,它包括 ArtistriA700 酸性染料油墨、R700 活性染料油墨和新增 D700 分散染料、P700 涂料油墨。这样 Artistri 油墨就可适用于丝、毛、棉、尼龙、氨纶、涤纶及混交织物的印花。

我国研究人员将具有羧甲砜基的染料用于墨水的制造中,其染料的结构通式为 $Dye—SO_2CH_2COO^- M^+$。式中 Dye 为染料母体。M 为 H^+、Na^+、K^+、NH_4^+、Li^+ 等。该类染料在喷墨时,经喷嘴的热、电磁辐射或微波作用,部分染料分子脱去羧基形成非水溶性染料 $Dye—SO_2CH_3$。喷到酸性纸上的是未脱羧基、经离子交换形成水溶解性较低的染料 $Dye—SO_2CH_2COOH$;喷到涤纶纺织物上的染料经热熔处理可完全转化为 $Dye—SO_2CH_3$。由此形成的彩色、黑白文字或图像具有耐水的特点,比目前的水溶性染料喷墨形成的文字或图像具有更高的耐水牢度,不产生云纹,分辨率高。

2.喷墨方式

按喷墨方式可将印花技术分为 CMYK 和预配色两种,这两种方式各有其优缺点,如表 5 - 8 所示。

表 5-8　两种喷墨方式的比较

喷墨方式	优　点	缺　点
CMYK	采用四种基本色或类似有限原色组合墨水,其数量一般不超过10种颜色。颜色解析全部由计算机自行控制,插入墨水盒即可进行喷墨印花	要求 RIP 的颜色管理功能、运行速度和编织水平高,喷墨速度不高;必须使用专用墨水,成本高;喷嘴分辨率高,一般 360~720 dpi;不同于印染厂的传统习惯
预配色	颜色准确性高,符合印染厂的传统习惯,喷嘴分辨率低,一般 200 dpi,墨水成本与型版印花类似	需要有精通调色的专业人员和必要的仪器;需要储备多种染料品种和数量,必须有测配色系统和自动调色系统;不适用于小型企业

3. 喷墨印花的前处理

(1)分散剂的应用:在用颜料配置喷墨印花油墨时,通常将颜料研磨成细粉,再用表面活性剂和聚合物分散剂将其分散,稳定悬浮于水中,制成水基型墨水,这种体系不污染环境,其成分发挥了颜料特有的耐光牢度和耐水性优点,能够提高印花质量和效果。

喷墨印花的颜料,必须具有高度的分散稳定性。分散剂的位阻斥力和静电斥力可起到稳定油墨体系的作用。这种分散剂是具有良好界面活性作用的亲水、亲油性高分子化合物。

SMA 高聚物分散剂是水溶性聚合物分散剂:疏水部分由聚苯乙烯构成,通过范德华力和平面性 π—π 键稳定地连接在颜料表面上,亲水部分由聚马来酸酐构成,水解后以铵盐形式存在,可增加羧酸基的电离性,使羧酸阴离子伸展在水中提供静电斥力和染料分散的稳定性。在进行喷墨印花时,通过将水分散性 SMA 覆盖颜料表面进行微胶囊化,可制备超细颜料微胶囊分散液,这种颜料水分散体具有高分散性和分散稳定性。

(2)预处理:纺织品喷墨印花的油墨或色浆黏度较低,但这样染料溶液容易发生沿织物纱线水平方向芯吸,造成每个液滴在机织物经向和纬向渗化开来,形成星形色点,降低印花拼色效果和精细度。为此,纺织品印花前必须用含有较高假塑性流变特性的高分子或增稠剂预先处理,以改善织物对墨水的吸收,防止墨水渗化,提高得色深度和色牢度。

依据纤维的品种,所采取的预处理工艺和后处理方式有差别,使用的油墨和助剂的性能以及对印制的影响也不尽相同。最近有用 Zetex FA MIV—Mantex RS210—Unisol WL 配方进行预处理在限制墨滴扩散、织物手感和用光谱仪测量等方面具有极佳的效果。

喷墨印花所施加的油墨量比常规印花少,为此要尽量提高染料的上染率和固着率,在喷墨印花前处理时加入无机的填料(如二氧化硅微粒子),还需要加入能提高染料固色牢度的助剂,如含氮的阳离子型化合物、金属盐等。为了提高油墨或色浆对织物的润湿和在固色时有良好的溶解状态,也是保证染料充分上染的一个重要条件,所以,在前处理液中,可以加入一些增溶作用好的表面活性剂或溶剂,如 N - 甲基 - 2 - 吡咯酮、1,4 - 丁二醇、乙二醇等。

不同染料喷墨印花的前处理剂是不同的,例如活性染料印花的前处理,浸轧液中含有增稠剂可以提高上染固着率和减少渗化,如对棉织物而言,海藻酸钠可以起到防止染料溶液渗化和烘干时染料发生泳移,提高印花的精细度的作用,碳酸氢钠是一种碱剂,可以加速活性染料和纤维素的固色反应,固色越快,越不易渗化;一些聚胺化合物、季铵类聚合物以及一般的阳离子型聚合物都有很好的防止渗化作用,对活性染料的上染率可以提高 2~4 倍;而低分子的季铵化合物,有时会使上染率降低,但阳离子类处理剂容易引起某些染料变色;印制厚棉织物时,由于吸水性好,不容易渗化,用碱剂处理既可加速固色反应,也有一定的防渗化作用;而印丝绸时,就容易渗化,应该选用保水性高的高分子物处理防止渗化。

预处理剂的抱水性对织物的防渗化有非常重要的作用,预处理剂抱水性好,墨水喷到织物上能够很快被吸收,从而阻止墨水向四周扩散和渗化。加入聚乙二醇(PEG、20000)作吸水剂,可提高浆膜的吸水性能。PEG浓度对墨水固色率影响较大,在增稠剂CMC浓度为2%时,PEG对真丝织物预处理的效果随其浓度的增大而增强,但浓度过高,汽蒸时容易吸收过多的水分,致使浆膜中水增多,引起严重的渗化。因此,PEG浓度宜控制在3%以下。氧化铝粉末的加入对抑制汽蒸过程中墨水渗化有显著作用,但浓度提高后对固色率并无多少影响。

印花前处理剂应具有:

①良好的抱水性,抱水性越高,印花的精细度越好;

②良好的脱糊性,这是保证印花后获得良好手感的前提;

③制成原糊后具有良好的流动性,这样有利于浸轧上浆;

④良好的耐电解质性能。

(3)喷墨印花织物的前处理工艺:

①棉织物的预处理工艺:

a.海藻酸钠(酯)处理:

处理液配方:

小苏打	15 g/L
海藻酸钠	x

处理方法:织物用上述处理液进行四浸四轧,轧液率75%~80%,晾干后备用。

海藻酸钠或海藻酸酯在1.0%~1.5%浓度之间染料的固色率达到最高。过高或过低均导致固色率的下降。

b.阳离子改性剂CM处理:

处理液配方:

改性剂CM	30~40 g/L
NaOH	15 g/L
JFC	2 g/L

水 　　　　　　　　　　　　　　　　　　　　　　　　　　　　　　　x

工艺条件:浴比 1:20,温度 20℃,时间 60 min。

处理方法:称一定布重试样,按浴比计算出溶液的量,按配方配好处理液,在 60℃小样染色机中处理 60 min 后,取出试样,用 60℃热水冲洗,再用冷水冲洗,然后在 2 g/L(浴比 1:40)的醋酸溶液中处理 3 min,水洗至中性,晾干。

纤维素纤维的阳离子改性,就是用改性剂溶液处理纤维,使带有正电荷的改性剂分子吸附在纤维表面或接枝到纤维素大分子上。纤维改性剂 CM 是含有氯醇基的阳离子化合物,与纤维素纤维的反应机理类似于纤维素纤维在碱性介质中与环氧基的反应。反应过程如下所示:

$$\text{Cell—OH} + \text{OH}^- \longrightarrow \text{Cell—O}^- + \text{H}_2\text{O}$$

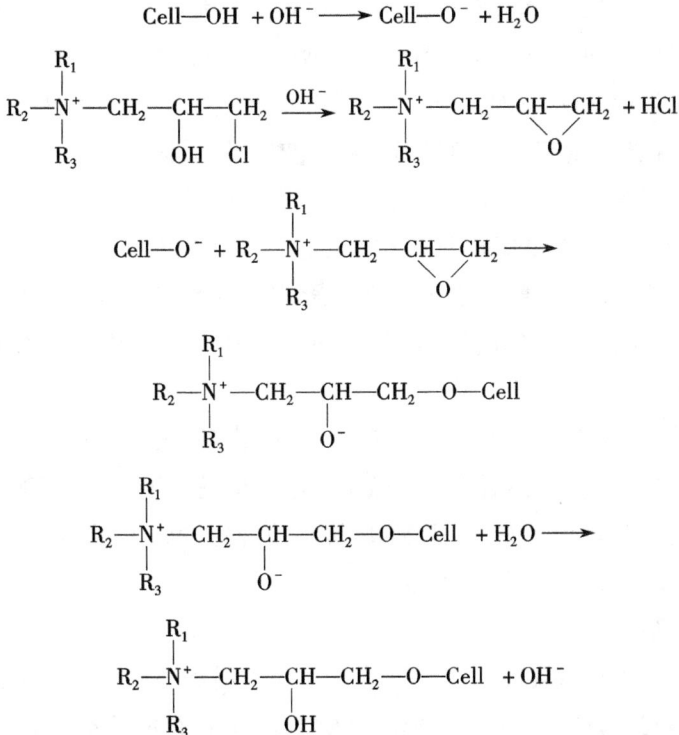

棉纤维经 CM 改性后带有阳离子基团,纤维表面的 Zeta 电位降低,提高了阴离子染料,如酸性、活性、直接染料对改性棉纤维的亲和力,增加了染料的上染率和染色深度。棉纤维改性处理后,固色率能达到99%以上。一般采用改性剂 CM 40 g/L 的处理方法。但阳离子 CM 改性织物无法进行搓洗,洗涤时染料发生沾移。因此,阳离子改性织物经喷墨印花后只能作为工艺品或无留白的印制品。

c.将试样浸轧 $NaHCO_3$,压力 19.6 kPa,四浸四轧,轧液率为 75% ~ 80%,晾干。

②真丝织物的前处理:真丝纤维表面光滑,防止墨水渗化能力较差,因此要获得精细的印制效果有一定的难度,传统的海藻酸钠预处理工艺也不能满足真丝精细印制的要求。以羧甲基纤维素钠(CMC)为增稠剂、聚乙二醇 PEG 为吸水剂和氧化铝为吸附剂,对真丝织物进行喷墨印花前处理可以得到优良的效果。CMC 对织物防渗化效果明显好于海藻酸钠。CMC 是阴离子型增稠剂,随用量增加,浆膜含固量增加,高含固量有助于染料固定在印花区域内,防止织物因毛效产生渗化。墨水在织物上的渗化过程有喷墨打印时产生的渗化和汽蒸时产生的渗化。增加 CMC 浓度对汽蒸过程中渗化的抑制十分有效。选用高浓度 CMC 作增稠剂,能够在不影响固色率和提高 K/S 值的情况下,改善织物的防渗化性能。研究表明,当其浓度为2%时可以获得最佳效果。

此外,涤纶织物需施加海藻酸盐、柠檬酸、轧液率70% ~ 80%,100~120℃ 干燥,然后进行分散染料喷墨印花。毛、锦纶织物进行酸性染料喷墨印花前的处理,需加尿素、海藻酸盐、酒石酸铵,轧液率70% ~ 80%,100~120℃干燥。

4.喷印

影响色彩重现性的主要因素为喷印染料和喷印方法。不同的染料以不同的方式,在不同厚薄的介质上喷印,所得的色彩效果不同;即使相同的染料,以不同的喷印方法操作,色彩的明亮度也不一样。首先,输入图像的来源,如光盘文档、扫描输入文档、数码文档等,需要明确该图像的色空间,若无色空间,必须赋予该文档一个色空间的文档,这样才能使用多台机器喷印相同的颜色,并使得颜色相近。完成了色空间的设置后,要检查图案文档的质量。一般来说,图案喷印尺寸的精度不能低于 100 dpi,否则可能出现模糊或马赛克效果。在计算机上选取该图案的主要颜色,如人的肤色、天空色、水果色等,再进一步调整。

打印图案时,选取的分辨率越高,打出的花色越精细,花费的时间也越长。所以并不是打印的精度越高越好,不同的面料、不同的图案,可选用不同的喷印精度,对某些织物精度大了也没有效果,反而影响印花速度。因此选用合适的喷印精度将在保证质量的前提下大大提高工作的效率。

5. 后处理

(1)汽蒸:纤维素织物印花后,在 102~105℃温度下汽蒸固色 5~7 min;涤纶织物印花后,在 180℃汽蒸 8 min;丝、毛、锦纶织物印花后,102℃汽蒸 30 min,使染料固着于织物上,然后进行洗涤,即完成。在汽蒸过程中,浆料吸湿膨化,促使染料透过浆料层,到达纤维表面。以 Cibacron Red P—2T 型活性染料为例,在碱性条件下,P 型染料与纤维素纤维在 90℃发生固色反应。反应式如下:

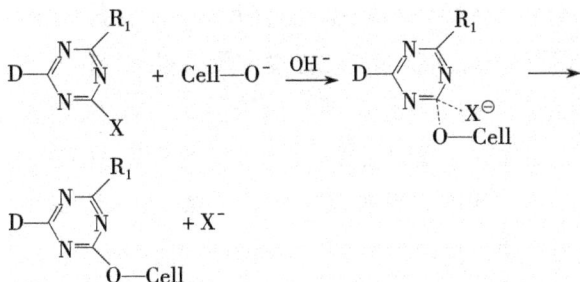

真丝织物汽蒸的目的也是使染料分子在一定湿热条件下,与纤维发生化学反应,使染料固着在纤维上面。其汽蒸方式与传统印花相似。汽蒸时间过短,染料发色不够,得色较浅,汽蒸时间过长,会造成活性染料的水解,得色下降。

传统印花的蒸化方式,一般有连续蒸箱和圆筒蒸箱,连续蒸箱有蒸化色光稳定的特点,而圆筒蒸箱有蒸化发色鲜艳的特点。但传统的蒸箱一般都体积庞大,基于数码喷射印花小批量、多品种的特点,应尽量选用小型圆筒蒸箱。

数码喷射印花织物的水洗与传统真丝活性染料印花相似,工艺流程为:

冷水洗 3 遍 —→ 60℃热水洗 —→ 80℃皂洗 —→ 冷水净洗 —→ 柔软固色处理 —→ 脱水 —→ 烘干 —→ 成品

考虑到真丝织物的特点,皂洗剂为中性或弱酸性。

(2)固化剂的应用:水性油墨的缺点在于干燥时间长,对底材的适应性小。而溶剂型油墨虽然不存在干燥问题,但由于含有挥发性的有机溶剂,易造成环境污染,其使用也越来越受到限制。

紫外光固化(UV 固化)油墨,是指使用光活性预聚物作为油墨的基料,在 200~450 nm 的紫外光线照射下,由光引发剂产生自由基,引起基料聚合和交联反应,使油墨从液态转成固态,得以固化。典型的 UV 固化体系由光活性预聚物(Oligomer)、光引发剂(Photoinitiator,PI)、活性单体(活性稀释剂)、着色剂(颜料)以及其他必要的助剂组成。其中光引发剂对油膜的固化速度起到直接关键的作用。

在选择光引发剂的时候必须考虑颜料的影响,因为颜料可吸收紫外线,使引发剂对紫外光的吸收量减少,造成颜料对引发剂的"屏蔽",降低引发效率,有些颜料可吸收并转化一部分光促进固化,因此选择在颜料的光谱范围内具有很好吸收性的光引发剂为好。但光引发剂的浓度并不是越高越好,由 Lambert—beer 定律可知,光强度随吸光物质的浓度增高而呈指数关系递减。如果光引发剂的浓度过高,由于靠近涂膜表层的光引发剂吸收了大部分光,使到达里面的光通量减少,光引发剂产生的初级自由基减少,固化速率降低。

三、喷墨印花设备

数码喷射印花机是20世纪90年代国际上出现的最新印花设备,是继平网印花、滚筒印花、圆网印花、转移印花之后的又一种全新的印花方式。喷墨印花在世界各国已被研究多年,近年瑞士 Ciba 公司、Sophis软件公司、Innoted 印花机公司三者协作开发,取得可喜成果。

1. 喷印软件

目前最常用的导带式数码喷印机控制软件为:TEXLINK、PHOTOPRINT 和 TEXPRINT,这3种软件的特点分别是:

(1)TEXLINK:偏重于注色打印,照片图案的打印效果较差;

(2)PHOTOPRINT:无注色功能,当需要打印对色的色块时,无法达到满意的效果;

(3)TEXPRINT:功能强大,兼顾了 TEXLINK 的特点和 PHOTOPRINT 软件的各项功能,打印的照片效果逼真,该软件是喷印功能比较完善的喷印控制软件。

2. 喷射系统

喷墨印花机的关键是喷射系统,分为按需喷墨式(DOD)和连续喷墨式(CIJ)两种。

(1)按需喷墨式(DOD):按需喷墨式其原理是对喷嘴内的墨水施加高频的机械、电磁或热冲击,使之从喷嘴喷出,形成微小的墨滴流,它的最大特点是在需要时喷墨。该系统又可分为热喷式和压电式等。

1991年汉诺威 ITMA 展览会上,Stork、Signtech 和 Perfecta Print 公司分别展出了压喷按需喷墨印花机,当电场使一个压电晶体发生变形,这些压电晶体是打印室的端面和端壁,印花机就喷射墨滴。Mimaki 喷墨印花机可能是该展览中看到的最普通的设备,也采用了按需喷墨印花技术。

Encad、Colorspan 和 Ichinose 公司分别展出了以热喷或泡沫喷墨技术为基础的按需喷墨(Drop—on—Demand, DOD)设备,当电阻器加热到一定温度,染色则会产生汽化泡沫,印花头即喷出染料液滴。泡沫因冷凝而收缩,一个染料储存器再将染色供应给印花头。

据报道,国内已拥有近百台数码喷墨印花机,如宏华的 ATex1300/1800 数码喷墨印花机、运源数码喷绘印染机、金昌喷墨数码印花机和罗兰超级飞人网络喷绘机等,大多属压电式喷墨印花设备。喷墨印花机采用四种基本色 CMYK 墨水对织物进行喷墨印花,也有增加三种或四种专色的。但其应用领域仍停留在喷印旅游纪念品、打样、小范围的小批量生产。

(2)连续喷墨式(CIJ):连续喷墨式原理是:墨水可由泵或压缩空气输送到一个压电装置,对墨水施加高频震荡压力,使其带上电荷,从微孔喷出连续均匀的墨滴流,喷孔处有一个与图形光电转换信号同步变化的电场,喷出的墨滴便会有选择性地带电,当墨流经过一个高压电场时,带电的墨滴喷射轨迹会在电场的作用下发生偏转,打到基质表面,形成图形。连续喷墨式又可分为两种方法:

①二元连续喷射式(图 5 - 3),每一个喷嘴仅能控制一个点位置;

②多偏转连续喷射式(图 5 - 4),每个喷嘴可控制 30 个不同的点位置。

设计用于短流程产品的连续喷墨设备在 ITMA 99 上受到欢迎。与按需喷墨设备相比,连续喷墨从喷嘴产生连续的液滴流,使用一个选择程序(通常是静电偏转)在织物上产生图像。多余的液滴将被收集,染液循环使用。连续喷墨设备比按需喷墨设备的制造成本昂贵,但染料输出的速率要高很多,这一点在纺织印染中很重要。

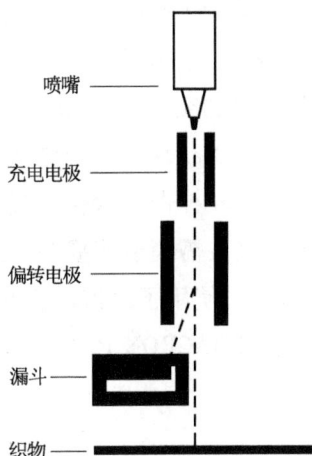

图 5 - 3　二元连续喷射式示意图

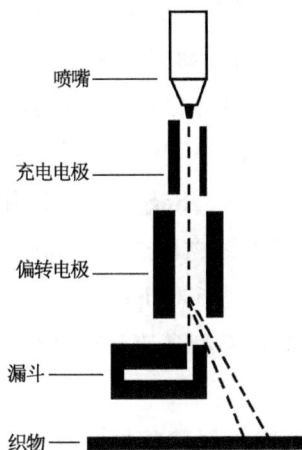

图 5 - 4　多偏转连续喷射式示意图

颜色在打印时有 CMYK、LAB 以及色通道喷印等几种输出类型,各有优缺点。

CMYK:能方便地调整颜色,比较直观,若喷印机使用了宝蓝色墨道,CMYK 色卡系列则无法喷印鲜艳的宝蓝色;

LAB:能喷印 CMYK 无法喷印的宝蓝色,喷印范围尚可,但调整颜色不方便,不直观;

色通道:能方便地调整颜色,效果直观,喷印范围大,能喷印 CMYK 无法喷印的宝蓝色,有些软件无该功能。

数码喷射印花机需要高精度的喷嘴技术,高精度的机械控制技术,高度的稳定性,可靠性和相应喷射的染液。1995 年米兰 TIMA 展览会上,荷兰 Stork 等公司展出了用活性染料墨水,分辨率为 360 ~ 720 dpi,喷墨印花速度为 4.6 m²/h 的宽幅数码喷墨印花样机。这是数码喷墨印花机的第二代产品,它们在欧洲已正式使用。Stork 与 Zeneca 公司联合开发了 True Color 系统;在日本 Seiren 公司也投入规模化生产数码喷墨印花织物。

意大利 Reggiani 设备公司和以色列 Aprion 数码公司及汽巴公司（Ciba）合作,研发出新型的 DreAM 数码印花机。三家公司称这是数码印花机在数字纺织印花速度上具有"革命性"的突破,其印花速度可提高 10 倍,从 $10 \sim 20$ m^2/h 提升到 150 m^2/h。DreAM 有两处创新:首先,是结合了 Reggiani 的织物传送系统与 Aprion 神奇的六色喷墨头。前者可将织物传送到准确的位置;六色压电式按需滴液喷墨头,可印制分辨率达 600 dpi 的印花图案或影像。其次,使用了由汽巴精化公司专为该新型高速系统研制的全新印墨系统 CIBACRON RAC。

四、数码喷射印花的发展前景

数码喷射印花虽然在节能、环保方面改善明显,但目前耗材成本过高,喷射印花速度较低、油墨配制工艺较繁杂、织物必须前处理等成为产品普及和制约工业化生产的一个主要障碍。

我国不少科研院校在探索研发喷射印花的墨水,也有在研究技术更为复杂的涂料型墨水。德国 BASF 染料化工有限公司认为"用于纺织品的涂料型墨水溶液,是一个很复杂的领域,它是根据不同的喷墨印花头量身而定做的。"因此我们研发喷射印花墨水更需要企业和科研部门联手协同工作。

除了上述数码喷射印花关键技术外,数码静电最新印花技术比喷射印花可以提高生产效率 $10 \sim 50$ 倍,色料用量也仅为喷射印花的 $1\% \sim 1.75\%$,因此,可以大大降低成本,关注数码静电印花技术将是从另一条路子开拓印花最新技术。

近年来数码印花技术的发展速度和普及速度迅速增长。设备的性能迅速提升,耗材成本不断下降,数码印花产品正在逐渐被认识并接受。随着计算机技术的飞速发展,数码印花技术及设备也一定会不断完善,数码印花产品的普及程度会呈现跳跃性的飞跃,并有可能逐步替代传统印花的工艺及装备,为人类实现可持续发展作出贡献。

主要参考文献

[1] 王爱兵,杨斌.超声波技术及其在纺织品前处理中的应用[J].中原工学院学报,2003,14(1):73-75.

[2] 王爱兵,朱小云,杨斌.超声波技术及其在染整加工中的应用[J].针织工业,2004,32(1):99-102.

[3] 王建明.等离子体技术及其在纺织行业的应用[J].国际纺织导报,1999,(3):84-86.

[4] 王慧琴,许海育,靳云敏,等.纯棉织物的生态染整工艺初探[J].印染,2003,29(3):19-21.

[5] 朱玲.光引发剂与颜料对喷墨印花用 UV 固化油墨固化速度的影响[J].染料与染色,2004,41(3):158-160.

[6] 马正升,宋心远.SML 染色载体对涤纶微细纤维染色的影响[J].印染助剂,2000,17(2):7-10.

[7] 刘江坚.气流染色与气流染色机[J].印染,2001,27(9):13-14.

[8] 曾军英,汪澜,雷彩虹.FN 型活性染料的低盐染色工艺[J].印染,2004,30(4):20-22.

[9] 朱虹.B 型活性染料在棉针织物上的染色性能探讨[J].针织工业,2000,28(6):56-58.

[10] 钟燕萍,杨志毅,麦艳莉,等.纯棉织物活性染料冷轧堆染色工艺[J].广西工学院学报,1997,8(1):71-76.

[11] 郭华,张诚,兰瑞勃,等.黛丝生产技术[J].聚酯工业,2004,17(4):41-43.

[12] "生命计划",更加环保——访西班牙 ATYC 公司总经理 Lgnasi Verdos,特别报道:2002(9):14.

[13] 戴晓徽.B 型活性染料在 Tencel 纤维染色中的应用[J].四川纺织科技,2001,(4):47-48.

[14] 施孝英.保护环境应用环保型染化料[J].专家座谈.23-25.

[15] 吕家华. 拜耳的绿色纺织化学品概念及其产品[J]. 印染, 2002, 28(1): 48 – 50.

[16] 宋心远, 沈煜如. 二十一世纪染色技术展望(Ⅰ)[J]. 染整技术, 1999, (6): 1 – 2.

[17] 宋心远, 沈煜如. 二十一世纪染色技术展望(Ⅱ)[J]. 染整技术, 2000, (1): 18 – 21.

[18] 陈庆军. 纺织品染整技术发展的新趋势[J]. 山东纺织科技, 2002, (3): 51 – 52.

[19] 宋心远. 纺织品生态染色和染色新技术[J]. 染料与染色, 2003, 40(2): 80 – 82.

[20] 唐志翔. 电晕处理织物的可染性[J]. 染整科技, 2004, (6): 52 – 57.

[21] 柳荣展. 高浓度硫化染料染色废水的处理与综合利用[J]. 化工环保, 2002, 22(1): 45 – 47.

[22] 林程雄. 活性染料染色节能工艺[J]. 印染, 2002, 28(9): 11 – 13.

[23] 郝新敏, 张建春. 物理技术在染整加工中的应用[J]. 印染, 2002, 28(11): 36 – 40.

[24] 尚颂民, 卓汉坚. 溢流染色机的创新促进绿色环保染色技术的发展[J]. 纺织导报, 2003, (4): 28 – 33.

[25] 郑光洪. 新型气流雾化染色机[J]. 丝绸, 1999, (1): 31 – 32.

[26] 张淑芬, 杨锦宗. 世界染料与染整工艺科技创新[J]. 染料与染色, 2003, 40(4): 185 – 188.

[27] 谈仲亨. 节能环保的973A染色蒸箱[J]. 印染, 2003, 29(2): 31 – 33.

[28] 刘江坚. 气流染色与气流染色机[J], 印染. 2001, 27(9): 13 – 14.

[29] 陈怡译, 健民校. 纺织品喷墨印花[J]. 国外纺织技术, 2004, (4): 12 – 15.

[30] 闫玉山. Kroy毛织物处理技术[J]. 上海毛麻科技, 2001, (1): 43 – 48.

[31] 姜惠娣, 金建平, 梅伶. 变色绮丽绸新产品印花技术[J]. 丝绸, 2001, (7): 9 – 11.

[32] 萧继华, 宋心远. 丙烯酸缩水甘油酯的合成及其粘合剂产品一类新型环

保型涂料印花粘合剂的研制[J].染整技术,2001,23(3):29-31,43.

[33] 陈庆军.纺织品染整技术发展的新趋势[J].山东纺织科技,2002,(3):51-52.

[34] 施予长译,唐志翔校.纺织印花产品的环保问题[J].印染译丛,1995,(5):96-102.

[35] 萧继华,俞宏,宋心远.环保型低温自交联涂料印花粘合剂SX的合成与应用[J].印染助剂,2001,18(6):23-25.

[36] 吴德英,刘菁,刘钢,等.环保型高性能增稠剂CTF的合成[J].印染助剂,2001,18(2):17-19.

[37] 陈荣圻.喷墨印花用印墨[J].印染,2001,27(12):38-45.

[38] 宋肇堂.环境保护与环保型纺织印染助剂[J].纺织导报,1998,(3):48-54.

[39] 宋倩编译.几种纺织品印花油墨[J].丝网印刷,2004,(9):38-39.

[40] 刘洪山.近期染料行业几项关键技术和新产品的开发与研制[J].上海染料,2001(5):1-3.

[41] 陈颖.利于环保的印染新工艺[J].江苏纺织,1999,(10):15-17.

[42] 王国军,陈瑾,宋志臻.活性墨水数码喷印技术在真丝面料上的生产应用[J].染整技术,2004,(3):71-74.

[43] 叶锦华.浅谈活性防活性染料印花工艺[J].染整科技,2004,(5):15-17,35.

[44] 高冬梅,吴广峰,宁志刚.浅谈蓝印花布的染色[J].山西纺织化纤,2002,(1):13-14.

[45] 日本东伸研制成功新型平网印花系统[J].染整科技,2004,(13):54.

[46] 任忠亚,徐为群,胡建平.柔软涂料直接和拔染印花系统[J].印染,2003,(8):31-32.

[47] 邢云英.数码时代转移印花概述[J].天津纺织科技,40,(1):6-7.

[48] 杨如馨,丁退.印花涂料对喷墨印花印墨性能的适应性[J].丝绸,2001,(12):16~18.

[49] 岑乐衍.世界新染料、新助剂发展动向(上)[J].纺织导报,2003,(2):

90 - 92.

[50] 陈荣圻.涂料印花色浆的生态环保问题探讨[J].印染,2004,(14):34 - 40.

[51] 徐鹏译,蒋培清校.一步法喷墨印花和耐久压烫整理[J].国外纺织技术,2004,(5):27 - 30.

[52] 周宏瓶.朝气蓬勃的气泡喷射印花[J].丝绸,1998,(11):51.

[53] 顾东民,吴春明,蔡明训.新型环保印花粘合剂的合成及 IPN 结构在涂料印花中初探[J].印染助剂,2003,20(3):42 - 44.

[54] 李文英,刘馨,张晓东.新型磁棒圆网印花机面市[J].印染助剂,2002,19(2):28 - 30.

[55] 高冬梅,宋晓秋,李洪涛.新型金粉涂料在印花中的应用[J].针织工业,2004,12(6):93 - 94.

[56] 唐增荣.新型特种印花技术与应用[J].上海丝绸,2004,(2):8 - 13.

[57] 刘永庆.新型涂料印花技术[J].工艺与技术,2003,(6):21 - 23.

[58] 樊俊耀.充满魅力的数字印花技术[J].网印工业,2001,(1):40 - 41.

[59] 杨栋梁.织物数码喷墨印花技术的动向[J].印染,2003 增刊:25 - 30.

[60] 杨如馨,顾平.微胶乳粘合剂织物喷墨印花的应用研究[J].纺织学报,22,(6):389 - 391.

[61] 梁少华,屠天民,蔡忠山.喷墨印花前的预处理条件和染料的选择[J].印染,2001,27(12):8 - 10.

[62] 杨如馨.聚丙烯酸类乳液粘合剂对喷墨印花的适应性[J].印染助剂,2002,19(4):27 - 29.

[63] 周煜,陈水林,陆大年.苯乙烯—马来酸酐(SMA)高聚物对颜料的分散及其在喷墨印花中的应用[J].印染助剂,2002,19(5):21 - 23.

[64] 杨如馨.染料型喷墨印花印墨组成的试验研究[J].染料与染色,2003,40(3):129 - 130.

[65] 张瑞萍.纺织品的喷墨印花[J].南通工学院学报(自然科学版),2003,2(4):29 - 31.

[66] 朱利,屠天民,吴思.真丝织物喷墨印花工艺研究[J].印染,2004,30(3):20 - 22.

第六章　纺织品环保型整理技术

第一节　生物整理技术

一、生物酶与清洁生产

为了提高纺织品的竞争力,人们意识到开发那些既能改善产品质量,又对环境无害和能适应人们消费需求的具有个性化、高档化、舒适性的纺织品更为重要。生产企业非常注重纺织品的高档化和高附加值加工。而用酶处理的纺织品可以产生许多特殊的功能,生物酶处理还可以改善织物的服用性能,由此可以获得低消耗、高质量和一些特殊整理效果等多种商业价值。

生物酶是生物细胞产生的一种无毒、对环境友好的生物催化剂,是具有极强催化效率的特殊蛋白质。在纺织产品的染整湿加工过程中,利用生物酶技术具有传统方法所没有的优势:

(1)生物酶加工工艺比较简单,酶作用专一,仅对特定的底物起作用,使用剂量少,反应效率高,需时短,对织物的损伤小。

(2)作为一种生物催化剂,反应后释放的酶可进一步地转化重复使用,催化另一反应进行,因此少量的酶便足以维持反应的进行,降低水以及能源的消耗。

(3)酶处理条件(如温度,pH 值等)较温和,操作安全易控制。它可替代传统的一些强酸、强碱等化学品和部分加工助剂。

(4)酶具有生物降解性,无毒无害,处理产生的废水可以完全自然降解,不会污染纺织品,废水排出量少,排放也不会污染环境,从源头上消除产生环境污染的根源,实现清洁生产,对环保及生态都有利。

现代生物工程技术的发展为酶的进一步应用提供了可能,生物酶在纺织品上的应用研究十分活跃,成为企业之间竞争的新领域和热点。国内外各大公司开发了适用于纺织品的酶制剂及其复配体系,根据需求有多样化选择。

生物整理技术的开发和应用顺应了绿色生产加工和可持续发展的要求,不仅是"绿色"加工,同时还赋予产品某些保健功能和高效节能的特性,是对环境的一大贡献。因此在纺织品整理中的应用正在不断扩大和向纵深发展。

二、生物酶在纺织品整理中的应用

1. 生物酶的分类和作用原理

(1)生物酶的种类:酶的种类繁多,按其来源可分为动物酶、植物酶和微生物酶;根据生物在细胞内外形成酶又分为胞外酶和胞内酶。胞内酶种类最多,生物合成中,分解或化合的一系列催化反应基本上都是胞内酶参与的,而胞外酶则多数为使用酶,纺织染整加工中应用的酶基本都属于这一类,例如淀粉酶、蛋白酶等。氧化还原酶是催化物质进行氧化还原反应的,这类酶根据对基质的作用又可分为脱氢酶、氧化酶和过氧化氢酶。在纺织染整中应用的酶还有淀粉酶和蛋白酶、脂肪酶、果胶酶、纤维素酶、复合酶等。

(2)生物酶的作用原理:酶与一定底物结合并发生反应,当基物和酶的空间结构一致时,活性中心产生催化反应。事实上,酶的催化作用只发生在酶分子的一小部分上,这部位具有三维结构,它处在酶分子表面的一个裂槽内,这个部位成为活性部位或活性中心;在此处发生和底物的结合并对底物起催化作用,对底物起催化作用的部位称为催化部位(或催化中心)。结合部位决定酶的催化作用的专一性,催化部位决定酶的催化活力和专一性。

酶催化某一特定的化学反应是通过降低该反应的活化能实现的。

它与底物的作用方式有"钥匙—锁"原理,即底物(即基质)契合到酶蛋白的活性中心,与底物形成酶—底物络合物,改变底物的能量,使其易于发生转变。

也有认为酶的初始状态的活性基团并非处于它们起催化作用的最适位置,但是酶分子与底物分子相互接近时,酶蛋白受底物分子的诱导,其构象将发生有利于同底物相结合的变化,从而使酶与底物相互契合而进行反应。近年来有些实验结果支持诱导契合假说。

反应结束后,酶催化剂与其他所有的催化剂一样,仍保持原状,并可进行其他更进一步的转化。因此只需要少量的酶便足以维持反应的进行。酶催化反应的进程可表示为:

$$A + E \longrightarrow A\!-\!E \longrightarrow E + B$$

式中:A——底物;B——产物;E——酶。

酶的催化反应可以大大提高反应速度,节省时间;大多数酶催化反应均可在常温常压的温和条件下进行,因而比较容易控制,操作环境较安全。

酶催化反应进行到一定程度后,要采取一定措施使酶失活,如不及时使其失活,会造成纤维损坏。一般通过改变温度或 pH 值来实现酶失活,有时亦可采用化学品使其"中毒"而失活。

2. 影响生物酶作用的因素

酶是高度专一性蛋白质,具有如此复杂组成结构的分子是非常敏感的,一旦失去了最佳的周围环境,就不能发挥最佳效用。影响酶作用的工艺参数有:温度、pH 值、时间、浴比及机械作用。

(1)酶的浓度:酶的浓度是其作用的基本条件,浓度越高水解反应就越快。

(2)pH 值:生物酶达到最大活性有其最适宜的 pH 值或范围,pH值的变化会改变酶与底物的结合状态,导致酶催化活力变化,影响反应速度。

（3）时间：处理时间太短，作用效果不明显，而时间太长，生物酶侵入纤维内部，部分酶可使纤维主干受到较大损伤。

（4）浴比：浴比太大，相当于生物酶浓度减小，使织物减量相应减少，相反，浴比太小，影响作用的均匀性，而且生物酶浓度相对增大，部分酶会引起纤维强力损伤。

（5）温度：温度对酶反应活性的影响非常复杂。它同时存在两个相反方面效应，随着温度的升高，酶接近反应物分子的概率增加，活性提高，但温度过高，又使酶失活的速率加快。

（6）添加剂：处理液中或基质上同时存在的表面活性剂对酶活性有不同的影响。因此，处理系统中助剂的作用不容忽略，这样处理的程度才能被精确地重现。不同类型的表面活性剂对酶作用的影响不同。控制好表面活性剂的种类及用量可使酶的作用效果更明显。

此外，低强度的超声波可协同酶的催化反应，加速底物与酶的接触和产物的释放，促进酶的生物催化活性，使催化反应速度提高；而较高强度的超声波会使酶失活。

3. 生物酶在染整加工中的应用

生物整理技术涵盖很广，包括在纤维改性、前处理和后整理方面，如利用基因工程对羊毛进行生物改性等。下表和下图分别列出了酶在纺织品染整加工中的作用和应用。

（1）纤维素纤维的生物整理：酶已经普遍应用于纤维素纤维的湿处理中，如淀粉酶退浆，果胶酶等复合酶精练，漆酶和过氧化氢酶用于双氧水漂白，纤维素酶生物抛光等。

①纤维素酶对棉织物的光洁柔软整理：按应用条件可分为酸性纤维素酶、中性纤维素酶和弱碱性纤维素酶等。使用时，根据纤维的种类、产品要求的强力和克重、设备以及织物的预处理情况等选

用合适的酶。

酶在纺织品整理加工中的作用

酶的作用和作用对象			酶的种类	加工名称	加工目的
作用于非纤维	去除残留物	多糖类	甘露聚糖酶、纤维素酶、淀粉酶	印花糊料的退浆	去除印花后的糊料
作用于纤维	物理和化学性能变化	棉、麻纤维	纤维素酶	柔软加工;酶改性	分解纤维、改善手感和风格;改善染色性、去除织物上纤维毛茸、增加光泽
		羊毛	角蛋白酶、蛋白酶	防毡缩加工;酶改性	分解软化羊毛上的鳞片;改善染色性、去除织物上纤维毛茸、增加光泽
	表面变化	粘胶丝	纤维素酶	桃皮绒加工	分解纤维、产生细绒毛
		棉纤维 粘胶丝	纤维素酶	生化洗涤	脱色、改善风格

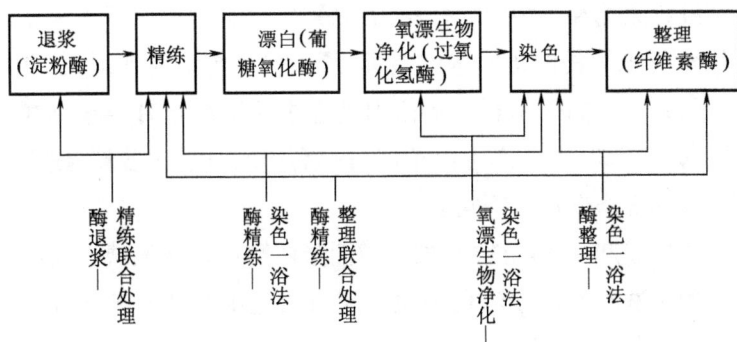

生物酶在织物染整加工中的应用

　　纤维素酶与纤维素形成的大分子复合体不易渗透纤维内部主要在织物表面。纤维素酶特别容易与细支纱和疏松结构的纤维作用,如果用于棉和麻等纤维素纤维,控制主要作用于外露的微细纤维和毛羽,使其水解弱化,并在机械作用下从纤维上脱落下来,这样处理后织物表面比处理前光洁,纹路清晰,也称抛光整理(生化抛光),可代替传统的烧毛和碱丝光,减少织物起球的趋势;纤维素酶在处理的同时,纤维产生溶胀、降解、绒毛剥落,抗弯强度减弱,纤维之间的摩擦系数降低,无定形区增大,结构松弛,织物滑爽和悬垂,产生蓬松柔软的手感,吸湿性和抗起毛起球等性能提高,获得永久性的柔软或超柔软效果。对于苎麻等纤维纺织品,可以消除刺痒赋予柔软性能。这些作用效果持久,在洗涤、整理后不受到影响。

　　但是,在织物的外观和手感得以改善的同时,织物的强力也有损失。因而在纤维素酶整理过程中,如何在保证整理效果的同时,避免织物强力的过度损失就显得非常重要。可根据整理效果的要求确定整理工艺,考虑的因素包括:纤维结构、酶的用量、处理的条件(时间、湿度、pH 值及机械搅拌力)、添加剂和机械作用等。

　　②纤维素酶和漆酶对牛仔布仿旧整理:纤维素酶用于牛仔布或其他纤维素纤维织物的仿旧水洗整理,可以代替传统的砂洗,获得时尚的仿旧效果。人们采用石磨法仿旧整理中使用浮石时,会造成断纱、下摆断边等损坏,更会产生由于浮石等磨碎的石子或砂粒,残留于牛仔裤口袋和洗涤设备中等问题。

　　在牛仔布产品的水洗中,加入碱性蛋白酶可显著地减少使用酸性纤维素酶水洗时的白纱沾色现象。因为沾色主要是由于纤维素酶的蛋白质将颜色颗粒粘附于织物上。

　　由于酶分子能将暴露在纤维表面的原纤末端进行水解,通过机械揉搓,产生织物与织物、织物与设备的摩擦,将表面的微原纤脱落,这样可以由表及里逐步剥落织物上的涂(染)料,使之露出布纹及布底本色。织物外观形成一种朦胧变幻、风格独特的效应。

商品漆酶亦具有催化各种染料氧化反应的作用,对靛蓝染料的分解效率很高,因而也被应用于牛仔服的仿旧整理。处理过程中的氧化反应只作用于染料,对纤维素纤维没有作用,处理后热水洗便可使酶失活。这一类的产品有诺维信公司的 Denilite Ⅱ,它包含漆酶和所需的介质。

当使用一些高浓缩的酶进行仿旧整理时,应注意以下几点:

a. 应用缓冲剂保持 pH 值稳定,酸性纤维素酶用 HAc—NaAc 缓冲液调节 pH 值在 4.5~5.5。中性纤维素酶调节 pH 值在 6.5~7.0。

b. 温度应保持在最适宜范围内,温度过高,会使酶失活;过低,则不能充分发挥酶的活力,造成浪费,加工成本提高。一般温度控制在 50~60℃。在此温度范围内,酸性纤维素酶比中性纤维素酶稳定性高。

c. 选用在储存期间稳定的酶。粉状和粒状的纤维素酶不与湿度接触时才是稳定的。一旦它们沾有湿度,就可能比液态酶还不稳定。用后密闭于酶容器中,将有助于保持其稳定性。所以每批织物酶洗之前,都应标定酶的活力,以确保处理效果相同。

(2)Lyocell 织物的光洁整理:Lyocell 纤维的一个特点是在经过各种湿处理如退浆、染色和洗涤后易原纤化。对于 Lyocell 原纤化的去除和利用,即光洁整理和桃皮绒手感整理中都使用了生物酶。NovoLyo Tech 是由 Novo 公司与原 Acordis 公司共同开发的 Lyocell 光洁整理工艺。在该工艺中,Lyocell 的预原纤化、生物抛光和染色在同一浴中进行,用于 Lyocell 及其混纺的针织或机织物。预原纤化采用 Aquazym Ultra 酶和两种盐 NaCl 和 CH₃COONa 代替传统预原纤化所用的碱;光洁整理用 Cellusoft Plus 或 Cellusoft Ultra L,采用这种预原纤化工艺处理后,Lyocell 的强力不但没有下降,反而有所提高。

原纤化的产生源于织物之间或织物与机械之间湿态下的摩擦作

用,裂开的微纤在织物表面形成白色如"霜"的效果,而过度原纤化,微纤会缠结在一起,使织物表面充满毛球。Lyocell 织物湿处理时,初级原纤化很快,在织物表面产生不均匀的微纤维茸毛,这种不完全原纤化作用的织物给染色整理和服装洗涤带来许多麻烦,对于强度高的 Lyocell 纤维,将出现起毛、起球问题。Lyocell 纤维的原纤化具有双重效应,一方面可通过控制染整加工中的机械等作用,生产出不同美感的织物,如桃皮绒;但另一方面,为使 Lyocell 织物具有光洁的外观和"机可洗"性能,必须有效地防止织物服用中的原纤化,可以通过物理或化学处理实现。如提高纱线捻度和紧密的织物结构,减少和降低机械作用,酶处理,施加润滑剂、防皱剂和交联剂都能减少或抑制过度的原纤化。一般除桃皮绒等少数产品外,其他 Lyocell 织物都必须避免原纤化的出现。

Lyocell 织物的染整基本工艺流程如下:

烧毛──→退浆──→纤维素酶处理──→染色──→整理(免烫树脂整理和柔软整理)──→定形

通过酶处理去除 Lyocell 织物原纤化浮在织物表面的纤毛,提高布面光洁度和色泽鲜艳度。

①酸性纤维素酶:丹麦 NovoNordisk 公司的 Cellusoft L,为木霉丝状菌(Trichoderma Viride),在 pH 值为 5,温度 65℃时活性最高。Clariant 公司的 Bactosol CA 为同一类型的纤维素酶,处理条件完全相同,这两种纤维素酶对 Tencel 纤维处理,降低了原纤化趋向,提高了表面光滑度、柔软度、悬垂性和耐洗涤性,同时提高了染色深度。

酶处理对 Tencel 纤维没有太大的损伤。硬挺度和弯曲滞后均随减量率的增加而变小,说明处理后织物获得了柔软的手感。

Novo Nordisk 公司开发的一种专用于 Tencel 纤维和富纤的弱酸性纤维素酶 Cellusoft Plus L,pH 值为 6 时效果最好。这种纤维素酶与酸性 Cellusoft L 相比具有以下优点:提高去茸毛效果;缩短酶处理时间;

改善起球性;改善柔软性和悬垂性;降低纤维酶用量。

Tencel 织物酶处理条件:浴比 1:20,55℃,60 min,Cellusoft L 为 5 g/L(pH=5),Cellusoft Prass L 为 2 g/L(pH=6),使织物表面茸毛全部去除,除茸毛效果达到 5 级。

②中性纤维素酶:由于 Tencel 纤维常与棉、麻混纺或交织,用酸性或弱酸性纤维酶处理,棉和麻的强度比 Tencel 纤维降低很多。Novo Nordisk 公司开发的中性纤维素酶,Nobo Ziam 806 不易降低棉和麻等纤维素纤维的强度,对 Tencel 纤维具有同样优良的茸毛去除效果。将 100% Tencel 织物用酸性和中性纤维素酶处理,所产生的强度变化基本相同,但是 Tencel/棉和 Tencel/麻织物在茸毛去除效果相同的情况下,用 Nobo Ziam 806 处理的强度比使用酸性酶降低的少。

(3)羊毛纤维的蛋白酶整理:

①蛋白酶使羊毛纤维的降解和水解,使织物减量,纤维变细,茸毛减少,鳞片部分脱除,从而使织物手感柔软,纤维表面光泽提高;缩水率、光洁性和起球现象有所改善,但对强力和耐磨等性能有一定影响,应注意控制处理条件。

②羊毛减量加工的目的是通过对羊毛鳞片的部分或全部剥离,减少织物毡缩,改善纤维光泽和织物手感,同时使纤维变细。减量加工主要有氯氧化法、氧化法、生物(酶)处理或生物与氯化复合处理法。

传统的氯氧化法是以氯气、次氯酸盐对羊毛进行处理,如 KROY 氯化处理。由于羊毛鳞片的剥蚀和鳞片组织的柔化,可降低毛纤维的差微摩擦效应,减少纤维的定向移动,达到机可洗效果,这一技术尚在大量应用。氯氧化法虽对羊毛防缩、丝光效果较好,但易使纤维泛黄降解,且废水中高的 AOX 指标(有机卤化物),污染环境。氧化法是利用 $KMnO_4$、H_2O_2、过硫酸盐等,使鳞片次外层和内层破坏。虽对羊毛鳞片剥离效果不及氯化法,但此方法避免了 AOX,对环境较友好,可替代氯氧化法。

蛋白酶对羊毛等蛋白质纤维抛光(丝光)和柔软有良好的效果。蛋白酶与氧化剂结合对防毡缩会取得较好效果,是羊毛制品高档化、提高附加值的有效途径之一。特别是对取代羊毛氯化法减量是一贡献。另外,在羊毛漂白中加入蛋白酶,可以节约漂白时间。但是蛋白酶在上述处理中造成的纤维失重和强力损失应注意。

用蛋白酶处理羊毛的研究中,采用蛋白酶2709或1398,结合双氧水前处理,失重在6%～10%时,使织物获得柔软滑爽感。如果再结合Basolan SW 高分子化合物后整理,防毡缩效果较好。

Lanazym 酶,其作用是代替羊毛的氯化/赫科赛特(Hercosett)防缩处理工艺。现在这种新的酶处理方法已经工业化,它可以降低水的消耗和减少废水污染,质量可以达到氯化/赫科赛特处理的机可洗标准。此种方法还有利于保持羊毛的手感,改进白度,降低泛黄现象。

上海某些公司联合引进日本三山株式会社的 E—Wool 生态防缩处理技术,成功开发 3E 生态防缩羊毛,它的特点是完全不用氯化、不覆盖树脂来改变羊毛的鳞片层,不损伤羊毛原有的亲水性来达到防缩目的。处理同时采用了保护环境和人体健康的对应技术,加工过程中不增加环境的负担,使用后能被土地吸收降解,使之成为有益于地球环境、有益于人体健康的生态纤维。

目前,适合于羊毛防缩和减量柔软加工的酶有,蛋白酶、脂肪酶、脂肪酶。其中蛋白酶能分解多肽成为有机酸和胺,脂肪酶能分解脂肪物质,脂肪酶能有选择地破裂羊毛表面的疏水屏障。处理时,蛋白酶一般作用在羊毛纤维的蛋白质肽键上,使其降解,这样降低了蛋白质链的长度,最后水解成游离氨基酸。

生物酶对羊毛纤维的刻蚀作用,环境污染少,成为羊毛改性处理研究的热点。但酶难以分解鳞片的外层和次外层,故需进行氧化或还原的预处理。

诺唯信公司提供了 3 种生物组合方式,分别应用于经过氯化—Hecosett 处理的丝光羊毛、采用氯化剂预处理的普通羊毛和采用双氧水或高锰酸钾预处理的普通羊毛。另外,该公司的过氧化氢酶对羊毛氧漂后处理技术,只需少量过氧化氢酶就可在无须升温的条件下,快速地将双氧水彻底分解为氧气与水,具有节能、节水、节时、安全与环保等特点。

香港理工大学的研究人员采用铵盐预处理,再用过硫酸钠氧化、亚硫酸钠还原,最后用碱性蛋白酶对羊毛进行变性处理。这样,在铵盐预处理破坏羊毛鳞片层胱氨酸二硫键的基础上,结合后续的蛋白酶减量处理,可赋予羊毛纤维良好的抗毡缩性能,同时提高了纤维对染料的吸附和扩散性能,有望实现低温染色,也避免了 AOX 的生成。

蛋白酶的催化剂活力应该加以控制,以避免羊毛纤维进一步被分解,一种有效的控制酶活性的方法就是使用固定酶,其固定性改善了酶的稳定性,增加了酶大规模应用的可能性。

此外,生物酶的作用结果,还提高了纤维的吸湿性、保水性;还有利用生物酶使天然色素上色等研究。

三、壳聚糖在织物整理中的应用

壳聚糖(Chitosan)是甲壳素脱乙酰化的产物。甲壳素来源于甲壳类动物的硬壳中。

壳聚糖与纤维素具有极为相似的结构,容易吸附到织物表面上,并且在稀酸溶液中,壳聚糖带有正电荷,可以提高阴离子染料上染速率,同时也增加了固色率、耐日晒牢度及耐水洗牢度。经研究发现,用壳聚糖处理棉织物可以提高活性染料和直接染料的上染百分率。壳聚糖处理还可以掩盖染色过程中由于不成熟棉引起的疵病,抗皱性也有所提高。同时,由于壳聚糖的抗菌性,整理后的棉织物也具有了很好的抗菌效果。

在酸性溶液中,壳聚糖可作为一种聚阳离子型化合物,对羊毛织物处理后,可减少纤维上所带的负电荷量,降低了纤维的 Zeta 电位以及染色过程中纤维上的负电荷对染料色素阴离子的库仑斥力,使染料的上染速率和上染率提高;另外,壳聚糖均匀分布在织物上,使毛纤维表面的氨基正离子($—NH_3^+$)密度增加、表面的极性基团数量增加、亲水性增加,壳聚糖上的氨基对染料阴离子的吸附也增加。染料迅速吸附到壳聚糖的吸附层上,大大地提高了羊毛表面的染料浓度梯度,使染料易向纤维内部扩散的速度提高,上染率也提高。用酸性染料或活性染料染色时,壳聚糖处理的羊毛织物比未处理织物有较高的上染率,同时还减轻了"毛尖效应",因此能降低羊毛的染色温度。有研究表明,壳聚糖可以降低羊毛纤维的定向摩擦效应,使缩绒性减小。

第二节　纺织品的环保型功能整理

纺织品后整理技术是集纤维材料、精细化工、纺织染整新技术等众多学科于一体的交叉性领域。目前,我国纺织品的功能性整理和保健整理加工技术处于比较薄弱的环节,相对于一些发达国家而言,亟待进一步的提高。

环保纤维在回收利用和实现零污染生产上具有更大的优势,对于可持续发展和全球生态具有远大的战略意义。因此,发展对天然彩色棉、麻类纤维、Tencel 纤维、大豆蛋白质纤维、聚乳酸纤维、甲壳素纤维和竹纤维等环保型纤维的功能整理以提高产品的附加值,有利于更多更有利于人类的绿色产品的开发。

一、防紫外线整理

纺织品的抗紫外线性能与面料的种类、组织结构和厚度、所用的染料等因素有关。如纤维中涤纶的抗紫外线性能最好,因为涤纶分子结构中的苯环具有吸收紫外线的作用,而纯棉或真丝服装的抗紫外线能力甚小。纺织品的抗紫外线性能可以通过整理得到提高和改善。

1. 抗紫外线机理

紫外线照射到织物上,部分被反射,部分被吸收,其余的透过织物,一般情况下,反射率和吸收率增大,透过率就减少,对紫外线的防护性就好。由此可以得到两个防紫外线的途径;一是增加织物对紫外线的反射率,称紫外屏蔽剂;二是增加纺织品对紫外线的吸收率,称紫外吸收剂。

2. 抗紫外线整理剂

①屏蔽作用整理剂:具有紫外线屏蔽作用的紫外屏蔽剂主要指一些能反射或散射紫外线的物质,大多是金属氧化物或陶瓷粉末,如氧化锌、二氧化钛、氧化亚铅、硫酸钡、二氧化硅、氧化铝、三氧化二铁、云母粉等。无机紫外线反射剂具有安全有效、性能稳定等优点。把这些超细粉末与纤维或织物结合,可以增加织物表面对紫外线的反射和散射,防止紫外线透过织物损害皮肤。由于超微粒 ZnO 价廉无毒,折光率($n=1.9$)比 TiO_2($n=2.6$)小,透明度高,且其屏蔽紫外线波长范围($240\sim380$ nm)也比 TiO_2($340\sim360$ nm)宽,所以 ZnO 应用尤为广泛。

把特殊结构的 ZnO 超细微粒混入纤维内,不仅能屏蔽紫外线,还能反射可见光与红外光,有绝热作用以及抗菌除臭的效果。这些无机组分与有机紫外吸收剂相比,除耐光和耐紫外线性能优越外,其耐热性能也相当突出。若选用纳米材料和紫外线吸收剂复配的抗紫外线整理剂 UV—R 性能优良,可用于整理纯棉及涤棉细布。

整理后,纯棉和涤/棉紫外线透过率分别为 1% 和 0.8%,UPF 均在 40 以上(澳大利亚—新西兰 4399—1996 标准),经水洗 20 次后

UPF≥40。而且整理后织物手感好,强力变化不大,对染色性能没有影响。

②吸收作用整理剂:Ciba 精化公司近年来研制的 UV 吸收剂,是一种双反应基团草酸 2 – N 酰苯胺衍生物,能显著改善棉、粘胶纤维、纤维素纤维、聚酰胺纤维织物及其混纺织物的 UPF,尤其对浅色印花产品,效果更加明显,有较好的防护性能。该吸收剂能耐 UV—A 和 UV—B 范围的辐射,具有良好的耐水洗性,对皮肤无刺激,对纺织品不会造成不良影响。该吸收剂和染料一起用于纤维素纤维织物竭染,固色率和 UPF 高。

Ciba 精化公司还开发了含紫外吸收成分的织物柔软剂 Ciba Tinosorb FR,用该产品洗涤服装获得抗紫外线的效果。Ciba Tinosorb FR 能粘结于被洗涤织物上,通过多次洗涤和冲洗进行累积提高抗紫外线效果。

英国的 L J. Specialities 开发了一系列服装抗紫外线的整理剂,其中 UVT—50 A 能吸收波长 400 ~ 200 nm 之间的 50% ~ 90% 的紫外线,其主要成分为化妆品级的试剂,可预防中毒和其他过敏反应,对织物的手感和质量无不良影响。当与 Nicca Cilicone AMZ3 组合使用时,可获得极佳的耐洗牢度。该产品适用于棉、麻、羊毛等天然纤维。

美国的 Milliken 公司开发了不仅能阻挡 UV 辐射,而且对红外线辐射能形成一道屏障,使服用者在阳光下比穿着普通服装感觉凉爽。

3. 紫外线织物的加工方法

①涂料印制法:将具有防紫外线效果的反光陶瓷材料与涂料靠粘合剂在织物上形成薄膜,机械地固着在织物上。优点是着色鲜艳,工艺流程短,面料品种不受限制。但干燥后,织物上的空隙被覆盖,降低了透气性,影响手感,故不适合开发服用面料,宜开发遮阳伞、防晒服等。

②吸尽法:对涤纶、氨纶等合成纤维织物的紫外线屏蔽整理,可以与分散染料高温高压染色同时进行,使紫外线吸收剂分子融入纤维内部。但需要选择对织物具有亲和力的紫外线吸收剂。

③浸轧法:紫外线吸收剂大多不溶于水,对棉、麻等天然纤维缺乏亲和力,故不能采用吸尽法。此法是将织物浸轧后,经烘干和热处理,使紫外线吸收剂与树脂或粘合剂同时固着在织物或纤维表面。浸轧液由紫外线吸收剂、树脂(或粘合剂)、柔软剂等组成。浸轧液中也可添加少量紫外线屏蔽剂以提高抗紫外线的效果。

应用溶胶—凝胶技术可以在纺织品基质材料上形成牢固、透明、多孔的功能性薄膜,纳米 TiO_2、ZnO 等微粒具有许多优越的性能,并逐步取代了一些有机紫外线吸收剂。但 ZnO 等无机氧化物对纤维无结合力,处理后织物耐洗性差。当将其填充在有机改性硅烷的溶胶—凝胶中,不仅可以提高其与织物的结合牢度,增强耐久性,而且可获得良好的透气性和柔软的手感。

④涂层法:在织物表面涂上适量的紫外线屏蔽剂或紫外线吸收剂,经烘干和热处理在织物表面形成一层薄膜的方法。涂层剂可以采用 PA、PU、PVC 和橡胶等,亦可与超细陶瓷或金属氧化物等混合。对纺织品进行抗紫外线处理时,应根据纺织品的纤维种类、织物的结构以及最终用途来选择合适的加工方法。例如对要求穿着柔软性和舒适性较高的面料则不宜采用涂层法处理;而对用作家纺或产业用强调功能性的纺织品可选择涂层法。

紫外线吸收剂和反射剂在纤维或织物上同时应用,相互间存在协同增效作用,防护效果更加优越。

二、抗静电和防电磁波辐射整理

1. 金属屏蔽纤维

在织物中织入金属丝,做成具有导电、电磁波屏蔽和防辐射的织物,使摩擦产生的静电及时传导逸散到外界去;电磁波在金属屏蔽纤维表面反射引起损耗衰减,在屏蔽织物内部被吸收衰减,在织物内部多次反射衰减。屏蔽效果是这三部分之和。

①不锈钢纤维:不锈钢纤维主要应用在防静电、防电磁波辐射织物、导电塑料、耐热布、金属无纺过滤材料中。把不锈钢做成直径 4 ~ 16 μm 的纤维材料(长丝或短纤),然后混入常规纺织材料,做成防电磁波、防静电织物,该纤维的导电性不受酸、碱和其他任何化学药品的影响,具有不锈钢自身固有的良好物理性能,同时,它还具有天然纤维或人造纤维的性能,柔软性好,可纺织或非织造。与碳纤维和铜纤维相比,单丝强度及伸长率优于碳纤维,织物耐洗涤、耐高温、耐腐蚀性优于铜纤维。不锈钢纤维可与棉、涤/混纺织成防电磁波辐射屏蔽织物。

有研究表明,纺织品中加入 5% ~ 20% 不锈钢纤维后,其织物在 3000 ~ 10000 Hz 微波频段测试时,衰减值可达 25 dB 以上。当金属纤维混入比例达 25% 以上,其织物可制成高压屏蔽服,在 ≤500 kV 的交流电场、直流电场作业。

②复合碳素纤维:将导电炭黑混入高聚物中,用复合纺丝方法,制备"皮芯"、"并层"等复合碳素纤维,并以较小的比例混入常规纤维中,做成混纺、嵌织防静电织物。

2. 金属镀膜整理

织物镀覆金属加工是一种较为成熟的整理工艺,它是在涤纶、腈纶或棉织物(多为平纹)上镀覆钢、镍等金属。使用的催化剂有氯化亚锡、钯、硝酸银等。由于所镀金属导电性高低(Ag > Cu > Au > Al > Zn > Ni)直接影响织物屏蔽效果,但考虑到加工成本及耐久性,采用先镀铜,再镀镍的复合镀层方式,可以得到较好的屏蔽及耐久性效果。但是,这类织物加工成本较高,镀层耐久性欠佳。

整理时,在涂层剂中加入已分散好的电磁波吸收剂,经涂层、热处理后就可在织物表面包覆一层含有电磁波吸收剂的薄膜。当涂层体积电阻率达 $10^{-1} \sim 10^{-3} \, \Omega \cdot cm$ 时,屏蔽效率可达到 30 dB 以上,此时屏蔽的电磁波能达到 95% 以上。如:不同类型铁氧体的复合;金属微粉,包括羰基铁粉、羰基镍粉等;纳米吸波材料,ZnO 等也常用作电磁波辐射屏蔽材料。

3. 抗静电整理

抗静电织物的获得方法有嵌织导电纤维和整理法。采用嵌织导电纤维(与金属丝共织)的方法可增强织物的抗静电性,而且效果持久,同时还能改善织物的吸湿性以及防污性等;织物整理一般是对合成纤维织物进行抗静电树脂整理,这些抗静电剂覆盖在织物表面,通过吸湿增加纤维的导电性能。

抗静电整理要增加成本,现在已有将吸水整理与抗静电整理结合起来的新工艺,以便降低整理成本。原理是在织物表面涂一层可以吸附水分子的化学薄膜,形成连续的导电水膜,将静电传导逸散。用含有环氧基的化合物进行交联,用射线照射,使丙烯酸或含亲水基团的乙烯单体对纤维进行接枝、变性接枝,并进一步转化成钠盐,可保持其吸湿性,达到抗静电效果。

抗静电剂对不同纤维的抗静电效果有很大的差异,因此要针对不同纤维的结构特点,选择合适的抗静电剂,若选用不当,甚至会适得其反,增大纤维的静电效应。如用抗静电剂 PK(烷基磷酸酯钾盐阴离子型表面活性剂),在一定条件下对涤纶、腈纶和醋酯纤维整理,处理前纤维的表面比电阻值大于 $10^{13} \, \Omega$,整理后分别下降为 $1.8 \times 10^9 \, \Omega$、$1.9 \times 10^{10} \, \Omega$、$5.0 \times 10^{10} \, \Omega$;而整理棉纤维反而从 $5.0 \times 10^{12} \, \Omega$ 增加到 $10^{14} \, \Omega$ 以上。这是因为,棉纤维的结构本身就含有亲水基,而且亲水基团原来是朝向空气的,在施加抗静电剂后,抗静电剂分子的极性基团与棉纤维亲水基的作用,结果使亲水基朝向纤维、疏水基朝向空气,所以纤维的比电阻反而增大了。

三、阻燃整理技术

1. 棉织物的阻燃整理

①Proban／氨熏工艺：Proban 法是英国 Wilson 公司首先用于工业化生产。传统的 Proban 法是阻燃剂 THPC（四羟甲基氯化磷）浸轧、焙烘工艺，改良的方法是 Proban／氨熏工艺，阻燃效果好、织物强力降低和手感影响少。国内已有印染厂引进了国外的助剂和设备进行生产。工艺流程为：

浸轧阻燃整理液──→烘干──→氨熏──→氧化──→水洗──→烘干

②Pyrovatex CP 整理工艺：Pyrovates CP（O, O - 二甲基 - N - 羟甲基丙酰胺基磷酸酯）汽巴精化公司开发的磷系阻燃剂。产品的阻燃性能较好，整理工艺简单，织物手感好，低毒，耐久性好，可耐家庭洗涤 50 次甚至 200 次以上。但强力损失高，耐磨强力损失达 40%。

2. 毛织物的阻燃整理

国际羊毛局研究的方法是采用钛、锆、钨等金属和羟基酸的络合物对羊毛织物整理，获得满意的阻燃效果，且不影响羊毛的手感。市场出现的复合型 WFR—866 系列阻燃剂，一种为 WFR—866F（以氟的络合物为主要成分），另一种为 WFR—866B（以含溴羟基酸为主要成分）。有报道，SFW 系列毛用阻燃剂，产品阻燃性能达到和超过了国内外同类产品水平。

3. 涤纶织物的阻燃整理

美国莫倍尔公司（Mobilchemco）推出一种 Antiblaze 19T 阻燃剂，适于 100% 涤纶织物，效果较好，毒性不大。国内江苏省常州化工研究所制造的 FRC—1 即属同类产品。

四、易去污和拒污整理

防水透湿整理就是利用水的表面张力特性，在织物上涂布化学整理剂,增强织物的表面张力,使水珠尽量收紧而不能散开或浸润、透过织物组织上的孔隙。同时这种涂层又是多孔性的,单分子状态的水蒸气可以顺利透过纤维间的毛细管孔道散发到织物表面。采用含氟类有机整理剂有:PTFE(聚四氟乙烯)、日本明成化学公司的 AG—480、瑞士 Ciba 精化公司的 Oleophobol 系列整理剂等。整理剂在织物表面定向吸附,改变了纤维的表面性能,大幅度提高了织物的表面张力,使油污和其他污渍难以渗透到织物内部去,较重的污渍也易于清洗。

易去污整理剂应具备:耐洗、对染色牢度及染料色光影响小、对织物耐用性影响小、无毒、无臭、对人体无刺激作用。如含氟易去污整理剂有拒油、易去污双重作用。美国 3M 公司的 Scotchgard,属全氟羧酸络合物和全氟烷基丙烯酸、氯乙烯、双丙酮丙烯酰胺羟甲基化合物的三元共聚体(73∶35∶2)。它的特点是防油防水性好,耐洗涤及耐干洗,织物手感柔软,成本较低。

五、无甲醛防皱整理

1. 多元羧酸类化合物

多元羧酸在催化剂存在下,首先脱水成酐,再与纤维素上的羟基发生酯化交联反应,它属于无甲醛防皱整理。反应过程为:

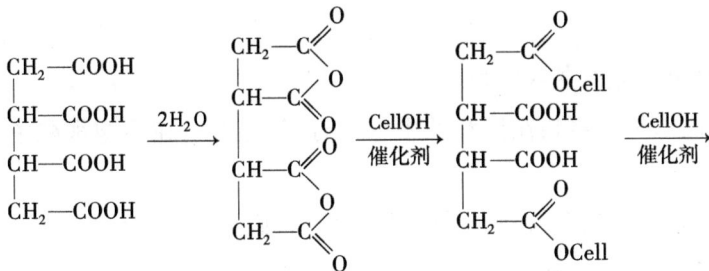

$$
\begin{array}{l}
CH_2-COOH \\
CH-COOH \\
CH-COOH \\
CH_2-COOH
\end{array}
\xrightarrow{2H_2O}
\cdots
\xrightarrow[\text{催化剂}]{CellOH}
\cdots
\xrightarrow[\text{催化剂}]{CellOH}
$$

$$\begin{array}{l} CH_2-\overset{\displaystyle O}{\overset{\|}{C}}-OCell \\[4pt] CH-\overset{\displaystyle O}{\overset{\|}{C}}-OCell \\[4pt] CH-COOH \\[4pt] CH_2-\overset{\displaystyle O}{\overset{\|}{C}} \\ \qquad\quad OCell \end{array}$$

$$\begin{array}{l} CH_2-COOH \\ HO-C-COOH \\ CH_2-COOH \end{array} \xrightarrow{\text{催化剂}} \begin{array}{l} CH_2-\overset{O}{\overset{\|}{C}} \\ HO-C \quad\quad O \\ \overset{\|}{C} \\ CH_2-COOH \quad O \end{array} \xrightarrow[\text{催化剂}]{CellOH} \begin{array}{l} CH_2-\overset{O}{\overset{\|}{C}}-OCell \\ HO-C-COOH \\ CH_2-COOH \end{array} \xrightarrow{\text{催化剂}}$$

$$\begin{array}{l} CH_2-\overset{O}{\overset{\|}{C}}-OCell \\ HO-C \quad\quad \overset{O}{\overset{\|}{C}} \\ \quad\quad\quad O \\ CH_2-\overset{\|}{C} \\ \qquad\quad O \end{array} \xrightarrow[\text{催化剂}]{CellOH} \begin{array}{l} CH_2-\overset{O}{\overset{\|}{C}}-OCell \\ HO-C-COOH \\ CH_2-\overset{}{C}-OCell \\ \qquad\quad O \end{array}$$

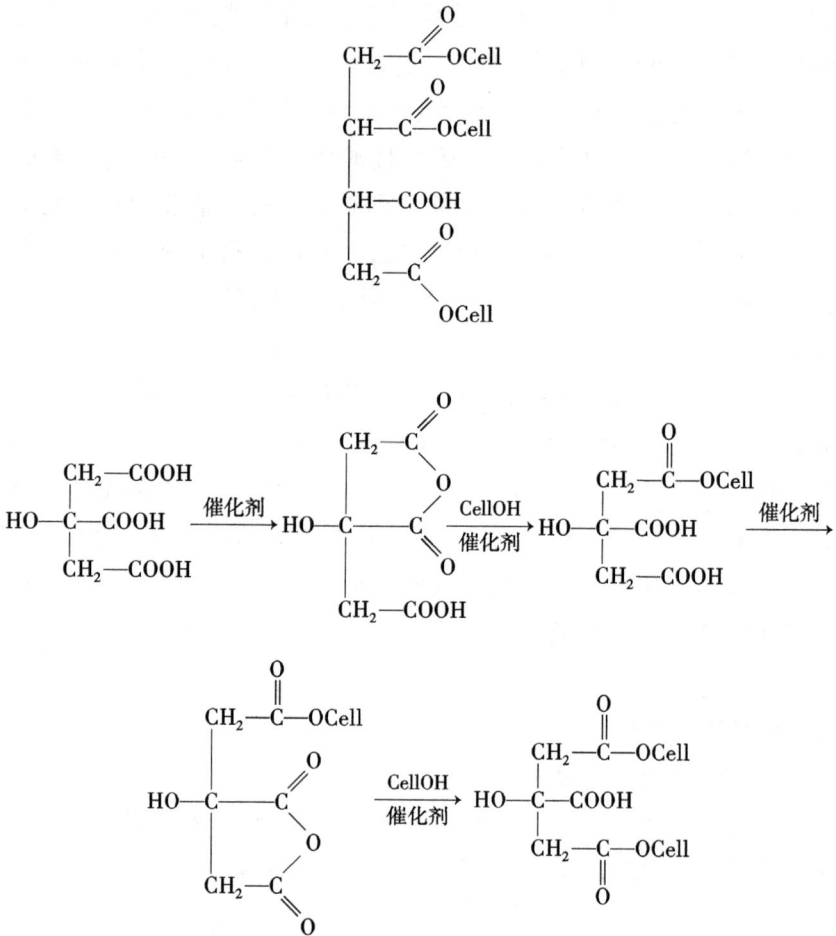

选择多元羧酸的原则：

①羧基的数量：在饱和酸中至少有三个羧基，在不饱和酸中至少有两个羧基。

②羧基的位置：在脂肪族不饱和酸中，必须是顺式构型，在芳香族酸中，羧基必须是邻位。

③羧基的间隔：羧基彼此间至少要隔开两个 C 原子，但不能多于

三个 C 原子。

考虑到效果、成本、应用等因素,可供选择的有:1,2,3,4 - 丁四烷羧酸(BTCA)、柠檬酸(CA)、马来酸(MA)、丙三羧酸(PTCA),其中研究较多的有 BTCA 和 CA。

BTCA 整理效果好,弹性提高,强力保留可达到 2D 树脂的水平,但由于其合成路线复杂、价格昂贵,难以工业化,而且整理织物,焙烘温度一般在 170℃以上,引起白度下降,手感不理想,降低焙烘温度又影响整理效果,故一般与其他整理剂配用,提高整理效果。

CA 价格低,但免烫效果不如 2D 树脂,且有泛黄严重和强力损失的缺点。

采用复合型多元羧酸则可以减少 BTCA 的用量,降低成本,克服织物泛黄的缺点。复合型多元羧酸主要是羟基羧酸,由苹果酸、次磷酸钠、三乙醇胺与丁烷四羧酸组成的混合体系。该体系能提高织物的断裂强力、耐曲磨性、耐碱洗性、减少泛黄。

用马来酸(MA)和衣康酸(IA)复配整理,基本工艺为:MA:IA(摩尔比)为 1:1,单体总用量为 9%(o. m. f.),催化剂次磷酸钠用量为 7.7%(o. m. f.),引发剂过硫酸钾的用量为单体重的 1.5%,预烘条件为 100℃下 10 min;焙烘条件为 180℃、1.5 min。整理品具有较高的折皱回复角、强力保留率、耐洗牢度等性能。

2. 环氧树脂类整理剂

环氧化合物具有极大的反应活性,易与纤维上的—OH、—NH_2 等基团反应,生成共价键,比 N - 羟甲基整理剂有更好的湿抗皱性,且无甲醛释放,无毒,对人体无害,生产和服用均符合环保要求,可显著提高织物的湿弹,耐洗性也良好。

3. 水溶性聚氨酯

封闭型水溶性聚氨酯具有热反应性,将其处理到织物上,在催化剂存在下经高温焙烘可分解出封闭物,产生的异氰酸酯基能发生自身交联,形成聚氨酯弹性薄膜,或与纤维大分子中的羟基和氨基反应,在织物上形成网状交联结构;并且部分聚氨酯树脂沉积在纤维无定形区,依靠摩擦阻力和氢键,限制了纤维中分子链或基本结构单元的相对位移,从而赋予整理后的织物抗皱性和弹性,但单独使用不足以达到免烫等级,一般与其他树脂拼用。

4. 二醛类整理剂

该类整理剂主要为乙二醛、戊二醛等。乙二醛通过生成半缩醛,可在棉纤维上形成交联,产生抗皱作用。

有采用乙二醛添加丝素整理剂对棉织物进行整理,整理剂配方和焙烘条件如下:

丝素剂	50 g/L
乙二醛	60 g/L
硫酸铝	4 g/L
土耳其红油	1 g/L
CGF	30 g/L

焙烘 120℃、2 min。

该工艺整理的纯棉织物折皱回复角有明显提高,对白度及润湿性影响不大,但撕破强度有所下降。

5. 天然高聚物壳聚糖

利用壳聚糖的可溶性与成膜性以及壳聚糖与甲壳素化学结构可相互转换的特点,以壳聚糖为原料和乙酸酐作转型固化剂,可得到一种甲壳型非甲醛防皱整理剂。既保留了甲壳素天然高聚物的优点,又保留了整理剂与整理工艺无毒无害,整理的棉织物抗皱性能明显提高,干折皱回复角可提高7%左右,且耐洗性较好,断裂强力几乎不变,只是透气性稍下降。

在降解壳聚糖溶液中添加乙二醛,对棉织物进行整理,可将棉织物的折皱回复角提高到298.4°(未处理的织物为151.7°),抗皱效果

可与 2D 树脂相媲美,且对织物白度不产生显著影响,有望成为新型无甲醛抗皱整理剂。整理工艺为:

降解壳聚糖液	8%
渗透剂 JFC	0.2%
乙二醛溶液	8%

工艺条件:二浸二轧降解壳聚糖溶液(轧液率 90%)—→ 80℃预烘(3 min)—→ 120℃焙烘(3 min)

6. 淀粉改性物

用水解淀粉加乙二醛和柠檬酸等复配成 AR—508 非甲醛防皱整理剂,采用浸轧—预烘—焙烘工艺整理棉织物,实验结果折皱回复角与 2D 树脂相近。改性淀粉作为织物防皱整理剂,具有原料丰富、价格低廉、无甲醛有害成分的特点。

7. 新型抗皱整理

最近,国外将具有碳硅多面体结构的化合物(Poss)引入到聚氨酯体系中,形成了新的纳米复合材料,表现出一系列新的性能。将类似 Poss 结构的化合物引入到树脂中,在形态记忆整理方面具有优良的性能,尤其对免烫整理中避免强力降低具有显著效果。

将笼状化合物引入到氟碳聚合物高分子上,形成带笼状结构的氟碳聚合物体系,由于笼状结构内部可以捕捉带有阴离子的化合物,因此对染料具有优良络合性,将笼状化合物与染料混合能很好地限制染料的上染,尤其是在精细印花过程中,具有良好的防沾色效应。

国外推出的纳米材料 Perfin 03 产品也是类似的化合物,从免烫效果看,加入 Perfin 03 后,耐久压烫性能、强力、甲醛释放量都得到理想的结果。

第三节　功能保健整理

功能保健整理是集染整新技术、精细化工、纺织加工技术、纤维材料等众多学科于一体的交叉性科研领域。

一、抗菌卫生整理

抗菌卫生整理的目的是使纺织品在服用过程中,抑制以汗和污物为营养源的微生物繁殖,同时防止由此释放的气味,保持衣服的卫生状态。防止传染疾病,降低公共环境的交叉感染率,使织物获得安全、卫生保健的新功能。

1. 抗菌防臭机理

(1)抗菌:抗菌整理通过以下几种作用:

①使细菌细胞内各种代谢物失活,从而杀灭细菌;

②与细胞内蛋白酶发生化学反应,破坏其机能;

③抑制孢子生长,阻断 DNA 合成,从而抑制细菌生长;

④打乱细胞正常生长体系、破坏细胞内能量释放体系;

⑤阻碍电子转移系统及氨基酸酯的生成;

⑥通过静电场的吸附作用,使细菌细胞破壁,抑制细菌繁殖。

(2)除臭:除臭整理除用抗菌法抑制细菌繁殖、分解织物上所产生的臭味,还可以通过以下方法:

①化学除臭法:将产生恶臭的物质经氧化、还原、分解、中和、加成、缩合以及离子交换等化学反应,使之变成无臭味的物质。

a. 除氨臭纤维:是聚丙烯酸酯类纤维,分子结构中含有羧基,可以吸附氨进行中和反应,除氨臭效果好。

b. 环糊精:环状糊精分子结构,具有疏水性空穴和亲水性外部相结合的特性,通过对氨及硫化氢等的包络作用除臭。

c. 类黄酮系列化合物:包括黄酮醇和黄烷醇。它们与恶臭物质进行中和与加成反应,使臭味消除。

d. 叶干馏提取物:绿茶组分中的茶多酚类也是含类黄酮和单宁酸的混合物,通过包合、中和作用和加成反应,消除恶臭。

②物理除臭法:以范德华力,使恶臭物质吸附在棕榈壳活性炭、硅胶、沸石等多孔物质上。常用的吸附剂有硅胶、沸石、棕榈壳活性炭、空心炭粒、活性炭纤维素、氧化铝、活性白土等。这些吸附剂通常对恶臭物质有着不同的吸附能力和选择性:

a. 活性炭:对分子直径大的恶臭物质和饱和化合物(苯、甲苯、硫醇等)具有非常好的吸附能力。除活性炭外,还可以用碳酸钙和硅藻土等活性物质。

b. 沸石:合成沸石有极性,对分子直径小的恶臭物质和不饱和化合物(氨、硫化氢)具有优良的吸附力。

c. 类似生物催化除臭:通过人造酶的作用,分解恶臭组分。常用的是三价铁酞菁衍生物,号称"人造氧化酶",因为它有类似氧化酶的作用。其活性中心是高价态 Fe^{3+},遇到臭气中的硫化氢等,Fe^{3+} 被还原成 Fe^{2+},硫化氢等被氧化分解。Fe^{2+} 可再被氧化成 Fe^{3+},这样再重新与 H_2S 分子发生作用,如此循环,能高效而有选择地分解恶臭物质。

③光催化氧化除臭:纳米 TiO_2 和 ZnO 受阳光或紫外线照射时,在水分和空气存在的体系中,能自行分解出自由电子(e^-)和带正电荷的正穴(h^+),诱发光化学反应,在正穴表面发生催化作用,使吸附的水氧化,生成氧化能力很强的 ·OH;而电子则将空气中的氧还原生成 $·O_2^-$ 离子,·OH 和 $·O_2^-$ 非常活泼,有很强的氧化、分解能力,能杀灭多种细菌并与分泌的毒素发生消除反应,可破坏有机物中的 C—C、C—O、C—H、C—N、—N—H 等化学键,使有机物彻底氧化,起到去污抗菌作用。比常用的氯气、次氯酸等具有更大的效力。但是这种光催化作用也会使纤维氧化,加速其老化,若用一种耐氧化的多孔薄膜状物,如有机硅将其包裹,就能防止对纤维的氧化。

2. 合成抗菌防臭剂及其抗菌整理

抗菌防臭剂及其整理产品的安全性极为重要,必须经过严格的毒性审查,同时还要符合生态环境的要求。此外,对染料色光、牢度以及纺织品的风格无负面影响。

（1）美国道康宁公司推出有机硅季铵盐类商品 DC—5700，其主要成分为 3 -（三甲氧基甲硅烷基）丙基二甲基十八烷基氯化铵。DC—5700 以共价键牢固地结合在纤维表面。用于纤维素纤维织物和聚酯、聚酰胺、聚丙烯腈等合纤及混纺织物的卫生整理中。

DC—5700 应用工艺简单，可采用浸轧法与浸渍法。织物整理后的增重控制在 0.1% ~ 1%。产生抗菌作用的是季铵盐分子中的阳离子，通过静电吸附微生物细胞表面的阴离子部位使细胞内物质漏泄出来，致微生物呼吸机能停止将其杀灭。

（2）日本可乐丽的 Saniter 与日清纺的 Peachfresh，是季铵盐与反应性树脂共混的商品。季铵盐抗菌剂系脂肪族季铵盐或聚烷氧基三烷基氯化铵（Polyoxyalkyl trialkyl Ammonium Chloride）。这类抗菌剂主要用于纯聚酯织物上。

（3）银系列无机抗菌剂，在永久放置后抗菌功能不会减退，银的抗菌性也与其化合价有关，高价银化合物的还原势极高，使其周围的空间产生活性氧，具有杀菌作用；而 Ag^+ 与细菌接触后，会与细菌体内酶蛋白的硫醇基反应，使之失去活性而杀灭。

将阳离子可染聚酯织物，在浴比为 1:5、硝酸银浓度 0.002% 的溶液中浸渍处理，于沸腾时搅拌处理 20 min；待冷却后，用水洗净烘干，使聚酯的可染性基团—SO_3^- 与银离子（Ag^+）结合生成磺酸酯银盐而固着。

这种形成金属配位体的抗菌机理，是利用银离子阻碍电子传导系统，以及与 DNA 反应，破坏细胞内蛋白质构造而产生代谢阻碍。

（4）铜化合物：日本蚕毛染色株式会社的商品"Sandaron—SSN"，具有导电和抗菌两种性能；旭化成公司开发的导电抗菌性粘胶纤维，商品名为"Asahi BCY"。前者将聚丙烯腈织物或纤维浸渍于含有铵盐及羟胺硫酸盐的硫酸铜溶液中（浓度为 2% ~ 3%），进行还原处理。

聚丙烯腈上的氰基与硫化亚铜产生络合反应,生成稳定的含铜配位高分子化合物,产品除抗菌性外,还具有导电性,而且耐洗性能好,对细菌和真菌具有杀灭效果。产品的安全性良好。

在铜氨再生纤维素制造过程中控制硫化铜量,使铜化合物均匀分散于纤维中,之后经硫化处理(如硫化钾等),使纤维中铜的硫化物(CuS 和 Cu_2S)含量为 15% ~ 20%。这种改性粘胶纤维除具有抗菌性外,同时有除臭、导电和阻燃性能。

以上两种导入铜化合物的纤维,其抗菌机理是铜离子破坏微生物的细胞膜,与细胞内酶的硫基结合,使酶活性降低,阻碍代谢机能抑制其成长。此外,棉和羊毛等天然纤维,也可以化学方法改性后,导入铜、锌等金属,同样可产生抗菌防臭性能。

(5)纳米抗菌剂:纳米 TiO_2 去污抗菌的主要特点有:

①只需微弱的紫外光照射,例加荧光灯、晴天的日光、灭菌灯等就可激发反应;

②仅起到催化作用,自身不消耗,理论上可永久性使用,对环境无二次污染;

③对人体安全无害。

有研究表明,纳米 ZnO 含量为 1% 时,在 5min 内杀菌率可高达 90% 以上。纳米抗菌剂的整理方法可分为纺入法和后整理法。

有人研究采用纳米载银的方法实现无机抗菌剂和纤维的牢固结合,不仅耐洗,而且抗菌效果突出。其过程为:以硅酸钠和阳离子树脂为原料,通过二者发生离子交换反应制备纳米二氧化硅胶体溶液,将纳米二氧化硅溶液和硝酸银溶液按一定比例均匀混合在一起,通过离子交换法使银离子固定在二氧化硅胶粒的纳米微孔中,获得纳米载银二氧化硅抗菌剂溶液。整理工艺:

浸渍(30 min)——→压轧(轧液率 80% ~ 90%)——→预烘(90℃,150 s)——→焙烘(150℃,90 s)

无机化合物类抗菌防臭剂有天然的或合成的,如具有离子交换性能与银等金属离子结合而成的泡沸石(金属置换量约 1% ~2%)。这类抗菌防臭剂大多混入合成纤维熔融纺丝原液中,添加量为 1% 左右。如日本钟纺公司的 Bactekiller 泡沸石。美国环境保护局(EPA 即 Environmental Protection Agency)的毒性试验及对环境影响均认为是安全的。

此外,最新资料表明,纳米级的超微粒子的锌氧粉(粒径为 0.005 ~0.02 μm),除可作熔融纺丝原液的添加剂外,也可加入涂层浆中,使涂层织物具有紫外线屏蔽功能和抗菌防臭功能。超微细锌氧粉的安全性高,对皮肤也没有刺激性。

(6)胍类:医疗方面应用很广泛的 Gluconic Chlorohexideice,即 1,1′-六亚甲基双[5-(4-氯苯基)双胍]葡萄糖酸盐,其杀菌的效力很高,但对真菌的杀伤作用不强,耐热稳定性好,而耐光性较差。抗菌机理是破坏细胞膜。葡萄糖酸盐改成盐酸盐后,溶解度降低,可改善其抗菌效果的耐洗持续性。在此基础上,Zeneca 公司成功开发用于棉及其混纺织物的聚六亚甲基双胍盐酸盐(简称 PHMB),PHMB 广谱抗菌,对革兰氏阳性菌、革兰氏阴性菌、真菌和酵母菌等均有杀伤能力。

3. 植物类天然抗菌剂

(1)桧柏油:桧柏油的抗菌机理是分子结构上有 2 个可供配位络合的氧原子,它与微生物体内蛋白质作用使之变性。它抗菌面广,尤其对真菌有较强的杀灭效果。日本 Nonbol OH Retine 和 Union 化学工业的 UNIKA MCAS—25 均是由桧柏油微胶囊制成的抗菌织物。

日本某公司从丝柏木废料中提取丝柏油,从天然桧柏树中提炼植物桧柏油,用其处理的织物具有抗菌作用。我国也有用刺柏木油、丝肽、黄连、穿心莲内酯等诸多天然产物和乳化剂制成广谱抗菌"绿色"整理剂。

(2)艾篙:日本 Unitika 公司的产品 Evercare 就是由艾篙提取物吸

附在多孔的微胶囊中制得的。日本还有以艾篙染色的布,用以制作患变异反应性皮炎患者的睡衣和内衣,用艾篙提取物制成微胶囊,对棉织物或锦纶织物特殊涂层整理,使床上用品、睡衣、衬衣获得抗菌防臭功能,尤其对患湿疹、痱子等皮炎和皮肤过敏的人有很好的医疗价值。

(3)芦荟:芦荟提取物作为抗菌剂刚开始用于织物。日本东洋纺以"清洁革命"为目标的系列产品中,就有用芦荟提取液作抗菌剂的。日本大和纺公司推出的抗菌防臭剂 Berbtrit 中含有芦荟、艾篙、苏紫等萃取物。因是天然中药组合,除了抗菌作用,对皮肤也有一定的护理作用。

(4)甘草:甘草制剂在纺织加工中的应用刚刚起步。抗菌防臭剂 Amaxan 就是利用甘草中的天然成分制成的,其特点是可抑制过敏体质特有的炎症及发痒。

(5)茶叶:日本爱克司纶公司开发的天然抗菌纤维是将茶叶中的天然抗菌成分混入纤维中,以制成抗菌腈纶地毯。也有学者在研究用茶叶残渣的提取物染羊毛。日本钟纺公司还利用茶叶和茶树茎,经过分离加工技术处理织物,起到抗菌防臭保健作用。

(6)石榴果皮:日本东京都立研究所用石榴果皮萃取物对毛巾进行处理,试验表明,除有染色效果外,还有抗菌作用。

用芦荟、甘草、戟菜等提取物对羽毛被褥面料、被单、运动衣、睡衣进行整理,具有保湿、抗菌防臭、安全、刺激性低、耐洗性好等特点。

日本钟纺公司采用中草药、植物香料和茶叶树茎等百余种中草药有效成分制作成染料,特别是采用了薄荷、啤酒花、肉桂等香料植物的花茎提取制成的纯天然染料,经高技术处理渗入到纯棉和纯毛材料中,开发出保健功能的衣服面料。

今后棉、麻、毛和真丝等天然纤维是发展天然"保健纤维"的一种趋势。特别是苎麻、亚麻纤维,本身就具有吸湿、排汗、抗菌除臭、止痒去湿的功能。若加强中草药在苎麻、亚麻纤维加工方面的应用,开发保健抗菌纺织品,增强纤维的保健性,可促进苎麻、亚麻纤维进一步的发展。

4.动物类天然抗菌剂

(1)甲壳质和壳聚糖:壳聚糖对大肠杆菌、枯草杆菌、金黄色葡萄球菌和绿脓杆菌均有抑制能力。日本富士纺的 Kytopolai 是将5 μm 以下的壳聚糖微粉,以纤维重0.3%～3.0%用量均匀地混入强力粘胶纤维纺丝原液纺丝而成。产品具有耐久抗菌性。

(2)昆虫抗菌性蛋白质:从昆虫体内分离出的抗菌性蛋白质,可作为天然抗菌剂。目前,由昆虫中分离出的抗菌蛋白约有150种以上,可分为防卫素(Defensin)型、杀菌素(Cecropin)型、攻击素(Attacin)型,含高脯氨酸(Proline)抗菌蛋白型、含高甘氨酸(Gliycin)抗菌蛋白型等。昆虫抗菌性蛋白质一般有耐热性,抗菌性广,对耐药性病菌有一定作用。但还未有实际应用的报道。

5.矿物类天然抗菌剂

许多天然矿物有抗菌作用。如胆矾对化脓性球菌、痢疾杆菌和沙门氏菌均有较强的抑制作用。雄黄对多种皮肤真菌和肠道致病菌有很强的杀灭作用。用矿物作为抗菌药物有悠久的历史,其在纺织上的应用尚处于探索阶段。

日本推出的有皮肤保护功能产品的"Melma"加工方法,是对天然矿物的应用。它将天然矿物粉碎成粉末,固着在纤维内部。用此方法生产的产品耐洗、滑爽,有保湿效果,特别对过敏症 I 型和对变异源有抵抗或阻挡效果。

6.微生物类天然抗菌剂

氨基葡萄糖苷 ST—7 是一种由放线菌发酵而得到的抗生物质,其抗菌机理为:它作用于细菌细胞核蛋白质,阻碍间核糖核酸的密码因子和特核糖核酸的反密码因子相互作用,使其合成异常蛋白质而使细菌致死。它对革兰氏阳性球菌和革兰氏阴性杆菌有效。安全性高,日本有产品是由放线菌发酵后产生的卡那霉素用对苯二甲醛固定在纤维表面上制成的。

天然的并不一定就是安全的,有的天然抗菌剂在抗菌的同时,还可能发生副反应产生毒性,因此,对天然抗菌剂的安全性评价很重要,必须经过试验才能投放市场。

二、负离子远红外保健整理

1.远红外纤维

人体吸收远红外线的最佳波长为 $9.6\ \mu m$,而陶瓷粉末等整理剂辐射远红外线的波长在 $2\sim18\ \mu m$ 范围内,并且辐射功率发射密度为 $0.04\ W/cm^2$,比人体吸附辐射功率密度 $0.03\ W/cm^2$ 略高,说明整理后纺织品辐射的远红外线与人体协调很好,可被人体全部吸收。使纺织品具备了促进血液循环,调节新陈代谢,提高细胞活性的保温保健功能。

远红外物质吸收太阳光中的远红外线,并将其转化为自身的热能储存起来,而且还能不断地向外发射远红外线,当人体皮肤遇到远红外物质发射出的远红外线时,会发生与共振运动相似的情况,吸收远红外线并使运动进一步激化,转化为自身的热能,皮肤表面温度相应升高,产生了保温作用。

人体的血液循环系统具有向人体各器官输送氧气和养料,并带走废弃物的作用,因此保持人体的血液循环系统畅通是维持人体健康的一个重要因素。远红外纺织品就是利用远红外线的频率与构成生物体细胞的分子及原子间振动频率一致的原理,当远红外线作用于皮肤时,其能量易被生物细胞吸收,使分子内的振动加大,活化细胞,引起温度升高,血管扩张,血液黏度降低,使血液循环特别是微循环加速,加强细胞的再生能力,加速机体有害物质的排泄,促进新陈代谢。远红外纤维有以下几种:

（1）远红外陶瓷微粉纤维：采用元素周期表中第三周期、第五周期中的一种或几种元素的氧化物混合而成的远红外陶瓷粉，如 $MgO—Al_2O_3—CaO$，$TiO_2—SiO_2—Cr_2O_3$，$Fe_2O_3—MnO_2—SiO_2—ZrO_2$ 等，在环境温度为 20～50℃时具有较高的光谱发射率，是一种理想的材料。研究还表明，由两种或多种化合物的混合物构成的远红外陶瓷粉，有时具有比单一物质更高的比辐射率。

织物通过涂层或浸轧由远红外陶瓷微粉、粘合剂和添加剂组成的整理液。也可采用共混纺丝法，把远红外陶瓷微粉添加到纺丝原液中，纺出含有远红外陶瓷微粉的纤维，再制成织物。

采用第一种方法制作高档远红外毛织物时，整理前先用苛性钠水溶液使毛纤维鳞片层润化，能有效地吸附远红外陶瓷微粉，温度下降鳞片复原时远红外陶瓷微粉被封入毛纤维内，提高毛织物的质量和性能。

日本钟纺合纤公司新推出 Ionsafe 腈纶，其中特种陶瓷粉被揉入、分散于纤维中，因此有半永久性功能，即使经染色及反复水洗，该陶瓷粉也不会流失，还可持续产生负离子，用于服装、床上用品、装饰织物及非织造布。

（2）海藻炭远红外纤维：将海藻炭化得到海藻炭，粒径仅 0.4 μm，将其加入聚酯纺丝原液中，制成海藻炭远红外纤维。当织物中含海藻碳纤维达到 15%～30%时，就能获得充分的辐射效果，且海藻炭价格便宜，织物成本低。

（3）复合远红外织物：

①蓄热保温织物是一类能吸收太阳光能的材料，它能更好地发挥远红外织物的保健功能。如采用两种纤维的双层结构，内层是远红外纤维，而外层由蓄热保温纤维织成，这种织物具有优良的保健功能。

②在织物中引入导电纤维，如采用含不锈钢纤维的纱线或导电聚合物纤维纱，再织造而成，由此引入远红外织物的热源，制成电疗织物

或电子绷带,可促进血液循环,调节新陈代谢,加速再生的能力。

碳纤维导电发热材料作为一种远红外加热元件,具有辅助理疗保健作用,是医疗保健品可选用的新材料,可以减缓类风湿关节炎的疼痛,加快伤口愈合等。

③活力素纤维是在远红外母粒的基础上添加了几种特殊的中药石粉制成的保健化学纤维,能直接吸收来自大自然和人体辐射的 8 ~ 15 μm 远红外光波。经过反射和再辐射,对人体内老化了的水分子产生共振,使分子团裂化重新组合成较小的水分子团。在这过程中,吸附在老化分子团表面的污染物质得以去除,附着于细胞膜表面的水分子增加,增强了细胞的活性和表面张力,细胞中钙离子活性加强,最后使人体细胞的机能加强。另外活力素纤维中添加的中药石粉可以吸收 10 ~ 14 μm 的光波,将血液中的不饱和脂肪酸键切断,使之成饱和脂肪酸,使过氧化脂肪的生成概率减少。从保健效果上看,活力素纤维既具有远红外纤维改善人体微循环的功能,更为突出的是抑菌和对某些疾病有辅助疗效。

远红外功能纤维经改性具有抑菌、吸收紫外线和 X 射线的功能,如在远红外功能纤维里添加第二、第三单体,可兼具理疗、热效能和透气抑菌等功能。

2. 负离子纤维

负离子多为氧离子和水合羟基离子等,可以被人体皮肤穴位吸收,或呼吸吸收。人们身处负离子含量比较丰富的环境中时,会感到心情舒畅。负离子还可对人们的身心和生活环境起到保健优化作用:释放并提供给人体所需微量元素,净化血液,使血液新陈代谢能力提高;抵抗细菌,提高血液中丙种球蛋白的含量;发射生物波的功能较强,改善微循环,抵抗衰老;净化水质,去除臭味及异味;防静电,保护环境等。所以,又称它为"空气中的维生素"。

(1)森林浴纤维:这类产品把森林树木挥发的成分萜烯化合物微

胶囊化,再附着于纤维或纺织品上。森林浴纤维经摩擦、碰撞后微胶囊释放出香气及负离子,使人感到空气新鲜、心情愉快,还可消除周围的气味。

日本流行的"森林浴",是从树木中提取的萜烯类物质,加工成整理剂,整理地毯、窗帘、睡衣、床单、被套等织物,这些织物会使房间内充满林木清香的自然气息,产生"森林浴"效果。

(2)炭粉印花纺织品:将柏树炭微粒化(10~20 μm)后加粘合剂,在棉布上以水墨画、书法等艺术形式进行印花,制成被套、窗帘等产品。这种炭粉具有产生负离子效果的特点,还具有抗菌、消臭作用。

(3)电气石改性:电气石,又名奇冰石,是一种含硼的成分复杂的硅酸盐矿物。其表面有众多极性羟基。将超细负离子粉末直接应用于聚丙烯或聚酯基体,由于超细粉末表面能大,容易凝聚,可以采用钛酸酯修饰电气石粉,达到较优质的纺丝效果。有表面包覆修饰与表面化学修饰两种修饰方式。

表面包覆修饰是钛酸酯通过粘附力、氢键包覆在电气石粉体的表面,隔绝了极性的电气石颗粒间的直接接触。当电气石粉体和钛酸酯按一定比例混合,在搅拌器的作用下,钛酸酯通过氢键、静电引力和范德华力吸附在粉体表面,形成有序的混合体,固定或成膜包覆在粉体的表面,甚至形成多层包覆,使颗粒表面呈现与聚酯类似的性质,增大了其在聚酯中的分散性。

表面化学修饰则是利用有机官能团与无机粉体表面进行化学反应或化学吸附进行的修饰。钛酸酯偶联剂中的醚键能与电气石粉体表面的羟基基团反应生成共价键,偶联剂分子另一端的三个结构单元,能与有机聚合物发生化学作用或物理缠结。

极性矿物表面带电,具有一定的抗菌、净化和产生负离子能力,用稀土激活方法制造的新材料不仅具有优良的抗菌、净化空气功能,还具有产生负离子的优良功能。

北京洁尔爽高科技有限公司在纳米远红外负离子粉 SL—900 和负离子远红外保健浆 JLSUN700 的基础上研制了的远红外整理剂 JLSUN777 和负离子远红外整理剂 JLSUN888,具有良好的保健作用和良好的手感、牢度,可开发多种医疗保健纺织产品。

三、防螨抗菌、防蚊虫整理

1. 防螨整理

(1)后整理法:有喷淋、浸轧、涂层等,该技术的关键在于防螨整理剂的选择和整理剂的配制。

山东巨龙化工有限公司开发的抗菌防螨整理剂 SCJ—998 主要成分是带有活性基团和吡卜酰胺结构的氯苯咪唑类高分子化合物和以拟除虫菊类化合物为主的超细微胶囊,带有的活性基团可与纤维上的—OH、—NH—形成共价键,使处理后的织物具有优异的耐洗涤性;抗菌基团作用于细菌的细胞膜,使细胞膜缺损,通透性增加,细胞内的胞浆物外漏,也可阻碍细菌蛋白质的合成,造成菌体内核蛋白体的耗尽,从而导致细菌死亡。由于织物表面形成防虫药膜,可以干扰螨虫嗅觉和触觉的化学感受器,对螨虫等具有高效、快速的驱避效果。

(2)混合纺丝法:Amicor 抗菌纤维将抗菌剂以固体颗粒加入到聚丙烯腈纺丝原液中,再喷丝制成。其抗菌效果持久。抗菌剂由抗细菌的 Triclosan 和抗真菌的 Tolnaftate 组成,安全无毒。含有 Amicor 抗菌纤维的床上用品能切断螨虫的食物链,使室内螨虫过敏源大大减少,从而杜绝或减少哮喘病的症状。

将防螨纤维与天然纤维进行混纺,兼顾天然纤维的舒适和防螨纤维的防螨性能。但是,普通天然织物的前处理一般都要经过烧碱精练、氯氧联漂、强碱丝光等工序。由于所采用的防螨整理剂可能不耐酸、碱或不耐氧化剂、还原剂等,所以由其制得的防螨纤维及织物对染整工艺有一些特殊要求。因此,在染整加工过程中,既要考虑防螨效果,又要兼顾防螨纤维及织物的特点。

（3）物理法:杜邦公司研制生产的 Tyvek(特卫强)专属防护材料,为实现永久性物理防螨提供了可能。经权威机构检测表明,Tyvek 不仅 100% 防螨,而且对已存在其内部的活体螨虫还具有杀伤性。在床垫内使用杜邦 Tyvek 专属防护材料,可以将床垫内的过敏物质同人体隔开,并使床垫内的螨虫因为缺乏食物而死亡。除此之外,Tyvek 材料柔软、坚韧、防水、透气,是制作功能性防螨枕芯、被芯、床垫衬里的良好材料。

浙江恒逸集团有限公司最新开发的"防螨抗菌化纤长丝"系列新产品,是将防螨剂和抗菌剂内置于化学纤维中的技术。开发成功的防螨抗菌化纤丝的各项物理机械指标,均达到或超过了国家标准(GB/T 13758—1992)规定的一等品的要求,具有高效、持久、安全、成本低的特点。

2. 防蛀防蚊整理

（1）防蛀整理:

①拟除虫菊酯处理:目前使用的拟除虫菊酯有二氯苯醚菊酯(Permethrin)、丙烯拟除虫菊酯等。拟除虫菊酯本身是一种杀虫剂,处理织物防蛀效果很好。国内相应的产品为 JF—86、高效耐久辅助剂 ZLN 等。

②羊毛改性处理:主要是将羊毛中氨基酸残基改性,使它不能再成为蛀虫的蛋白质来源。例如羊毛可用乙二醛、环氧氯丙烷基二卤代烷烃处理,使之防蛀。

（2）防蚊整理:

①苯甲酸胺衍生物:是一类使用较早的蚊虫驱避剂,其中最常用的是 N,N - 二乙基间甲苯酰胺(又称 DETA、DEET、避蚊胺)。它是一种高效、广谱的驱避剂。英国生产的驱蚊衣就是用 DETA 剂氯菊酯整

理的。用它浸渍驱蚊网,在室内使用有效期长达 50 多天。另一种驱避剂邻乙氧基 – N,N – 二丙基苯甲酰胺浸渍的防蚊网,效果更好,据称有效期可达两年。

②从柠檬树中分离提取的新结构类型的驱避剂:目前可以人工合成。是我国开发成功的产品,又称驱蚊灵,效果好,毒性低(LD_{50} 3200 mg/kg)驱避时间是 DETA 的 1.5 倍。它可做成乙醇溶液驱避剂涂在人体上防蚊,也可配合其他化合物进行织物防蚊整理。

③富右旋反式烯丙菊酯:这是一种理想的驱杀虫蚊产品,可以作为蚊香的理想用剂。具有价格便宜、使用方便、药效可靠等优点,因此可以将其延伸成为纺织品防蚊虫整理剂。

④其他药剂:俄罗斯专家利用全氟辛烷、全氟乙烷及全氟萘烷等有机氟化合物制成了一种溶液,人们可以通过呼吸、滴入及口服等方式使用该溶液,使用后溶液会进入人的皮肤及肺等,最终进入血管,蚊虫在闻到这些有机氟化合物的气味后就会远离人体,而一些叮咬了人体的蚊虫则会立即死去。俄专家表示,这种溶液能杀死蚊虫,但对人体无任何害处。若将这类有机氟化合物整理到织物上是否也具有一定的防蚊效果,值得人们研究。

此外,民间有用苦楝树枝叶浸上柴油、采新鲜薄荷叶捣汁、香水香草、番茄叶汁等,涂擦或喷雾能有效驱除蚊子,能否借鉴使用在纺织品的整理上,赋予其防蚊效能,还有待研究。

四、持久香味整理

有资料报道,国外一些服装制造商正在开发一种香味服装,在印花浆中加入香精印制出有香味的印花布,或经过香料微胶囊的整理,不仅使人在视觉和嗅觉上获得美的享受,还具有抑制衣物上的霉菌、大肠杆菌、金黄色葡萄球菌、绿肠杆菌等细菌,散发持久香味和延长衣物使用寿命功效。

香精大多是由易挥发、化学性质极不稳定的有机化合物组成,如桂花香味型是由紫罗兰酮、甲基紫罗兰酮等 19 种原料按一定比例配制而成的。香精成分复杂,在使用和储存期间易挥发散失或分解变质。为了防止香精受外界环境因素的影响,控制或延长其释香时间,通常把香精制成微胶囊。

微胶囊香精在纺织品上的应用方法:

(1)将微胶囊香精加入涂料印花浆中或将微胶囊香精加入涂料染色液中,然后按常规工艺印花或染色。

(2)在纺织后整理中加入香精胶囊与柔软剂、防水剂、抗静电剂等同浴整理。

(3)喷雾上香,将微胶囊香精调配成液状,对纺织品进行喷雾加香。

(4)微胶囊香精加入聚酯纺丝液纺成纤维,制成各种芳香保健化纤纺织品。

香味印花的概念又称为"气息印花",它不只是单纯追求产生香味的效果,其中也包含着产生多种大自然的气息,如森林气息等。

利用明胶—阿拉伯树胶复合凝聚法制备的微胶囊,原料无毒、易生物降解、使用简便,但阿拉伯树胶价格较贵,使微胶囊生产成本较高。有采用扩散剂替代阿拉伯树胶,与明胶复合凝聚制备微胶囊,还有使用阴离子高分子电解质,如海藻酸钠、琼脂、羧甲基纤维素等。

以水溶性高分子化合物作为成膜物质,加有杀菌剂和香精,也可采用少量酸溶性树脂。具有对人无刺激、无过敏、抗菌性持久、不损伤织物、保持原有色光和手感、香味持久、适用范围广等特点。可用于棉、毛、丝、麻等天然纤维织物,或涤纶、锦纶、腈纶等合成纤维织物以及它们的混纺织物,用于纯毛时需先将衣物稍加润湿。

香料还可以从天然植物中萃取:如熏衣草、玫瑰、洋甘菊、马玉兰、天竺葵、橙花、依兰等,大多萃取部位是花,能产生淡而清澈的花香,而且有的具有杀菌和保健的功效。

五、中药保健整理

中药制剂中许多都具有良好的抗菌、消炎、防病、治病的功能,且其副作用小,来源广,无污染,顺应了"绿色纺织品"以及纺织面料功能化和环保型的发展趋势。

1. 中草药织物的后整理方法

(1)一般涂浸法:将织物浸泡于含中药制剂、粘合剂等整理液中,也可以加入碳酸钙等微孔粉粒吸附药物对织物涂层,或将中药加入到印染色浆中对织物进行印花等。但这种方法制得的织物药性持久性欠佳。

(2)微胶囊涂浸法:将中药制剂包容在高分子膜层内,形成 $10 \sim 50 \mu m$ 的药物微胶囊,通过选择微胶囊壁材及厚度控制药物的缓释作用。目前采用的微胶囊壁材有聚乙烯醇、明胶、聚氨酯等。涂层粘合剂有改性聚氨酯、有机硅等。

主要有环糊精技术和溶胶凝胶技术。环糊精有中心环状孔,中药物质可以容纳其中;溶胶凝胶技术是乙基硅酸制取溶液,掺入中药制剂,涂于织物上,并使之凝胶化,具有缓释性。

(3)工艺流程:

坯布──→退浆──→练、漂、染──→烘干──→浸微胶囊整理液──→烘干(拉幅定形)──→焙烘($155 \sim 165℃$,$3 \sim 5$ min)──→印花──→检验

2. 助剂选择

(1)分散剂选择:使用的中草药微胶囊物质在水中不溶解,因此需要使用适当的分散剂。将其制成悬浮液。

(2)粘合剂的选择:使用粘合剂将中草药微胶囊与织物紧密结合起来。粘合剂为成膜性好的高分子物质,最终产品中草药物质附着的

牢度主要由粘合剂决定。

此外,根据所使用的粘合剂和分散剂的具体情况,有时需要加入其他助剂,如消泡剂、交联剂、扩散剂、柔软剂和尿素等。

六、其他保健纺织品

1. 维生素上衣

日本富士纺公司研制了一种含有维生素的织物 V—UP,织物无味,与普通棉花的质感相同。维他命 C 能够控制体内蜜胺的产生,使皮肤白皙。而且由于它有促进胶原质合成和阻止胶原质分解的双重功能,也能防止皮肤起皱纹。对皮脂具有抗氧化效果,也能祛除日晒斑。但是由于维他命 C 自身不稳定,所以富士纺开发了用维生素原嵌入纤维中的技术。这种技术适用于棉和涤纶、锦纶、氨纶及其混纺纤维。这种维他命原可以被皮肤分泌的皮脂融化并被皮肤吸收,在酶的作用下慢慢地转化为维他命 C。用这种技术生产的一件 T 恤衫,据说能含有两个柠檬的维他命 C。Unitika Textiles 公司的 Activate 系列产品在各种纤维表面附着能被人体皮肤吸收的维他命,起到保健作用。Toho Textile 公司的 Biverly 织物是通过特殊技术在纤维上附着维他命 E、三十碳六烯、胶原质等保健性物质。

2. 生物光素材料

生物光素医疗保健纺织品,是以现代医学药典为依据,将具有药用功效的生物光素材料转移到纯棉织物上,再加工成服饰,穿上它能防病治病。由于人的体温作用,使之发出 $5 \sim 25~\mu m$ 的光波,光波渗透到人体皮下,并迅速被人体皮肤和皮下组织吸收,与人体细胞产生共振,形成局部的生物温热效应,激活整个系统内失调的大量免疫因子,加快新陈代谢,从根本上提高人体自身的免疫功能。具有代表性的产品是为心血管病人设计的护心卡,可以改善冠状动脉血液循环,提高心肌供血供氧量,对心血管病有缓解作用。

第四节　智能纺织品

智能材料是指模仿生命系统,同时具有感知和驱动双重功能的材料。智能纺织品不仅能够感知外界环境或内部状态所发生的变化,而且通过材料自身或外界的某种反馈机制,能够实时地将材料的一种或多种性质改变,做出所期望的某种响应材料。

当前纺织品趋向"高"、"新"、"多"和"绿"的特点,"高"就是高性能和高档次,有多种高性能和功能性,包括智能性;"新"是应用新材料,包括新纤维、新染化料等材料,新纤维和新染化料的出现周期愈来愈短;"多"是现代纺织品不仅纤维组分多,而且还含有各种各样的非纺织纤维的组分或构件,用以提高纺织品的性能或功能;"绿"就是生态性,不仅要求纤维原料和染化料符合环境要求,而且整个纺织染整加工对环境无不良影响,生产出的纺织产品安全无害,不破坏生态平衡。

一、电子信息智能纺织品

电子信息智能纺织品作为一类新型功能面料,其智能化来自于织物中加入的特殊成分。这些成分可以是电子装置、特殊构造聚合物或者是染化试剂。目前对于电子信息智能纺织品的研究主要有柔性压敏材料、纺织品柔性显示器、电子系统嵌入式智能纺织品和纳米电子智能型面料等。

1. 柔性压敏材料

柔性压敏材料是通过把轻质的导电性织物和一层极薄的具有独特电子性能的复合材料组合在一起实现的。在复合材料中,金属粒子紧密地分布在基质中,但相互之间没有任何接触,当含有这种复合材料的织物被按压并发生变形时,金属粒子之间的距离就会减少到很小,直至电子可以在金属粒子之间发生转移,具有了导电性。这种织物可以根据压力的大小进行程度控制,用在需要进行程度控制的电子设备。

柔性压敏织物具有隐藏性,可随意地制成产品表面,不易被人发觉。同时,由于柔性压敏系统,从织物键盘到传送信号的数据传输总线再到连接器,全部都由纺织品构成,作为面型结构可以很容易地被卷起、清洗,使用方便。柔性压敏产品的生产方式有:织造(针织、机织)、刺绣、印花、涂层等,产品易于处理和回收具有环保性。除上述特点以外,柔性压敏织物不必直接与其控制的装置连接在一起,可以通过在织物上配置一个很小的无线电频率发射器把指令发回到电子产品上,这样,无线技术与柔性压敏技术的结合就可以使遥感界面加入到纺织品中,实现控制或与附近的环境沟通。

美国麻省理工学院的研究人员用不锈钢纤维在织物上刺绣出不同的电路,可以织成织物软键盘,通过将导电纤维和绝缘纤维纱线的交替编织,制成可测压力的织物。这种织物由三层组成,上下两层是电阻率为 10 Ω/cm 的金银线与普通纱线的交织织物,中间是起隔离上下两层织物作用的较为稀疏的尼龙网。当在织物上施加压力时,上下两层织物通过尼龙网的空隙实现接触,引起电信号的变化。

日本太阳工业公司用碳纤维开发了检测最大应变的传感器,可用于建筑物、道路、工厂、飞机、烟囱、索道等结构安全的诊断。

英国 Durhum 大学研制的导电聚苯胺纤维具有半导体的特性,电导率高达 1900 S/cm,可以作为传感器使用。美国 Milliken 研究公司发明的聚吡咯涂层纤维技术,通过气相沉积或溶液聚合的方法,将导电的聚吡咯涂层在纤维表面制成织物传感器。意大利 Pisa 大学的 De RossiL 将聚吡咯涂层在莱卡纤维表面制成智能手套,手指在弯曲或伸展时,莱卡纤维产生应变,从而聚吡咯的导电性能产生变化,记录和分析电信号的变化,可探测出手指运动情况。欧盟 Electro Textiles 公司于 1999 年利用导电纤维技术开发了压力敏感织物,这种织物可以准确地探测出受压力的部位。

"智能衬衫"的传感器是基于 Polypyrrole 或含碳橡胶涂层的纤维。它的感观体系结构可分为两部分:纺织品平台,可穿性装置由此平台获取生物机械信息;一个硬件软件平台,无线通讯系统在电调节后向此平台发送所获取的数据。这种纺织品可用来创建可穿性装置,能够读取穿着这一类纺织品的人的姿势及运动。

2. 纺织品柔性显示器

美国 Auhum 大学研究的纺织材料的光敏纤维,可以发生光诱导可逆性光学变化和热反射变化,因而可以利用它的这种特性来制造柔性显示器。美国 Clemson 大学纺织学院,把在电磁波可见区能够发生颜色变化的分子和低聚物掺入到纤维中或附着在纤维上,再施加静态或者动态电场,得到可以光敏性变色的纤维和纤维复合材料。颜色的变化是由于不同波长的光产生的,随着所施加电磁场的变化导致物质结构发生变化,从而引起光的变化。导电纤维可提供颜色变化所需电场的电源,这类材料可用于制作变色墙壁和地板覆盖物,用于制备包含施加电场的柔性显示器的智能服装和通讯服装。

以色列 Visson 公司在 0.2 mm 薄型纺织品上制成显示器样本。该样本显示屏用导电丝编织成 XY 结构,由此产生行列式电极网络,每一根导电纤维被极薄的电场发光物质层覆盖。在行列方向同时施加电压,在相应纤维交叉点上产生的电场导致该点上的电场发光物质发出辐射。还有用纳米复合纤维来开发柔性显示器。这类纤维改善了高温机械性能,具有优良的光学性质和电学性质。纺织品柔性显示器在智能服装汽车设备、家用设备和装饰材料等诸多前沿领域有着广泛的应用前景。

3. 电子系统嵌入式智能纺织品

将电子系统加入到纤维或织物中制成智能纺织品。特种电子传感器能被集成在服装上,甚至已有把微细传导纤维与普通纤维一起通过机织或针织制成服装。通过这种方式,可以生产轻型传感器和开关装置,它们几乎可适应任何三维形状。然而,无论采用何种方式把电子系统置入服装,服装必须保持原有风格,手感不能受到影响,同时必须足够坚牢以承受在使用过程中的水洗、干洗和磨损。在未来,所需的能量可由穿衣者的运动或直接输入太阳能来替代。

德国慕尼黑 Infineon 技术公司已在这项技术上取得了很大的进展,其高度集成化的芯片和传感器技术,推进了纺织产品与电子技术的全面集成。目前已开发了一些样机和设计模型,芯片和非常小的传感器被封装在一个特殊"盒"中,固定在织物内,所需的电子连接由织物中优良的传导材料提供。应用范围从个人娱乐、通信到商业、保健和安全设施等领域。这家公司还致力于将高科技材料,诸如微控制、全球定位系统(GPS)、移动通信(GSM)、无线电自动识别技术(RFID)以及生物传感器嵌入到纺织品中,推出各种智能纺织品。

一种新型的硅基热能发电芯片,利用温度差发电,可输出每平方厘米几微瓦的电量。研究显示,在普通的环境下,服装与皮肤表面之间的温差至少在5℃以上。在此条件下,该新型温差发电芯片能输出 $1.0~\mu W/cm^2$ 和 $5~V/cm^2$ 以上的电力和电压,其电力可用作特殊的医用探头或微电子芯片的能源。将该芯片集成在织物内所制成的智能服装,配合使用合适的器械,通过衣服内的传感器,将测得人体的重要信息(如脉搏、心跳、体温等),通过无线传输,传送至监测中心,医生就可了解被监护人的情况,对异常情况尽快采取措施并及时治疗。Infineon 公司还研制出一种智能商标芯片,经过特殊的封装,集成在织物内,用作织物的智能标签。智能标签由可以存储各种信息的微型芯片构成,这种芯片带有一个天线,使用户之间可进行无线的数据交换而不需要单独的电源。智能标签可用于洗衣机的程序设定,可用于控制物流以简化仓储。另一种用途就是在智能商标上储存防伪特征和密码,在全球范围控制对品牌商品的盗版。

电子系统嵌入式智能纺织品可被应用于休闲娱乐、医疗保健、电子智能标签等领域,如德国 Master 时装学校的学生已设计出带有 MP3 播放机的服装,并将要投放市场。MP3 播放机的电子元件直接集成在服装的面料内,并经过特殊的封装。这种纺织品可以洗涤而不会损坏内部的电子元件。整个 MP3 播放机,包括集成在一个微型芯片内的用于声控的微处理器和一张用来存储音乐菜单的可更换多媒体卡。在系统、存储器、耳机、话筒以及织物键盘之间用导电的织物相互连接。

4.纳米电子智能型面料

国外有利用纳米技术开发了一种灵敏且程序可控的面料,其基本思想就是将小的多孔单元通过"螺丝"互相连结成面料,装有小型电动机的计算机控制这些微孔,以调节它们与"螺丝"间的相对间隙。通过选择"螺丝"的松紧,产品的形状就可以改变,以符合使用者的需要。通过形状的快速变化或某些微孔间短暂失去连结,固态的刚性物质就能像织物一样柔软;反之,松散的键合单元与刚性骨架相连,柔软的织物就会变得刚硬。因此,织物与其他材料之间的区别就变得很模糊。程序可控面料的概念并不仅局限于织物,还有许多潜在的应用,例如太空服可类似于人体皮肤一样活动自如;嵌入计算机与应变仪相结合,能感应出穿衣者想做的运动,从而对面料作相应的调整;外层的反射系数可进行改变以吸收来自面向太阳一面的热量,并输送至冷的部分;而面料的绝热性能会防止穿衣者的热量散失,过剩的热量也可转移至冷的一面。

纺织品的电子信息智能化在德国、英国、日本等很受重视,被指定为研发的重点课题。电子信息智能纺织品,在赋予纺织品新时尚的同时也给予了许多常规纺织品远不能及的功能和智能,并将日益成为人们日常生活的一部分。

二、可呼吸织物

防水透湿织物,也叫防水透气织物,国外称之为"可呼吸织物",是指水在一定压力下不浸入织物,而人体散发的汗液却能以水蒸气的形式通过织物传导到外界,从而避免汗液积聚冷凝在体表与织物之间,保持服装的舒适性。

防水透湿织物是集防水、透湿、防风和保暖性能于一体的功能织物,要达到防水透湿功能必须满足以下条件:

(1)透湿量维持在出汗量以上;

(2)衣服内由于湿度增加而冷凝成的水,能迅速被吸收并向外扩散;

(3)有保温性和散热性;

(4)有拒水性和防水性。

评定织物的舒适性的特定指标包括三个基本因素:纺织品对热的传递性能、对水分的传递性能以及对空气的传递性能。对于冬季内衣着重考虑热传递性和空气传递性这两个因素,对于夏季外衣着重考虑水分传递性能和空气传递性能这两个因素。智能型防水透湿整理是指随外界温度的变化,透湿性也发生相应变化。吸汗透气整理能同时赋予织物亲水抗静电性、柔软性。

防水透湿的膜材料有聚四氟乙烯薄膜、聚酯薄膜、聚氨酯膜、氨基酸微多孔膜等。最常见的是价格相对低廉的 PU 涂层产品,特氟隆薄膜、TPU 膜与针织或机织物复合的产品。还有高密度织物和不同吸湿性能织物复合的产品等。如德国 W. L. Gore&Associates 公司研制的 Gore - tex® 防水透气服装,常用于登山服。瑞士 Schoeller 公司开发的具有防水防污、透气和快干特性的 3X DRY® 织物,适用于运动、旅行和商业领域。

按照作用机理的不同,防水透湿织物可分为两种,即微孔型和传导型。

1. 微孔型

荷兰的 Akzo Nobel 和 Micro Thermal Systerm 公司正在研究开发的 Stomatex 织物是一种具有呼吸功能的智能材料。其原理是利用一系列的凸形小汽室,结合有闭孔泡沫材料的织物,通过在每个小汽室顶上的小孔来排气。当身体处于较剧烈的活动状态,有过多的热产生时,织物就快速地将湿气排出,这种排气方式模仿了发生在树叶气孔中的换气过程,达到对湿气的控制释放,提供了穿着舒适的特性,同时保持紧靠皮肤处的微气候平衡,使人体处于最佳状态。

吸湿排汗功能是利用织物表面纤维微细沟槽所产生的毛细效应,将人体汗水经芯吸、扩散、传输等作用,迅速迁移致织物的表面并发散,保持身体的干爽感。同时,在湿润状态也不会像棉纤维那样倒伏,始终能够保持织物与皮肤间舒适的微气候状态,达到提高舒适性的目的。

透湿排汗的另外一种方法是采用中空、异型截面(非圆形,如工字钢形、十字形)的新纤维,例如把涤纶和一种性能近似涤纶的可溶性有机物混合纺丝,涤纶包覆在外呈"箭鞘"状、可溶物在内呈"箭芯"状;织成织物之后再通过热碱溶液把"箭芯"溶解掉,使其成为中空结构,形成许许多多的毛细管,使水蒸气顺利通畅地向外界排出。当然这种孔道很小而且是疏水性的,水珠无法通过它进入织物内部。

Coolmax 是杜邦公司开发的一种新纤维,这种纤维有独特的四条沟槽,导湿性能十分优越,同样可以将体表的湿气和汗水在最短时间内排至织物表层,降低身体温度,显示出超强的排汗导湿功能,并具有良好的透气性。据试验,用 Coolmax 纤维制成的一件湿的运动衣,只需 30min 几乎可完全干燥,而一般棉织物仍有 50% 左右的水分,羊毛织物也仍有 28% 左右的水分。穿着 Coolmax 织物,体温比棉织物低 8℃,阿迪达斯、美津浓(Mizuno)都已有采用 Coolmax 纤维制作的运动衣。

纺织品的功能性也可以通过织物结构设计、复合层压、化学整理等多种途径的结合使其更加完善。例如防水透湿织物的开发,以往传统的涂层整理,产品的舒适性及外观不能满足人们新的要求,新开发的产品从纤维入手,以超细纤维,高密机织,荷叶组织结构设计,加以化学整理,使其具有良好的防水透气性和自然美的外观。

又如间隔织物,就是采用高性能玻璃纤维或其他高性能纤维用机织或针织方法织造,创新的结构设计将两片平面织物在垂直的方向由纤维或纱线连接,织物的上层和底层之间形成中空间距,由此形成的织物易被压缩—回弹,得到轻质夹心材料,经树脂固化成为具有高拉伸和高剪切强度的纤维增强材料。用于工业地板、汽车制造、船艇建造,如船艇甲板和船身的夹心结构等。总之,高性能纤维配以现代织物结构设计以及多功能复合和整理技术开发了纺织纤维的广泛应用领域。

文泰尔(Ventile)织物和超细纤维织物,是以织物结构的紧密度达到防水透湿。它利用纯棉高支纱织成平纹织物,当织物干燥时,经纬纱线间的间隙较大(约 10 μm);当雨或水淋织物时,棉纱膨胀,使纱线间的间隙减至 3 ~ 4 μm。文泰尔织物防水与透湿性随棉纱的膨胀而变化。超细纤维织物是用超细、不吸湿的纱线,如聚酯或锦纶微细纤维织成的紧密织物。它不是利用膨胀机理,而是利用纱的极细细度(每根长丝为 0.1 ~ 0.3 dtex)和织物中纱线之间的间隙足够小,使水分不能通过,但水蒸气可以通过,微孔织物即是利用了水滴与水蒸气分子之间尺寸的差异起到防水透气的作用。

通过镀膜形成的微孔织物,依靠层压或涂敷层有许多约 0.1 ~ 3 μm 的微孔达到防水透气的目的。涂层形成的大多数是非对称微孔膜,具有网状结构。在水蒸气压差下,空气和水蒸气可自由地通过弯弯曲曲的微孔,这种微孔结构可以迅速转移水蒸气。微孔膜的透气性是确定汗液通过织物蒸发速度的主要因素。这类织物的缺陷是微孔会因拉伸而不断扩大,从而使液态水易于渗透。

微孔防水透湿织物透湿性的主要影响因素是微孔孔径、单位面积的孔数、厚度和通道的曲折系数。在稳定扩散状态下,水分通过这些孔道扩散的理论透湿量与通道的厚度成反比,与两侧压差成正比,同时如果空隙通道的弯曲越多,相应扩散体分子与孔壁碰撞的机会也越多,微孔防水透湿织物的传湿阻力也越大,理论透湿量越小;微孔孔径越大,水蒸气扩散的自由截面积也越大,理论透湿量越大;单位面积孔数越多,理论透湿量也越大。

Daedalus 在设计开发一种海上工作人员穿戴的制服,这种服装能对水进行响应从而成为一种理想的救生服装。丙烯酸系聚合物具有很高的吸水性,它能吸收数百倍自身重量的水,溶胀成为一种松弛的胶体。如果用它进行纺丝,将其以纤维的形式织入到布料中。这种布料做成的服装在平时穿着具有良好的透气性;一旦浸入水中,丙烯酸系聚合物纤维吸水膨胀堵塞衣服上的孔隙,阻止了海水向衣服内部的渗透,从而有效防止人体热的散失。但 Daedalus 的救生服不仅仅是抗渗,它还会积极地生热。Daedalus 计划给服装上配备一套"浸沉电池组",电池组以海水作电解质,为一个信号灯供电。于是这套救生服一旦浸入海水中它就会被引发而开始工作。用几百克的锌作为电池的电极,所产生的热量就会使落水者在最冷的海水中数小时内保持温暖。另外,电池副反应中所产生的氢气对救生服内的衣袋充分膨胀,从而防止落水者沉没也会起到积极的作用。

2. 传导型

利用高聚物膜的亲水成分提供的足够的化学基团作为水蒸气分子的阶石,水分子由于氢键和其他分子间力,在高湿度一侧吸附水分子,通过高分子链上亲水基团传递到低湿度一侧解吸,形成"吸附—扩散—解吸"过程,达到透气的目的,亲水成分可以是分子链中的亲水基团或是嵌段共聚物的亲水组分。

除了选择纤维和涂层整理方法外,在织物结构上也可以尽量做到吸湿排汗。比如采用双层组织结构,贴身的内层用疏水性纤维 Coolmax 和 LYCRA(杜邦的氨纶弹性纤维品牌),而外层用亲水性纤维 Tencel 或棉,这样汗液就能依靠毛细管作用,从皮肤转移到内层纤维上,由于外层亲水性纤维与水分子的结合力强于内层疏水性纤维,水分子再次从织物的内层转移到外层,最后散发到大气中去。

三、热(或温度)响应型智能纺织品

1. 多功能聚氨酯(PU)涂层织物

由于聚氨酯(PU)的特殊结构赋予了涂层织物的柔韧性、耐磨性、低温性、润湿性、粘结性、光泽性以及高内聚力和固化速度等,使其在防水透湿织物的加工中获得了广泛的应用。更可贵的是,通过对其分子结构的调整和设计,可获得性能各异的产品,如形状记忆 PU、具有调温功能的形状记忆 PU 等。新型的聚氨酯材料"调温功能聚氨酯",除防水透气外,还兼有调温功能,服用者即使在环境温度多变或人体发热出汗等情况下,都会感到舒适,即具有记忆功能。形状记忆聚氨酯的透湿性受温度控制,而且这种温度在室温范围,因此常被用来改善织物的穿着舒适性。

(1)聚氨酯的结构特点和性能:聚氨酯是由异氰酸酯、多元醇和扩链剂聚合而成的含有部分结晶的线性聚合物,它以部分结晶相为固定相,以聚氨酯软段为可逆相。聚氨酯自身的细微结构能够自发地对环境温度变化做出感知和响应,并具有在外界刺激消除后再恢复原来形态及性能的能力。聚氨酯记忆温度的高低主要由软段的结构组成和分子质量决定,其软段的结构组成对 T_g 的影响更为明显。硬段结构对材料的记忆温度影响不大。目前已制得 T_g 分别为 25℃、35℃、45℃、55℃的形状记忆聚氨酯品种。

聚氨酯的软段一般为多元醇的聚己二酸酯、聚醚或聚烯烃等链段;硬段一般由二异氰酸酯(OCN—R—NCO)和扩链剂组成。硬链段的物理交联点是通过极性、氢键和结晶作用而生成的。当温度低于120℃时,这些物理交联点不会断裂。但是柔性的软段区能产生很大的形变,聚氨酯显现的形状记忆效应就是由软链段的旋转形成的。通过调节聚氨酯分子中软链段的质量和长度、软链段与硬链段的摩尔比及树脂的加工工艺,可获得具有不同静态和动态性能的聚氨酯形状记忆材料。而在硬段区内,分子被其相互间的物理或化学交联所固定、由于软硬段的共价偶联抑制了大分子链的塑性滑移,从而产生了回弹性。软段在室温范围内是结晶的。其 T_g 高于室温,此时材料处于玻璃态;当温度升到软段的结晶态熔点而进入高弹态时,软段的微观布朗运动加剧,易于产生形变。处于玻璃态的硬段可阻止分子链滑移,抵抗形变,产生回弹性(记忆性)。当温度再一次下降到软段的 T_g 以下时,形变便被冻结固定下来。但这种被暂时固定的形变是不稳定的。若将形变后的材料置于 T_g 以上时,材料的形状可在硬段"骨架"的回弹力下获得恢复。

(2)聚氨酯的智能性:当人体处于热平衡时,感觉舒适的皮肤平均温度为33.4℃。在身体任何部位的皮肤温度与皮肤平均温度的差在 $1.5 \sim 3.0$℃,人体感觉不冷不热,若温度差超过4.5℃,人体将有冷暖感。由于聚氨酯的记忆特性与 T_g 密切相关,利用这一特性制成具有对外界温度响应的智能型防水透湿织物,改善织物的穿着舒适性。用具有形状记忆的 PU 涂层,可获得一种能"呼吸"的防水透气服装面料,对不同的环境温度作出反应,给人体带来最大的舒适度。

在玻璃化温度(T_g)区域,由于受热聚氨酯分子链的运动使分子间距离增大,足以让水蒸气分子透过聚合物膜,具有透气性。但此时分子链运动所造成的孔隙还远远达不到让最小的水滴透过(水蒸气的直径为 0.0004 μm,降落到地面的雨滴直径通常为 $100 \sim 30000$ μm),因此,该聚合物膜又具有防水性。

把聚氨酯的玻璃化温度设置到人体温度变化范围内,当人体温度变化时其透湿透气性能也随之改变,就如人体皮肤一样,能随着外界温湿度的改变而调节,达到智能透湿的目的。低温时处于玻璃态或结晶束缚了软链段的自由运动,即增加了对小分子渗透的阻碍,保证了低温状态下的低透湿的保暖作用,高温时高透湿的散热作用。但在任何温度状态下,形状记忆膜都具有无法让水分子透过的防水作用。

据日本三菱重工业公司报道,已开发出商品为 Diary 和 Azekura 的形状记忆 PUs 涂层织物,不仅可以防水透气,而且其透湿透气性可通过体温加以控制,达到调节体温的作用,即织物能对服用者在不同活动量期间产生不同热量的释放进行智能响应,增加穿着者的舒适性。

美国宝立泰公司推出的织物 Qualitex,采用相对分子质量均为 1000 的 PEG 和四氢呋喃聚醚二醇(PTMG)为软段,合成了在 27~32℃ WVT(水蒸气透过率)性能产生突变的调温功能形状记忆聚氨酯,改变 PEG 与 PTMG 的质量比,这一突变点还会有所改变。

2. 微胶囊复合的调温功能服装

美国航空航天管理局(NASA)主持研究的 Outlast 技术,是采用相转化材料(PCMs)与普通衣用织物复合,成功地开发了具有可调温功能,穿着舒适的工作服。

相变是指某物质在一定条件下,其自身温度基本不变而相态发生变化的过程。常见的相变有固—液、液—汽、固—汽相变等。当外界环境温度升高或降低时,它们相应地改变物理状态(固态、液态),从而可以实现储存或释放能量,且在相变的过程中湿度保持不变。在 Outlast 纤维中微胶囊的相变材料为碳化氢蜡(Hydrocarbonwax),主要应用于腈纶纤维,Outlast 技术主要有二种:

(1)面料涂层,即将含有 Outlast 技术的 PCMs 微胶囊涂于织物表面上。

(2)用 Outlast 技术直接将 PCMs 微胶囊植入腈纶内,这样可以利用经植入 PCMs 微胶囊的纤维(可散纤或毛条)纺纱编织面料。

含有相变材料的纺织品不论外界环境温度升高还是降低,它在人体与外界环境之间起一个调节器的作用,缓冲外界环境温度的变化。通常,相变材料都存在于微胶囊内,微胶囊化的相变材料可被混入纤维,也可被涂在织物上。蓄热调温纺织品除具有与普通纺织品相似的静态保温性能外,还具有动态保温性能,动态保温性能的产生是纺织品内部包含的相变物质在环境温度变化时的吸热或放热引起的。

经聚乙二醇(PEG)浸渍的面料,具有储存热的功能,受热时吸收热量,遇冷时放出热量。通过选择设计 PEG 的聚合度和质量分数,使得相变温度恰好在人们感觉最舒适的温度范围。环境高于体温时,高聚物发生相变吸热,同时聚合物体积膨胀,亲水基团空间体积增大,热运动加剧,使透湿透气量增加,排热排汗加快;当环境温度低于体温时,PEG 链段结晶,高聚物相变放出热量,同时封闭分子间空隙,透湿性减小,起到挡风保温的作用。透湿性与温度调节同时发挥作用,使涂层织物具有智能调节体温的功能,又称"空调织物"。

日本生产的功能纤维材料 Air—Techno,利用聚酯等合成纤维,镀上具有调节温度功能的特殊蛋白微粒子(10 nm)超薄膜。当衣服外温度上升时,特殊微粒子即随温度吸热,抑制衣服内温度上升;当外部温度下降时,这种纤维即释放出储存的热量,防止衣服内部温度下降。

天津工业大学功能纤维研究所开发的蓄热调温纤维,通过对相变物质进行熔融复合纺丝,研制出了相变物质含量在 16% 以上,单丝纤度 5 dtex 的蓄热调温纤维。

一种在军事上用作隐身材料的纺织品具有自动调温功能,可能是由特殊金属丝纤维与普通化学纤维或天然纤维交织再附加其他元件制得的。这种织物做成的隐身服能够自动感知周围环境的温度,通过调节衣服的散热率,使衣服表面的温度与周围环境保持一致。这样,红外频谱成像仪就无法探测到伏兵的存在,从而达到隐身的目的。

3. 智能多功能材料

有报道,一种具有双向智能调温功能和负离子抗菌功能的蛋白质纤维及制造技术开发成功。该项技术是在特制的蛋白质纤维中,加入了有关科研单位开发的特制相变微胶囊和特殊修饰的纳米级负离子发射材料。纤维的载体材料采用经天然蛋白质(如酪蛋白、羊毛角蛋白、大豆蛋白、珍珠蛋白等)改性的高聚物(如聚丙烯腈、聚乙烯醇、纤维素等),产品是一种复合性的多功能纤维。采用这项技术,纤维既可制成仿羊绒型的智能相变调温和负离子广谱抗菌功能的蛋白质三维卷曲纤维,也可制成棉型的智能相变调温和负离子广谱抗菌功能的蛋白质纤维。纤维细度可达 $15.2~\mu m$。

该纤维具有远高于美国 Outlast 聚丙烯腈相变纤维的相变熔,而且具有优于普通腈纶的良好手感和物理特性。根据有关研究院测试,其纤维相变熔吸热主值范围在 $27 \sim 35℃$ 之间,相变吸热值达到 $14~J/g$ 以上;放热范围在 $17 \sim 26℃$ 之间,相变放热值同样达到 $14~J/g$ 以上,而普通纤维和天然纤维是不具有此功能的,同时,该纤维还具有自释电永久发射负离子、广谱抗菌、活化细胞、抗皮肤衰老的功能。由于纤维载体还含有大量具有生理活性的蛋白质,所以还有很好的营养皮肤性和高于一般化学纤维的吸湿性、导汗性。该纤维可与不同纤维混纺,且混纺的纤维同样具有双向智能调温、负离子广谱抗菌功能和很好的营养皮肤性。

4. 光响应型智能纺织品

变色纤维是一种具有特殊组成或结构,在受到光、热、水分或辐射等外界刺激后可逆、自动改变颜色的纤维。主要有光敏变色纤维和热敏变色纤维两种。对于有机化合物而言,光敏变色往往与分子结构的变化联系在一起,如互变异构、顺反异构、开环闭环反应,有时为二聚或氧化还原反应。制备光敏变色纤维的方法一般有 4 种:染色、共混、复合纺丝、接枝共聚。

(1)热敏变色布料:日本东丽株式会社制造成功的热敏变色织物能对温度做出响应。温度在零度至零下时,织物变成黑色以大量吸收阳光的能量起到保暖作用;温度较高时,织物又变成白色从而抑制对阳光直射能量的过多吸收。这种织物采用内含热敏可逆变色色素的微胶囊与树脂一起涂布在基布上制得。其变色原理是:上述微胶囊中存在着色彩成分以及显色剂(电子接受体)和溶剂(该溶剂在低温下为固态)。在低温下,显色剂通过溶剂与色彩成分相触就能使基布显色;温度升高,溶剂释出,显色剂与色彩成分分离而消色。目前,该织物已用来制作滑雪衫等体育用品。

另一种能随穿着者周围环境温度变化而自动变色的服装,其变色机理与上述机理不同。它是利用物理化学方法,使变色颜料的分子结构和排列方式,根据温度的不同而发生变化。美国利用这一原理,模仿变色蜥蜴的皮肤可在不同的环境下呈现与背景一致的颜色,用此材料制成变色军服,在雪中变成白色,在沙地上可变成黄沙色,在热带丛林里可以变成绿色。穿上这种伪装服,战斗人员随时都会"消失"于背景中,从而隐蔽和保护自己。

(2)光敏变色布料:新近出现了几种以合成纤维制成的光敏变色布料。一种是在强紫外线照射下能显色,除去该光照射则消色的紫外线光敏变色布料;另一种是把荧光涂料与树脂一起涂在锦纶布料上,则淡色布料能在紫外线或红外线照射下发出荧光;再有一种是在日光下为白色,而在紫外线或红外线照射下显出红色、蓝色等各种色彩的布料。

据报道,美军采用在袖口上设置有化学探测器的服装装备步兵部队,这些化学探测器可以像补丁一样被结合在服装的袖口或肩带上,它们在遇到毒气时就会如同石蕊试纸遇到酸性溶液一样改变颜色。另外,它们甚至会在织物内激活某一化学反应从而使有毒化学物质减活或失活。

四、生物智能纺织品整理

德国科学家最近研发出一种新型智能纺织品,可以在用这种材料制成的内衣中加入外敷药物成分,这些有效成分通过内衣与皮肤的接触渗入人体,达到治疗目的。

这种新型纺织品是由设在北威州克雷费尔德的德国纺织品研究中心研制的。据介绍,科学家利用自然纤维和再生纤维中都含有的一种名为环糊精的糖分子使织物拥有了上述的智能医疗功能。该化合物分子存在微小的孔状空间,并具有吸收药物分子但不渗水的性能。通过特殊方法处理可以将一些外敷药物的有效成分添加进新型纺织品内,而这种织物内部特殊的分子结构能够较好地保存这些药物成分不致"流失"。织物与人体接触后,在极少量汗液的"刺激"下,药物的有效成分就被"激活",并慢慢渗透入人体,达到与药物外敷同样的疗效。

综上所述,智能型纺织品是继功能纺织品之后出现的又一种类型的高科技纺织品。它在增加服装舒适性、提高人们的生活质量、改善人们的劳动条件、满足某些特种行业和特种场合的需要等方面必将发挥越来越重要的作用。同时它能增加产品附加值。但是,智能型纺织品的开发不仅需要纤维、纺织、染整、化工等行业的紧密配合与协作,更需要多学科的互相渗透、交叉相融合。

第五节 高能物理技术在纺织品后整理中的应用

"绿色纺织品"和"绿色加工技术"更强调的是生态平衡和对环境的亲和性,已成为本世纪印染工业发展的关键技术。开发绿色染整工艺,可将物理技术与化学技术结合,共同打造生态染整科技。

一、节水节能整理

泡沫整理和涂层整理等利用物理技术增加整理液浓度,降低给水量,提高整理剂利用率,从而减少污染和污水排放,有利于印染环保。

1.泡沫整理

泡沫整理就是采用尽可能多的空气来取代配制整理液或染液时所需要的水,将整理剂或染色化学药剂制成泡沫体,然后强制泡沫扩散到被加工织物的表面并透入织物内部。由于空气降低了整理浴的含水量,这样可以节约染化料,减少污染物和废水的排放。如果织物焙烘后不经水洗,该工艺可基本无废水产生。

(1)发泡剂的选择及工艺:泡沫整理的轧液率仅为15% ~ 30%,泡沫的发泡率一般为2% ~ 20%,密度为 0.2 ~ 0.05 g/L,发泡率越低,则泡沫含液量越高;发泡率越高,则泡沫含液量越低。发泡率的大小应视被加工织物,车速等因素确定。

发泡剂决定了泡沫的特性、泡沫的结构和输送至织物的分散均匀性。配方中所有组分必须容易起泡。其离子活性应能与混合物中所有的其他化学组分相容,同时对色牢度和整理质量影响非常小。

①泡沫的直径:实际使用中泡沫应尽可能小,泡沫的液膜应尽可能薄,越厚越易排液。一般泡沫直径应控制在 50 ~ 450 μm 之间,这样的泡沫有较好的机械稳定性和储藏稳定性。当泡沫直径逐渐变大时,其稳定性就随之变差,液体容易很快地向泡沫的表面泳移而导致泡沫破裂,特别是在进行泡沫染色时,大气泡常常会在织物表面产生"露白斑点",从而影响染色质量。同时,由于泡沫直径增加,其发泡率便随之下降。

②润湿性:在进行泡沫涂敷过程中,要求泡沫能很快地被纤维所吸收。例如,在棉织物上进行活性染料泡沫染色时,活性染料能很快被棉纤维吸收,但如果在疏水性的涤纶织物上进行分散染料的泡沫染色时,涤纶的表面则很难润湿,而且残留在纤维表面的泡沫会影响产

品质量。因此,要求泡沫具有良好的润湿性。表面活性剂是比较有效的发泡剂,其中十二醇硫酸酯钠盐发泡性较好,用少量便可获得高发泡率的泡沫。

另一类发泡剂是非离子型活性剂,这类活性剂的发泡效果稍差,要获得同样发泡率的泡沫,其用量比阴离子表面活性剂多,但考虑到树脂整理中金属盐的稳定性,即使发泡率较低,仍需采用非离子型表面活性剂。

泡沫的稳定性也非常重要。输送至织物的泡沫必须具有最低的稳定性,以便在送至织物的过程中保持其特性,但在接触后快速破裂。BROOK FOAM STABILIZER 202 是许多整理加工中应用的优异的泡沫控制剂。它强化了气泡壁,并可与树脂、催化剂、柔软剂和发泡剂混用,且对织物手感没有负面影响。

(2)泡沫稳定剂的选择:泡沫需保持适当的稳定性,当与纤维接触时又能马上自身破裂。如果泡沫不甚稳定,便会过早破裂,使织物产生块状和条状的不均匀润湿。相反,如果泡沫太稳定了,它就不会均匀地破裂而进入织物。泡沫稳定剂种类很多,但应按照用途来选择活性剂和稳定剂。比较有效的稳定剂是羟乙基纤维素、甲基纤维素和多糖酸。特别是羟乙基纤维素是非离子型的,容易和大多数阴离子和阳离子整理剂混用,金属盐催化剂溶液也不会干扰它的作用。在实际使用过程中,将羟乙基纤维素和十二醇混合使用,既可提高发泡液的本体黏度,又可提高泡沫液膜的表面黏度,大大增加了泡沫的稳定性。此外,对于增稠剂要尽可能以较少的用量来求得黏度的提高。

2. 涂层整理

在织物表面均匀涂布一薄层混合涂层剂,使织物表面改变风格、改变色泽或产生不同功效,称为涂层整理,由于涂层整理溶液不透入织物内部,可节约染化料,节约能源,又因织物一般均不需水洗,比传统的化学整理减少废水和污染,现已替代一部分化学整理。

3. 物理机械整理

物理机械整理通常依靠机械、水、蒸汽、温度等,对织物进行物理处理达到整理效果。工艺中不用化学药品,对废水可以没有污染物质。近年来,国内外都在研究用物理机械整理代替部分化学整理,也有采用两者结合以达到减少污染的目的。常用的物理机械整理包括改善织物缩水、手感和光泽的预缩整理;调整幅宽和改善经纬纱歪斜弯曲的拉幅整理;使织物平滑光洁的光泽整理以及使织物产生凹凸花纹的轧花整理等。另外,成衣针织品、羊毛刺品、袜子等都有采用蒸汽进行柔软整理或热定形的专用设备。

二、等离子体技术的应用

等离子体技术在后整理方面具有广泛的发展前景,可用于疏水性材料的亲水改性,例如在压力 25 Pa、功率 100 W、氧气或氮气气氛下,对丙纶薄膜进行等离子体处理。发现氧气和氮气等离子体处理都能引入极性基团提高丙纶的亲水性,降低其接触角。氧气等离子体处理可以增加含氧量,而氮气等离子体处理可以在薄膜表面引入一定量的含氮官能团。

通过光电子能谱(3DS)研究发现等离子体在薄膜表面有两种相互竞争的反应:基团引入和刻蚀。扫描电镜(SEM)的研究也证实氧气等离子体的刻蚀作用会在材料表面形成白斑或沟槽,使表面粗糙化。

等离子体技术适宜于改变纺织材料表面形态,还包括纤维表面刻蚀、疏水化、染色和印花的前处理等。目前在后整理中的应用,研究开发主要赋予纺织品具有防水和防油性、防污性、防缩性(羊毛防毡缩性)、易粘合性、抱合性、防起球性、耐热性、耐燃性、防分散泳移性、抗静电性等。

(1)用 H_2 和 N_2 混合气体的低温等离子处理,可以引入氨基。含氟气体的低温等离子体处理,可以引入氟离子,使织物具有拒水性;低温氩气辉光放电等离子体处理,使棉的润湿速率加快,用氨等离子体处理,棉纤维上引入了氮原子,形成了酰氨基团。增加褶皱恢复性。近来,有人将等离子体处理用于阻燃和防皱性能;

(2)经电晕放电处理后的毛织物的缩水率有一定程度的下降,强力获得较大提高。羊毛织物经氮气或氧气等离子体处理后,由于极性基团引入和物理刻蚀作用,能有效地提高羊毛织物防毡缩性能。通过SEM图可以证实短时间的等离子体处理可以对羊毛的鳞片结构造成明显的物理破坏。电晕放电处理后的毛纤维鳞片尖端钝化甚至被去除,此外,纤维表面变粗糙,拉伸受力时,纤维间的摩擦性和抱合力增加,强力有所提高。纤维表面鳞片的钝化和去除,降低了定向摩擦效应,缩水率降低,从而更有效地提高羊毛的防毡缩性能。XPS的测试结果也表明氧气、氮气等离子体处理可以降低羊毛表面的含 C 量,增加 O、N 和 S 的含量。

羊毛的低温等离子体处理不仅可以使羊毛表面变得粗糙,实现等离子体的刻蚀作用,也可对羊毛纤维进行清洁,去除表面老化的、易脱落的角质细胞,还可使用某种聚合物更有效地粘合到羊毛的表面(接枝聚合),以此来实现羊毛的表面改性。这些特殊的聚合物可以提供防缩、抗起球的性能,而表面处理可以提供一些加工优点,例如可以生产柔软的产品。

德国羊毛研究所利用等离子体技术在气态下处理羊毛毛条,使其产生防缩特性,并避免 AOX 的生成。为满足纯羊毛标志对免烫功能的要求,在等离子体作用后还必须用异氰酸酯聚合物进行处理。德国某毛条生产商在试验工厂中安装了等离子体装置,其产量可达50 kg/h。

(3)低温等离子体处理,可获得纤维的减量柔软、改善吸湿性和合成纤维的抗静电性,改善纤维的光泽,增加纤维间的抱合力等效果。如增强涤纶的吸湿性、高性能纤维的表面改性,提高纤维的粘结性能等。

等离子体作为一种有效的表面处理技术,能够在纺织印染企业的日常生产中替代一部分传统湿处理加工,并可开发出一些更新的、处理效果更好的功能产品,是一种高效的环保技术。

三、热熔粘结

通常毛涤织物为提高褶裥保持性,需要进行适当的化学整理,这种整理采用化学交联,一方面会影响强力;另一方面有甲醛等释放。采用热熔粘结纤维这种无污染的物理方法,可以克服上述缺陷。

热熔粘结的复合纤维包含两部分:熔点低的组分作为粘结部分,熔点高的组分作为载体部分。CPES 就是这样一种复合纤维,它是低熔点聚醚共聚酯与聚酯复合纺丝而制得的。由于 CPES 纤维引入了醚键,改变了原来 PET 的化学结构及超分子结构和 PET 的结构规整性,使无定形区域增大并疏松,熔点降低。

将热熔粘结复合纤维短纤与羊毛混纺成纱,再与原液染色涤纶特种变形长丝进行包缠加工成复合纱,制成含 CPES 的毛涤哔叽织物。这种织物在进行热定形时,除了涤纶、CPES 纤维芯层的定形和羊毛在外力作用下弯曲定形外,CPES 皮层的熔融也对褶皱起关键的作用。由于 CPES 皮层的熔融流动和粘结,使得粘结纤维与周围的涤纶、羊毛纤维胶合在一起,自由移动受阻,形成了牢固的褶皱。即使在洗涤时,尽管羊毛在润湿时溶胀有降低弯曲和褶皱保形性的趋势,但粘结点的限制使其无法恢复,从而具有良好的褶皱保形性。

热熔粘结复合纤维 CPES 应用于毛涤混纺织物,不仅可以正常染色,提高织物的水洗免烫性能,改善起毛起球性能,还能避免其他化学整理所造成的污染。同样,可以将上述粘结纤维以 5% ~ 10% 的比例混入纯棉、纯麻织物,以解决其抗皱保形的难题。由于这种方法是一种物理粘结,没有化学反应产物,如甲醛等的生成,而且这种物理交联具有可变性和耐久性,因而它将是具有突破性的绿色整理技术。

四、新型整理设备

(1)各种新型整理设备的不断出现,扩大了产品开发的范围。应用这些新型整理设备,可开发多种纺织新产品。如新型气流柔软整理机,可开发性能优良的柔软起绉织物,砂洗、水洗、碱减量整理织物。应用松式烘干机、高精度定型机、超级磨毛机等设备,可开发桃皮绒、泡泡纱等织物。

(2)液氨整理技术。采用液氨整理技术,可开发抗皱织物。织物经液氨整理后,具有缩水率小,尺寸稳定,手感柔软,弹性好,洗可穿等优点。如纯棉细特府绸织物,经液氨整理后,既防皱,手感又有糯性,还有仿丝绸效果。同时,液氨整理对环境污染小,比以往采用树脂防皱整理更适合环境保护的要求。Wet—Tex 推出的丝光加工设备使用的是液氨。

主要参考文献

[1] 张济邦. 生物酶在印染工业中的应用现状和发展前景[J]. 国外纺织技术,2004,(1):5 - 13.

[2] 陈颖. 生物酶在染整加工中的应用(一)[J]. 印染,2003,29(11):29 - 32.

[3] 陈颖. 生物酶在染整加工中的应用(二)[J]. 印染,2003,29(12):37 - 40.

[4] 王宏,郑汝东,金辉,等. 生物酶用于纯麻织物的生产实践[J]. 印染,2002,28(12):17 - 34.

[5] 胡毅,吴争勤. 生物酶精练在染整加工中的运用[J]. 陕西纺织,2002,4:11 - 12.

[6] 张新龙,陶建忠,陈亚建. 酶处理技术在毛精纺织物上的应用[J]. 纺织导报,2003,(5):130 - 131.

[7] 宋心远,沈煜如. 新型染整技术[M]. 北京:中国纺织出版社,1999.

[8]高树珍.淀粉酶在大麻织物退浆中的应用[J].上海毛麻科技,2004,(4):12-14.

[9]K. van Wersch 著,刘玉莉,刘永强译,周荣星校.针织物的物理整理技术[J].国外纺织技术,2000,(2):17-20.

[10]吴重亮.甲壳素——壳聚糖在纺织工业中的应用[J].山西纺织,2001,(2):28-29.

[11]郝新敏,张建春.物理技术在染整加工中的应用[J].印染,2002,28(11):36-40.

[12]俞建勇,赵恒迎,程隆棣.新型绿色环保纤维——聚乳酸纤维性能及其应用[J].纺织导报,2003,(3):63-66.

[13]汪甫仁,黄丽华,汪高翔.再生纤维素纤维弹力机织物的染整加工[J].纺织导报,2003,(3):80-81.

[14]陈荣圻.Tencel 纤维及其染整工艺[J].印染助剂,1998,15(2):1-7.

[15]陈靖民,顾雪屏.Tencel 织物的染整工艺研究[J].染整技术,1999,6(3):13-16.

[16]李永山.彩色棉纤维色泽遗传规律研究[J].山西农业科学,2002,30(1):44-47.

[17]翁卸元.大豆蛋白纤维优越特性及制造技术[J].产业用纺织品,2002,(3):35-38.

[18]杨文斌,张子龙,丁虹,等.大豆蛋白质纤维产品的开发[J].丝绸,2001,(4):28-29.

[19]丁志文,李丽.利用皮革废弃物开发纺织"绿色纤维"[J].中国皮革,2002,(9)(17):17-19.

[20]刘璐.大麻纺织品[J].中国纤检,2004,(2):48.

[21]温桂清,孙小寅,郝凤鸣.大麻纤维的纺织开发研究[J].北京纺织,2000,21(4):40-42.

[22]陈荣圻.纺织品纤维的今天与明天[J].上海染料,2002,(4):15-21.

[23]张健明.绿色纺织品的发展趋势[J].江苏质量,2003,(3):34-36.

[24]刘文超,狄剑锋.绿色环保纤维的开发与应用[J].五邑大学学报(自然

科学版),2004,18(2):47-51.

[25]杨志清.绿色环保型纤维——竹纤维[J].北京纺织,2004,25(1):63.

[26]王建平.绿色浪潮、绿色纤维和绿色纺织品(一)[J].印染,1999,25
(10):46-49.

[27]王建平.绿色浪潮、绿色纤维和绿色纺织品(二)[J].印染,1999,25
(11):33-35.

[28]宋心远.绿色染整过程及其工艺[J].江苏纺织,2000,(4):16-17.

[29]张岩昊,王学林.新型环保纤维——大豆蛋白纤维[J].毛纺科技,2000,
27(6):42-43.

[30]林晓云.一种新型绿色纤维——大豆纤维[J].中国纤检,2004,(1):
45-46.

[31]糸井彻著.王志进,杨以雄编译.环保型竹纤维布料的开发[J].国外纺
织技术,2003,(1):27-28.

[32]李锡军,王力民,高鲁青.新型纤维纺织品的染整加工技术[J].印染,
2003(增刊):42-47.

[33]潘煜标.Autofoam泡沫整理系统[J].印染,2003增刊:60-62.

[34]董瑛,李传梅,韩杨.甲壳素纤维抗菌织物的染整工艺[J].印染,2003,
29(2):7-9.

[35]罗艳,陈水林.香味整理用香精微胶囊的制备与其结构性能的关系[J].
染整科技,2002(4):18-21.

[36]李金宝,唐人成.聚乳酸纤维染整加工的进展[J].印染,2004,30(9):
36-43.

[37]黄鹤,安玉山.不断发展的除臭功能整理[J].印染,2004,30(11):39-41.

[38]高培虎,赵展谊,万振辽.新型功能做针织服装的开发[J].新纺织,2004
(5):33-35

[39]榕嘉.户外运动服装面料的功能性整理[J].四川丝绸,2004,(1):43-44.

[40]王腾,晏雄.智能复合材料的开发应用及进展[J].纺织导报,2004(4):
20-25.

[41]唐育民.近代功能性整理技术的发展概述[J].染整技术,2004,26(3):

6 - 10.

[42] 徐旭凡,周小红,王善元.防水透湿织物的透湿机理探析[J].上海纺织科技,2005,33(1):58 - 60.

[43] 杨晓红,陈国强.PEG 改善涂层织物透湿性的研究,四川丝绸,2004,(2):26 - 28.

[44] 玉华.健康功能知多少[J],家庭医学.2005,(5):36.

[45] 张丽.阻燃抗静电织物的研制[J].技术创新,2004(6):22 - 24.

[46] 宋肇堂.21 世纪织物的功能整理[J].印染助剂,2001,18(2):1 - 6.

[47] 谢孔良.功能性纺织品新型后整理技术研究动向[J].技术创新,2004(1):22 - 26.

[48] 毋录建,祝锐,张健.不锈钢纤维在防电磁波辐射中的应用[J].针织工业,2005,33(5):39 - 40.

[49] 范立红,张辉,沈兰萍.大豆蛋白织物防紫外线涂层整理工艺探讨[J].印染,2004,30(21):1 - 5.

[50] 刘越,马晓光,崔河.防电磁波辐射功能纺织品的开发[J].印染,2001,27(8):50 - 52.

[51] 刘拥君,谢杰.涤纶用含金属盐聚醚酯抗静电剂的合成及涂层整理研究[J].印染助剂,2005,22(5):11 - 14.

[52] 陈雪花,古宏晨,周凌.涤纶织物的纳米抗静电功能整理[J].纺织学报,2003,24(3):191 - 192.

[53] 丁丽文,张成.纺织品抗静电整理技术的探讨[J].技术创新,2002,(6):14.

[54] 朱平,王仑,王炳,等.纯棉织物低甲醛耐久阻燃整理工艺研究[J].印染,2003,29(6):5 - 7.

[55] 马新安,李新延,王碹.纯棉织物耐久性阻燃整理的研究[J].陕西纺织,2004(4):2 - 6.

[56] 王瑄.电磁波屏蔽织物对生物的防护效果功能性研究[J].陕西纺织,2004,(4):6 - 9.

[57] 陆宁宁.纯棉织物阻燃整理工艺探讨[J].染整技术,2003,25,(6):

32 – 33.

[58] 李金宝,陈国强. 蛋白质纤维织物的阻燃整理[J]. 江苏丝绸,2003,(6):
8 – 10.

[59] 叶金鑫. 多羧酸的织物耐久压烫整理和阻燃整理[J]. 现代纺织技术,
2003,11(1):54 – 56.

[60] 孙宏志,丛龙海. 纺织品阻燃整理技术的应用及发展[J]. 齐齐哈尔大学
学报,2004,20(3):32 – 35.

[61] 王炜,徐鹏. 水性聚氨酯阻燃剂的研制[J]. 印染助剂,2004,21(5):
32 – 35.

[62] 于学成. 谈织物的阻燃整理[J]. 丹东师专学报,2003,25(3):140 – 141.

[63] 欧阳燕,张淑芳,李宁. Amicor 防螨抗菌床上用品织物的染整工艺[J].
印染,2002,28(7):28 – 29.

[64] 刘烨. Baby 防螨全攻略[J]. 家庭教育,2005,(8):62 – 63.

[65] 邹永淑,商成杰. 防螨抗菌织物的研究[J]. 纺织导报,2000,(1):26 – 28.

[66] 马正升,黄斌斌,金辉,等. 防螨纤维及织物的研究进展[J]. 金山油化
纤,2002(4):29 – 32.

[67] 杨栋梁. 纺织品的防螨整理(一)[J]. 印染,2002,28(7):36 – 37.

[68] 杨栋梁. 纺织品的防螨整理(二)[J]. 印染,2002,29(8):40 – 43.

[69] 杨栋梁. 纺织品的防螨整理(三)[J]. 印染,2002,28(9):42 – 43.

[70] 游德福. 牲畜防蚊虫叮咬八法[J]. 农村养殖技术,2004(12):36 – 41.

[71] 何志礼,卢文成,徐振声. 蚊香药效与现场预防蚊虫叮咬效果初步研究
[J]. 中华卫生杀虫药械,2002,8(3):33 – 35.

[72] 万震,刘嵩,王靖天. 陶瓷整理[J]. 北京纺织,2000,21(5):39 – 42.

[73] 刘晓艳,徐鹏. 智能纤维的开发现状[J]. 中国纤检,2003,(9):35 – 37.

[74] 周世香,赵振河. 水溶性聚氨酯对棉织物的抗起毛起球整理[J]. 陕西纺
织,2003,(4):16 – 17.

[75] 沈兰萍,李一玲,范立洪. 远红外多功能保健纺织品的研制开发[J]. 现
代纺织技术,2000,8(2):6 – 8.

[76] 顾浩,彭文浩. 棉针织内衣易去污整理工艺探讨[J]. 针织工业,2001,29

(6):55 - 56.

[77]李雯,庄勤亮.导电纤维及其智能纺织品的发展现状[J].产业用纺织品.2003(8):1 - 3,36 - 41.

[78]武绍学.织物远红外负离子保健整理的研究[J].染整科技,2002,(2):17 - 18.

[79]魏征.防护服用新型智能纺织品[J].中国个体防护装备,2002,(5):27 - 28.

[80]宋心远.功能、智能纺织品及其染整[J].染整科技,2003,(1):2 - 7.

[81]J. Rupp 等著,王妮(摘译),魏征(校).极具发展潜力的高性能纺织品与智能纺织品[J].国外纺织技术,2002,(5):1 - 5.

[82]陈维梯.军用智能纺织品及其应用[J].山东纺织科技,2003,(4):53 - 55.

[83]范尧明.生物科学在纺织上的应用[J].INTERFLOW,2002,(10):36 - 39.

[84]石海螺,张兴样.微胶囊技术在蓄热调温纺织品中的应用[J].产业用纺织品,2001,(12):1 - 6.

[85]权衡.形状记忆聚氨酯与智能型防水透湿织物[J].印染助剂,2004,21(3):5 - 10.

[86]张静.形状记忆聚合物及其在智能纺织品中的应用[J].上海纺织科技,2004,32(2):1 - 3.

[87]A. Mazzoldi 等著,程中浩(译),孙玉钗(校).用于可穿性运动捕获系统的智能纺织品[J].国外纺织技术,总第 219 期:36 - 38.

[88]杜密宇,万振江.智能材料在纺织中的应用[J].北京纺织,2003,24(6):60 - 61.

[89]R. R. Mather 著,王潮霞(摘译),陈水林(校).智能纺织品的开发与应用[J].新纺织,2003,(3):32 - 33.

[90]周小红,练军.智能纺织品的研究现状及应用[J].上海纺织科技.2002,30(5):11 - 13.

[91]H. V. S. Murthy 等著.智能纺织品概述[J].技术创新,2004,(2):22 - 27.

[92]王华.传统天然植物药与纺织品的保健抗菌整理[J].纺织学报,2004,25(1):109 - 111.

[93] 毋录键,祝锐,张健.不锈钢纤维在防电磁辐射中的作用[J].针织工业,2005,33(5):39-40.

[94] 范尧明.保健纺织品的产品结构及进展[J].产业用纺织品,2004,(12):29-32.

[95] 王潮霞,陈水林.芳香疗法及其在纺织品上的应用[J].印染,2001,27(8):40-42.

[96] 薛迪庚.织物的功能整理[M].北京:中国纺织出版社,2000.

[97] 张莹,段亚峰,李维鹏.负离子粘胶纤维及其功能性纺织品的开发状况与展望[J].丝绸,2005,(5):36-41.

[98] 李新娥.负离子纤维比电阻值对纺织生产的影响[J].北京纺织,2005,26(3):47-48.

[99] 毕鹏宇,彭叶,陈跃华,等.纺织品负离子测试中的静电分析与消除[J].纺织学报,2005,26(3):46-47,56.

[100] 姚荣兴,王连军,王瑛,等.聚酯负离子纤维的制备及性能[J].产业用纺织品,2005,(4):23-25.

[101] 苍风波.负离子功能纺织品的现状及其发展趋势[J].纺织科技进展,2005,(2):7-9.

[102] 胡发祥,董奎勇.功能性纺织品开发应用新进展(上)[J].纺织导报,2003,(3):40-42.

[103] 胡发祥,董奎勇.功能性纺织品开发应用新进展(下)[J].纺织导报,2003,(4):75-78.

[104] 罗艳,李春燕,陈小立.香味微胶囊整理织物的游离甲醛和留香效果[J].上海纺织科技,2001,(10):44-46.

[105] 蒋国治,张彦,卜战友,等.超细负离子粉末/聚丙烯共混物性能研究[J].合成纤维,2004,(5):13-15.

[106] 王炜,华载文.聚氨酯微乳液防水透湿涂层剂的研究[J].纺织学报,2000,21(6):57-60.

第七章　清洁生产与循环处理技术

第一节　循环经济与清洁生产

一、印染行业的废弃物与清洁生产

1. 概述

印染加工的废弃物大部分存在于水体中,据不完全统计,国内印染企业排放的废水量约 300~400 万吨/天。与其他行业相比,不但耗水量大,而且排放的废水污染也严重。我国现有的染整设备和技术水平与国际先进水平相比,仍有不小的差距,同量的印染产品,我国的耗水量比先进国家高 1.5~2 倍,排污总量是他们的 1.2~1.8 倍。

印染废水中含有大量残余的染料和有机物,色度深、碱性大、水质变化大、耗氧量大、悬浮物多,并含有微量的有毒物质。随着纺织原料结构的改变和新原料、新染料、新助剂的开发和使用,排放的废水量和水质也发生了变化,从总体上看今后废水的生物可降解性能将降低,成为极难处理的工业废水之一。而未经适当处理的废水排入天然水体,污染了许多城市和工矿企业的给水水源,已逐步威胁到人类的生存环境及企业的可持续发展。

由于目前纺织原料循环使用存在着成本、价格、市场需求等经济因素,再加上加工设备和工艺、产品档次等技术因素的原因,我国工业废物的回收和再循环利用水平还比较低,已经造成资源浪费和环境污染。

废物进行无害化处理(无二次污染)过程是产品生命周期的最后一个环节,而且是污染治理的一个重要环节。作为废物进入环境前的最后一道屏障,废物处理质量直接关系到清洁生产的水平,它在清洁生产中的地位无疑是至关重要的。废物处理又是污染高度集中的一个环节,也是再资源化利用的过程,应考虑其对环境的潜在影响和长远影响,促进对印染企业清洁生产综合水平要求的提高和新技术的开发。通过技术支持和有关部门的合作,促进印染企业清洁生产的改善,例如印染机械高效水洗和热回收等高效节能设备的开发,提高了印染企业的清洁生产水平和节省了能源,获得了经济效益,同时制造业也赢得了客户和效益。

废物处理这个环节可以在各个产品制造业中作为生产过程的一部分存在,但有条件的地区能集中废物处理有更大的优势。仅就清洁生产这个层面看,废物集中处理方式有以下好处:

(1)集中处理和排放,便于对污染进行集中的控制和治理,防止二次污染;

(2)便于集中资源和技术进行污染预防和改善;

(3)易于获得经济的运行规模。

在对废物进行处理和资源化利用过程中,往往会遇到许多仍不够完善或不够优化的技术方法,这些问题就形成了对治理方法新技术研究和开发的需求。

2. 固体废弃物的概念和来源

根据《中华人民共和国固体废弃物污染环境防治法》的规定,固体废弃物是指在生产建设、日常生活和其他活动中产生的污染环境的固态、半固态废弃物质。按照我国现行的管理体系,有时也将不能排入水中的液态废弃物和不能排入大气而置于容器中的气态废弃物规定为固体废弃物,如废油、废酸、废氟氯烃等。

在巴塞尔公约的有关文件中对"废物"给出了比较确切的理解:"废物"是指处置的和打算处置的,或按照国家法律规定必须加以处置的物质或部分物质。国际上还有将固体废弃物定义为"无直接用途的、可以永久丢弃(指废物不再回用)的可移动的物品"。

固体废弃物中的"废",随着时代的发展,科学的技术进步和经济水平的提高,含义将会发生变化。从时间上看,某一时间无法或不愿利用的,随着科学技术的发展,原料和能源的日益短缺,今天的废弃物往往是明天的资源。从空间上看,废弃物仅仅相当于某一过程或某一方面没有使用价值,而非在一切过程或一切方面都没有使用价值,某一过程的废弃物可能成为另一过程的原料;某一地点丢弃的东西,可能在另一地点发挥作用。

　　人类从自然中取用一部分资源,经过加工和使用后,再重新返回到自然。图7-1显示了社会中物流运动的途径。在人类的各种生产生活中,会产生各种各样的废物,物质和能源消耗越多,废物产生量越大。

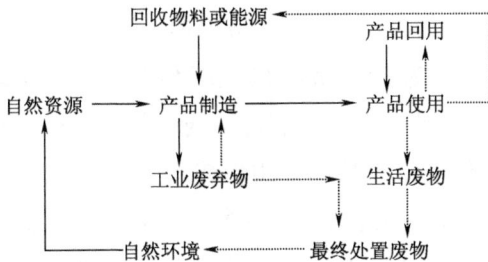

图7-1　社会物流运动示意

　　产品从原材料采掘、原材料生产、产品设计制造、包装储运、销售使用,直到最后废弃处置的生命周期全过程中都会有废弃物的产生,对环境造成污染。产品的生命周期如图7-2所示。

　　这些废物的处理与处置存在三种途径:

　　(1)利用废物生产能源或作为原料返回生产过程;

　　(2)对使用过的产品直接回用;

　　(3)作为废物加以最终处置。这是个封闭的循环系统,对于自然环境,只有一个输入和输出。从自然环境中获取原材料和最后向自然环境中排放废物这两个环节,是物流与自然环境相互作用的界面。从自然界开采的无法再生的原材料资源越多,最终产生的固体废物也就越多。

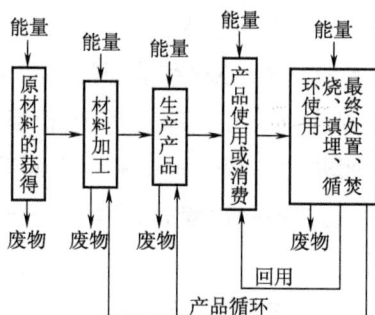

图7-2　产品的生命周期

3. 纺织品废弃物

一件纺织品要经过纤维生产、纺织加工、染整加工到成形加工四个生产部门,在每一过程中,都有纺织废弃物产生。纺织品使用之后,也作为一种废弃物被丢弃。人们对不同性能和用途纺织品的需求与日俱增,一方面促使纺织品的使用性能和质量不断提高,新产品的更新速度越来越快;另一方面,纺织品的废弃量也越来越大。如纺织品在染色、印花、整理等过程中产生的废弃物,纺织品使用完毕失去使用价值或淘汰后形成的废弃物等。按照纺织工业原料及产品种类有如下废弃物。

(1)化学纤维废弃物:化学纤维有再生纤维、合成纤维、无机纤维等。

①涤纶固体废物:聚酯纤维的生成过程中产生的主要固体废物有废催化剂钴锰残渣、聚酯残渣、废块、废丝等。

②锦纶固体废物:锦纶66和锦纶6生成过程中产生的主要废物有废镍催化剂、二元酸废液、醇酮及己二胺废液、锦纶单体废块、废条、废丝等。

③腈纶固体废物:腈纶生成过程中产生的硫胺废液、硫氰酸钠废液、废丝、废条、废块等。

④维纶固体废物:维纶生成过程中的炭黑废渣、滤液、废丝等。

⑤丙纶固体废物:主要为无规聚丙烯。

(2)棉废弃物:

①不需再处理,可在棉纺厂立即回用的回花——回卷、回条、皮辊花。

②需经杂质分离处理后再予回用的纤维性软废料——破籽、地弄花、车肚花、盖板花、精梳落棉等。

③经扯散处理后回用的半硬性废料——粗纱头。

④经专门设备处理的硬废料——细纱头、股线回丝、浆纱回丝等。

(3)纺织品加工中的废料:包括裁剪中的边角料及废品,有机织物、经编织物、纬编织物以及手编织物等。所有定型和不定型的、涂层和未涂层的废料。

从纺织材料学角度看,纺织废料可分为软质废料和硬质废料两大类。斩刀花、回花、精梳落棉等为软质废料;硬质废料为有捻度废纱线、机织和针织物废料、印花和服装边角废料等,其材质包含棉、毛、麻、丝及化纤。回收时必须将其开松成单纤维状态。通过对软、硬质废料的判别,再分别选用合适的加工处理方法。目前,软质废料一般由纺织厂内部回用,而对硬质废料的回用尚未引起人们的足够重视。

这些废弃物的产生对环境造成了一定的污染,需要针对这些废弃物的种类和性质进行合理的收集处理。同时还要考虑这些废弃物中哪些物质有再利用的价值。有用物质在生产和使用过程中的循环是解决原料短缺的一条有利途径,并且在节省大量资源的同时也大大减轻了废弃物污染对环境带来的负荷。

4.废物生态处理与清洁生产

目前纺织品湿加工的排放还不能满足要求,排出的废水有的虽然做到了外观脱色,但还没有脱除有害无色化学物。另外,纺织品和纺织化学品废弃物在回收利用、回收循环、降解和处理等方面应符合处理生态学要求,使废弃纺织品上的染料、助剂和原料本身对环境不会造成危害。

废弃物处置的原则是与清洁生产相结合。减少废物以前就要考虑到避免产生废物,回收废物以前就要先考虑到减少废物,处置前就要先考虑回收。

回收循环就是把废弃物回到生产循环中去,最好直接回到最初的工序中去。它是一个通过废物再循环取得经济收益的机会。同时,控制或防治环境污染和生态恶化,对改善环境质量、保护人体健康、促进国民经济的持续发展具有重要意义。

自 1993 年世界银行开始在中国推行清洁生产(B—4 子项目),浙江省绍兴市纺织印染行业 4 家企业率先参与试点工作以来,北京、天津、江苏、浙江、上海、山东、辽宁、黑龙江等省市的纺织印染企业也相继开展了清洁生产审计工作。截止 1999 年 10 月,全国已有 60 余家纺织印染企业完成了清洁生产审计工作,取得了较为明显的环境效益、经济效益和社会效益。目前,从已实施清洁生产审计的 60 家纺织印染企业来看,大中型企业可节约物料 5% ~ 10%(主要为助剂类),节约用水 5% ~ 15%;而中小型企业(主要为乡镇企业),节约物料可达 10% ~ 40%,节约用水可达 20% ~ 50%。而且,通过实施环境无害化技术和优化管理系统及操作控制,削减 COD 15% ~ 50%。废水经过厌氧处理后,COD 和 BOD 可分别减少 60% ~ 70% 和 95%。目前推行的一些高技术含量的新的末端治理技术,已在国内 20 余家印染企业得到推广和应用。由于节约了资源,降低了成本,提高了产品的竞争力,企业通过实践获得了效益又减少了污染,获得"双赢"效益。

二、清洁染整无废工艺和循环经济的理念

1. 清洁染整无废工艺

从无废工艺学的观点来看,工业生产中废料的存在及其数量反映

了工艺发展的水平,可以说是工艺不完善程度的指示剂。从另一角度看,废料不仅是一种物质,而且来源于原料,应该将其作为工业副产品、工业半成品或工业两次资源看待,也需要在生产中对其数量、组成等参数给予确定的描述,并制定相应的标准和规范。工业技术进步、技术改造的首要任务在于减少、利用以至消除工业生产中的废料。另外,实现无废工艺必须遵循下列生态经济的基本规律和原则:

(1)系统性:系统性要求我们将观察对象置于一定的系统中,分析它在系统中的层次、地位、作用和联系。如治理印染废水,必须认清系统流程中各工序的污染源、负荷情况以及各污染源之间的联系,有针对性地利用或处理、设计一个产品,不论是纺织品还是染化料或助剂,则应从生产——消费——回用全过程加以考察,除了制订它的生产工艺,还要安排它使用后的去向。评价一种印染生产活动,不但要看其经济效益,还要兼顾其生态后果。

(2)综合性:无废工艺本身是个综合性概念,除直接意义上无废料的工业生产外,还包括节能、省料、无害等要求。此外,印染废料是综合性多组分复杂系统,所以必须进行综合利用和综合治理。

(3)物流的闭合性:物流闭合性是无废生产与传统工业生产之间的原则区别。当前最现实的印染废水治理是将供水、用水、净水统一起来,实现用水的闭路循环,达到无废水排放。闭合性原则最终目标是有意识地在整个技术圈内组织和调节物质循环。

2. 循环经济与清洁生产

循环经济是20世纪90年代兴起的一个新概念,其基本内容是以物质可循环再利用为依托,来实现资源的高效利用,尽可能产生最少量废弃物。从宏观上看,循环经济有利于资源的继续利用和环境保护;从微观层面看,这些行为可以降低生产成本。尽管循环经济的概念由来已久,但对其重视程度仍需加强。

发展循环经济必须充分注意物资的循环利用,资源的综合利用,使废弃物资源化、减量化和无害化,把经济效益、社会效益和环境效益有机地统一起来,这是循环经济的一条重要原则和重要标志。循环经济为新型工业化道路提供了战略性的理论模式,可从根本上消解长期以来环境与发展之间的尖锐冲突。

《中华人民共和国清洁生产促进法》第九条指出:县以上地方人民政府应当促进企业在资源和废物综合利用等领域进行合作,实现资源的高效利用和循环使用。

第二十六条指出:企业应当在经济技术可行的条件下,对生产和服务过程中产生的废物、余热等自行回收利用或者转让给有条件的其他企业或个人利用。说明抓清洁生产就要重视循环经济和"三废"回收工作,要搞好清洁生产工作,首先必须把节能和资源综合利用工作做好。清洁生产与节能工作是相辅相成、相互促进的,清洁生产搞好了,可以达到节能降耗的目的,提高资源利用效率。同样,节能工作做好了,也可以推进清洁生产向更高层次发展。2005年浙江省绍兴印染企业的中水回用在企业发展中十分突出。

"循环经济"是以市场驱动为主导的产品工业向以生态规律为准则的绿色工业转变的一次产业革命。它将成为国内今后最前沿、最新锐的经济发展方向。

三、纺织材料循环回收的产业化

1. 废弃纺织品再利用的意义

随着纺织印染行业快速发展,生产能力和产量不断增长,能源供应、生态环境和自然资源等对印染行业发展的约束将越来越大,以致一面出现纺织原材料的短缺,另一面又产生大量的纺织品废料给环境带来污染。因此,生产能力大大超过原料供应、生产资源严重短缺和日益提高的价格是纺织工业面临的主要问题。不能单纯地把自然界看作是人类生存和发展的索取对象而忽视自然界首先是人类赖以生存和发展的基础。

一些工业发达国家如意大利、德国、法国、日本等国,在对纺织品废料的再加工研究中发现回收和利用这些纺织废料,不仅从节约原料、降低成本方面看具有很大的经济意义,而且从提高资源利用水平、保护环境方面看也有重要的社会意义。

因此,印染行业无废工艺生产作为行业发展的战略目标,立足发展循环经济,开发和研发目标建立在具有可持续发展优势材料的基础上,有效地利用有限的资源,减少各种材料对环境的负荷,在材料的生产、使用和废弃过程中,保持资源平衡是极其重要的。为减轻污染和保护环境,采用更加可持续的方式使用所有资源,循环使用更多的废弃物和产品,以更加合理的方式对废弃物进行处理,具有十分重要和紧迫的现实意义。该目标的实现,最终将使本行业与自然生态环境相融合,是新世纪工业可持续发展的主导方向。

(1)削减纺织废料及污染。纺织品废料来源于纺织、染整及服装等行业各道工序的全过程。据统计,织物加工中产生的边角碎料约占织物耗用量的7%。我国是一个纺织生产和消费大国,在生产和消费过程中,每天都会产生大量的纺织下脚料和废弃的纺织品。另外,还有居民生活或其他活动中丢弃的纺织纤维及其制品。如人们日常生活中废弃的各种衣着用品,装饰用纺织品,工业生产更新换下的各种产业用纺织品。此类废料来源量大,社会积存量高。

据介绍,西欧的地毯消费量很大,为此每年需处理的废料达150~170万吨;1990年欧洲聚烯烃使用量为110万吨,其中聚烯烃聚合体及纤维制造过程中产生的废料约10万吨。

对于纺织废弃物的处理,过去基本上采用堆积、填埋、焚毁、降级循环等方法,但缺点是纺织废料的堆积将会占用土地,而且容易造成坍塌;堆积的废料暴露在空气中,聚积灰尘、杂质,影响环境卫生;在雨水作用下,纺织废料上的染料及其他有害成分将浸出并渗入土壤,污染土壤及地下水。

对纺织废弃物进行填埋处理,虽然不会影响地面环境,但占用大量的土地,而且化学纤维可生物降解性差,填埋入地下后易使土壤板结硬化。

焚烧处理的最大问题是将产生大量的有害气体、CO_2 及灰尘,对大气造成污染,影响环境卫生。焚烧过程中产生的热量可能会造成环境的热污染,某些化学纤维焚烧后的残渣转变为更不易处理的废弃物。

降级循环法是将部分纺织废弃物卖给废品收购站,其中的天然纤维下脚料可能被制成品质较低的产品,这将使物料回用后的产品性能及品级明显降低,造成资源浪费。

上述处理方法并不能彻底解决问题,还会带来二次污染环境的问题。由于人们对生态环境的要求越来越高,纺织废弃物的处理问题也越来越受到人们的关注。当纺织废料的产生不可避免时,无害废料的再利用便成了纺织原料的第二个来源,这样做虽然减轻了纺织废料处理量,节约了原料和能源,提高了资源的利用水平,降低了成本,但不可回收或不便回收的纺织废料的处理问题依然存在。从生态方面考虑,在纺织品的生产加工中应当推行清洁生产,应积极开发和应用绿色染化料和工艺。从治本方面探讨,在保持纺织品现有功能的前提下,采用可降解的新纤维作为纺织品原料,生产可降解纺织品,可以减少废弃纺织品的处理量。

（2）解决资源短缺的需要。在当前形势下,造成纺织原料紧缺的原因不可能马上得到解决,大量进口原料也不现实,因此,原料紧缺的矛盾在近一时期内将难以缓解。在这种情况下,如何充分合理使用纺织废料,在保证质量的前提条件下,作为一个补充纺织原料不足的重要渠道,就显得更具有实际意义。

纺织废料的处理,使纤维获得新生而得到应用,已越来越引起人们的注意。概括起来有以下几个原因:

（1）天然纤维数量上的增长，受到可供土地面积上的限制；

（2）作为生产化学纤维的主要原料——石油开采，也有一定限度；

（3）随着纺织工业的发展，纺织工业所产生的废料也相应增加，废料的来源广泛；

（4）随着纺织工艺技术的发展，用废料制成的产品得到消费者的认可，使得人们对废料的应用有了新的认识和新的考虑；

（5）从原则上讲，原材料的再利用，不会增加环境污染。

当然，减少废料的产生，比提高产品的成本及风险金有效得多。但在实际生产过程中，一定量废料的产生，是不可避免的。有些合成纤维的反应过程属于平衡反应，原材料不能100%转化为聚合物。例如，己内酰胺聚合反应，只有88%～92%的己内酰胺可反应生成聚合物，余下的8%～12%的未反应的己内酰胺和低聚物被当作废料处理。因此，4%～15%的废料是在合成纤维生产过程中产生的。把那些弃之可惜的纺织废料进行加工处理，不仅能缓解原料紧缺的矛盾，变废为宝，还可以排除废料所引起的环境污染问题。这也是衡量企业技术和管理水平的重要标志。

从我国的废纺资源和设备、废纺工艺和产品开发等方面的发展可以看出，近年来我国在纺织废料的开发与利用方面已经形成一定的生产规模，并取得了较大的进展。

2. 纺织加工废料利用的现状

（1）纤维素纤维再生利用。作造纸原料属传统利用方法，适用于棉、麻天然植物纤维制成的各种纺织品废料，它们可以用作生产再生纤维（粘胶）、高级纸张的原料。如打字纸、钞票用纸等。但随着化学纤维大量采用（目前约占纺织原料的50%），废料中不可避免地混入化学纤维制品，从而使其利用价值降低，利用率下降。

此外，还有将洗净后的棉纤维废料与新棉或其他纤维混合生产纱线，部分废料可以被再加工，用于生产工业和医疗填絮、手术用棉、室内装饰材料和非织造纺织品。用棉短绒制成羧甲基纤维素(简称 CMC);废棉还可制成硝化纤维、脱脂棉、微晶纤维(水解纤维素)及刹车制动片等。

(2)纯化纤制品的回收。首先对废料进行适当地收集、分类和净化,再加工处理,使其达到纺织原料质量标准。处理方法是将这些纤维熔融或溶解进行回收,直接作为其他的用途。还可以将回收的高分子材料进一步裂解成高分子单体,重新聚合再纺制纤维产品。如美国一家公司利用废弃锦纶 6 地毯作原料,每年生产 4.5 万吨己内酰胺,与新生产的己内酰胺具有相同的性能。对难于分开的废弃混合纤维纺织品,通过机械重新分解成纤维,可用于非织造布、制备复合材料的骨架材料等。

再生涤纶的生产用聚对苯二甲酸乙二酯(简称 PET)作为原材料,可从聚酯瓶中回收聚酯,将废弃的塑料、软饮料瓶再生为可利用的纺织纤维,称为 PCR(Post—Consumer Recycled)纤维,表示再加工之前,曾被消费者使用并丢弃。PCR 纤维可纯纺,或与各种比例的涤纶混纺,其织物从手感、外观到内在质量同纯涤纶织物非常接近,甚至很难区分,因此 PCR 纤维也称为再生涤纶。这种再生循环利用,既有利于生态环境,又节约资源。

再生涤纶的生产过程,首先对回收废弃的塑料瓶颜色分类、消毒、切碎成小细片,再将小细片溶化后拉伸成长丝,放在热水中软化后,经过牵伸、卷曲、烘干,最后切断成短纤维,基本上同涤纶的生产过程一样。美国一公司用塑料苏打水瓶生产聚酯纤维,成为国际上著名的"Fortrel 生态纤维",用来制作外衣和运动衣等。

聚酯类废料再生回收法主要有化学回收和物理回收法。化学回收法是用甲醇、乙二醇或水将聚酯废料解聚成为低分子物,如对苯二甲酸、乙二醇和聚酯单体,这些解聚产物经纯化后可重新用作聚酯生产的原料,也可以制成热熔胶和不饱和聚酯树脂。物理回收法是目前常用的方法,最典型的有冷相造粒法、摩擦造粒法、熔融造粒法、直接纺丝法等,再生涤纶及其混纺纱,可制成平纹机织物和各种新颖织物,如行李布、包皮布、外衣、泳衣、滑雪衣、针织圆领衫等。

锦纶6的废料(主要为己内酰胺高聚物)和废渣(主要含己内酰胺低聚物),可通过酸法或碱法解聚成己内酰胺,以供重新回用,但费用较高。聚丙烯腈废丝可用二甲基亚砜(DMSO)回收,溶剂在一定条件下有选择地溶解废丝,杂质沉淀在过滤网上,达到分离回收的目的。该法的优点是回收处理温度低,工艺简单,操作安全方便,不污染环境,且DMSO易回收。由于聚乙烯和聚丙烯是通过不可逆聚合反应制成的,与聚酯材料不同,不能重复回收利用,这类材料的回收主要采用重新熔融挤压的机械回收。

衣料的聚酯纤维含杂质多,很难循环利用。相对而言,聚丙烯纤维难染色,循环利用应该是较容易。合成纤维制品再制成地毯、绳索、Wellmon轮胎帘子线及渔网等产品。回收这些纺织品加上树脂可制成地砖和路面填充物等。

美国能源实验室开发的一种回收利用废旧地毯的方法,可回收利用近1/3的废旧地毯,被称为有选择热解法,专门处理锦纶6织成的地毯,这一技术已获专利。方法是,将旧地毯剁成一英寸见方的小块,放入反应器中与一种专用的催化剂混合并加热,地毯受热蒸发,排出己内酰胺。剩余物质进入第二个反应器,在此反应器中催化剂得到回收利用,废物通过燃烧处理,同时为此工序提供了燃料。这种技术生产出来的己内酰胺成本低于以苯为原料生产成本的1/2,并且消耗的能量也只有后者的1/3。

(3)混纺制品的回收。混纺制品的回收目的是将其中的混合物分离出来,获得尽可能"单纯"的纤维材料供进一步加工用。分离的先决条件是可分离性,并力图使分离出的单一纤维可回收利用,而被破坏的成分又不会造成环境污染,如图7-3。

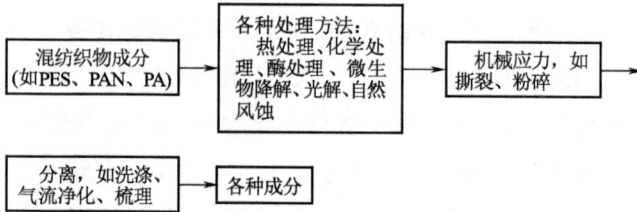

图7-3 混纺制品回收工艺

例如,先用氢氧化钠将聚酯/棉混纺织物中的聚酯纤维水解成对苯二甲酸和乙二醇,然后将棉纤维滤出,滤出的棉纤维水洗、烘干、漂白、溶解(N-甲基吗啉-N氧化物 NMMNO)、纺丝,最后可以形成 Lyocell 纤维。

处理时要选用对一种成分的性能影响轻微,而对另一种成分有极强破坏作用的处理方法。如聚合材料成分回用,而另外一些成分被填埋、热回收或生物降解。其中的机械处理,被破坏的成分可通过撕裂或研磨破裂成细小粒子。在分离过程中,细小粒子可通过洗涤和梳理法与纤维材料分离。经过这一系列的处理,可以得到短纤维或长丝纱状的聚合物回用,破坏掉的成分是不会对生态环境造成不良影响的纤维素。

(4)用于非织造纺织品。非织造纺织品是任何品种的纤维及其废料都可被利用的一个领域。合成纤维及其废料作为非织造纺织品材料的使用最为广泛,这主要是因为其强度较高,并且有耐水、耐化学试剂、耐热等特性。废料中的不可纺纤维可用非织造技术,采取不同工艺开发多种新产品。如使用干法非织造工艺:纺织废料预处理——纤维成网——加固工艺(热粘合法、针刺法、化学粘合法)。聚酯废料的利用方法还可以将其研磨成微粒后,用来纺丝或加入到聚酯纤维、PTA中,通过针刺成网法生产非织造纺织品、多层复合纺织品,如生产高质量地毯是现代回收方法的一个应用实例。另一个例子是将回收纤维制成非织造纺织品,用于汽车工业。

（5）毛纺废料的回收利用。羊毛是一种珍贵的生态纤维，毛纺废料对毛纺工业也是一种珍贵的原材料。毛纺废料的回收利用具有投资少、回收期短、见效显著等特点。意大利的毛纺工业30%～50%的资源都是废旧毛织物。

山西某纺织纤维科技有限公司以无纺织价值的动植物废毛及毛纺行业的下脚料为原料，利用生物技术提取的蛋白质与高聚物接枝共聚，通过湿法纺丝和后加工处理，生产出不仅具有天然丝的优点，而且还具有合成纤维优点的新型纺织原料。

（6）纺织品废弃物在其他领域的再利用。纺织品废弃物的回收再利用不仅仅局限于纺织行业，利用新技术和新工艺可以开发出更多种类的高附加值产品。国外对纺织废料的利用已远远超出了传统的"纤维—纱线—织物"或"纤维—非织造布"的模式，应用范围已由纺织拓展到其他领域。例如，利用新的工艺将废棉用来培育类似牡蛎的真菌；废蚕丝可用作人造皮肤、人造血管、隐形眼镜等。

美国克兰造纸公司利用纱头碎布，纤维尘屑、废弃的丝团垃圾和家庭废弃的旧衣物来制造全球通用的美钞用纸。

利用纺织废料绿化城市。英国的生态学家利用回收的碎布料种植各种野花以绿化、美化城市。这种利用回收布料种植的野花草地，具有成本低，使用方便和不污染环境等优点。具体做法是将野花种子置于废旧布料织布的毯子上，这种毯子充当地面覆盖物、肥料，并能抑制杂草生长，它的成本只是普通种植手段的1/10。

植绒式天鹅绒织物，用非常短的回收纤维作为植绒材料，使用这种短纤维可以在织物上印制图案，生产高价位的具有天鹅绒质感的织物，可用作民用及汽车等装饰材料，也可用作服装面料。

在国际上，利用非织造技术加工成废纤维衬垫材料正作为一种吸声、隔热、隔震新材料，广泛地应用于汽车、船舶、家具、包装、建筑等行业。我国引进意大利的废纺衬垫片材生产线设备，采用聚丙烯（PP）

废丝作粘结纤维,再生纤维为主体纤维,组合应用非织造布技术,模压成形、装饰面料复合以及高频焊接生产设备,在运行的两年中已累计生产出 120 000 套捷达轿车车门内饰板及后包裹架。其弯曲强度,常温高温冲击韧性,高温、低温、湿热条件下存放后的尺寸变化,雾化性能等物理指标均达到德国大众汽车公司的标准,具有技术含量高、质量标准高及附加值高的技术特征。

随着人口增长和工业化进程的日益高速化,天然资源将越来越少,并且价格越来越高。迫使生产商寻求的新原材料中,部分是回收的纺织品废料或加工过的纺织废料。随着时间的推移,一个工业部门的废料,也可能成为另一工业部门的原材料。回收利用已成为现代企业研究的目标,也是未来环保的最佳途径,全球各纺织研究机构无不致力于纺织品弃用后的回收利用研究。

3. 纺织材料循环回收的产业化

自 20 世纪 90 年代以来,发达国家对纺织材料的循环回收问题的关注已渡过了议论阶段,并进行了大规模的工业化尝试。国外目前已不再仅仅是讨论回收的可能性,而是努力发展回收产业。回收回用形成产业后就没有必要在每个纺织厂都设一个专门的回收车间,可以在一个地区开设一家或几家大型的综合性回收回用公司。这样既节省了各个厂的单位投资,节省了占地,也节约了能源。而大型回收公司以其雄厚的资金实力、先进的工艺设备和专门的技术人才,可以对纺织废料进行综合研究,使其摆脱"纺织—纺织"的模式,开发出其他可利用的产品,如水泥、浇注板等,并延伸到人们衣食住行的各个方面。

我国纺织工业原料资源极其紧缺,而纺织废料资源极其丰富,这是废纺生产具有广阔发展前景的前提条件。这些纺织废料价格便宜、数量很大,亟待回收再生利用。我国纺织废料的回收回用工作还停留在某个纺织厂的附属车间这一落后阶段,对纺织废料的加工设备及新工艺的研究刚刚起步,尚未形成规模,回用途径也是单一的纱线、织物或非织造布,尚未对纺织废料资源进行充分地开发和利用。

纺织废料开发与利用,作为一项资源丰富、投资少、效益显著的新兴纺织行业,前景十分广阔。但是目前我国要实现纺织废弃物回收处理的产业化仍面临许多问题,首先要建立回收网络系统,同时建立纺织废料回收产业,保证资源的来源渠道,充分开发纺织材料的潜在用途。纺织废料种类繁杂,不利于直接回用,要对不同废料的可回收性、纤维品种和成分进行判别、分批、分类,采用不同的工艺。并不是所有的纺织废料都可以回收回用,对于被污染废料,如曾有禁用染料染过色,在加工和使用过程中被有害或有毒物质沾污等以及一些目前尚无法回收回用的废料都不能直接回收利用。

加强对生产过程和车间劳动条件的环境管理,重视对废料的消毒,保护劳动者的身心健康,实现清洁生产。加强对废弃纺织品无害化、低成本处理方面的研究,开拓思路,勇于创新,拓宽纺织废料的应用领域,广泛吸取和借鉴国内外废纺设备的先进技术,有针对性地完善废纺生产工业。

第二节　废弃纺织品的生态处理技术

一、概述

美国、欧洲及日本等国家非常重视废弃高分子材料的污染问题,并加强了高分子材料的循环利用和可降解高分子材料等领域的研究,取得了显著的成果。回收与利用高分子材料在节能、减少废料量、降低废料危害等方面具有非常重要的作用,探索废弃物减量化的新方法、新途径和新技术,能够有力地推动技术创新和生产力的发展。

生物降解是指以环境保护的方式对纤维、织物、染整废弃物进行处置。生物降解不仅可以避免化学方法的缺陷、消除化学降解引起的二次污染,而且最终产物少,可以大幅度降低处理成本,是废物处理中首选的方法。废物处理是其产品生命周期的一个环节,因此,废物处理企业的清洁生产不可避免地与其产品的生产过程联系在一起,决定了废物处理在清洁生产推行中,具有其独特作用。

近年来的研究发现,很多微生物能够降解人工合成的有机物,有可能使过去认为不可降解的或难降解的污染物降解。例如,对DTP(对苯二甲酸二乙酯)的生物降解性研究。DTP作为化工原料自身是一种环境荷尔蒙,对环境会产生严重污染;同时,DTP在微生物和水解酶的作用下释放出对苯二甲酸(TA),TA是一种重要的化工原料,它广泛应用于合成树脂、涤纶、塑料薄膜、增塑剂和染料等制造业。而TA对水中微生物的再生有抑制作用,对动物有致突性和致癌作用,被公认为是一种有害性的污染物。

涤纶(PET)是纺织品中用量最大的原料之一,世界上每年都有大量PET废弃物产生,由于其废弃物数量巨大,且很难在自然条件下降解,所以已成为环境的有害物质。科学家预测PET的存在周期为16~48年,还有研究认为PET在人体和动物体内的降解将持续30年。聚酯瓶在湿度45%~100%、温度20℃的环境中存在30~40年,性能仅有50%的损失,聚酯胶片可以存在90~100年之久。因此,PET废弃物已造成全球性的环境污染。

目前大多数国家对PET等废物处理,以填埋为主要方式。填埋会造成土壤和地下水污染、滋生病菌及将可利用资源浪费等。回收利用是一种较科学的方法,但PET废弃物的回收再利用依然不能成为解决其环境污染问题的最佳方法。首先,对进行再生的聚酯废料有一定限制,含有添加剂或含有其他难以去除的杂质以及已经是多次再生的产品,回收再利用有很大困难;其次,大量不便收集的聚酯产品,如农膜、垃圾袋等也不适合回收再生;再有回收成本太高或没有回收价值的产品也限制了回收再利用。所以现今只有较少的一部分聚酯废弃物实现了循环利用。

随着生物工程技术的不断发展,为 PET 的生物降解开辟了广阔的前景。虽然 PET 有着良好的化学性能,但它含有容易被酶以及水分子破坏的酯键,这为生物降解 PET 提供了条件。微生物具有极其多样的代谢类型和极强的变异性、共代谢机制,因此人们完全有可能通过人工培养,筛选出 PET 的高效降解菌,即使单一的微生物菌种不能使 PET 降解,却有可能通过几种微生物的共代谢作用使 PET 得到部分或全部的降解。如果能够成功地找到高效降解菌或酶,生物降解将是从根本上解决 PET 等废弃物污染的最好方法。日本在该方面已有较成功的研究成果。

最近的研究报道表明,许多原以为不可生物降解的高分子也都找到了能降解他们的微生物或酶。如尼龙也是常用的高分子材料之一,目前有对尼龙进行表面改性,以有效地处理尼龙废弃物以及关于降解菌和微生物对尼龙降解性能的研究。

二、丝胶蛋白的回收再利用

在丝绸工业中,主要是利用蚕丝的内层丝素,而蚕丝外层的丝胶部分在加工中被蜕掉。丝绸加工主要是在水介质中进行,蚕茧经过缫丝、织造、丝绸精练、染色和后整理加工等工序,产生大量废水。这些废水中含有丝胶蛋白质、蛹酸、蛹蛋白和脂肪等有用物质,这些物质是医药、化妆品、食品、工业试剂很好的原材料。丝绸精练是丝绸加工过程中污染最严重的环节,产生的废水量是整个加工过程用水量的 1/7,污染物含量占污染物总量的 70% 以上,精练废水 COD_{Cr} 高达 8 000 ~ 35 000 mg/L,SS(悬浮性固体)为 723.5 ~ 3 210 mg/L,黏度大、浊度高,呈碱性。如果直接将废水排放,对环境造成的污染十分严重,其中含有用的资源也将白白流失。因此,对丝绸加工废水进行处理的同时,回收其中的有用成分,在获得良好环境效益的同时,通过对丝胶的再利用可以产生很好的经济效益。

1. 丝胶蛋白的用途

丝胶层约占茧层质量的 25%，除含少量蜡质、碳水化合物、色素和无机成分外，主要成分为丝胶蛋白（通常称为丝胶）。丝胶由 18 种氨基酸组成，主要成分的丝氨酸、谷氨酸、天门冬氨酸、乙氨酸等，易溶于水。主要用途有：

（1）所含的 18 种氨基酸大多是人体所必需的，不仅具有良好的营养价值，而且还具有极大的药用价值。因此用丝胶可直接制成各种食品、饮料等。丝胶对油脂类食品具抗氧化性能，是极有前途的食品营养添加剂和油脂类食品的天然抗氧化剂。

（2）丝胶由于具有美白、保湿、抗氧化功能，因此含丝胶的化妆品特别受人们关注，如以丝胶为主要添加剂的润肤霜、洁面乳、洗面奶、防晒霜等。

（3）丝胶可作为纺织品保健涂层整理材料、工业乳化剂、粘着剂。

（4）丝胶水解后可以制取氨基酸。

（5）丝胶可用以制造青霉素等抗菌素的培养基。

（6）丝胶蛋白质水解成混合氨基酸，用以制备氨基酸合铜，可用于农作物种子的消毒。

2. 丝胶蛋白的结构

丝胶蛋白质分子量为 1.4～25.6 万道尔顿，相对分子质量约 15.8 万、17.9 万的蛋白质分布在茧丝丝胶的外层；相对分子质量约 22.0 万、25.7 万的蛋白质分布在茧丝丝胶外中层；相对分子质量约 12.6 万的蛋白质则在茧丝外、中、内层丝胶中均存在；相对分子质量低于 12.6 万的 10 种蛋白质同为一组，分布在茧丝丝胶内层。丝胶蛋白质在水中基本上是由外及内逐步溶解，同时，碱可催化丝胶水解。相对分子质量较高的丝胶蛋白质在 70℃ 以上的热水中易水解，相对分子质量下降严重，相对分子质量较低的蛋白质（约 13 万以下）相对稳定。

丝胶蛋白质在废水中是以负离子形式存在的,相对分子质量为1.4万~13万,属于胶体粒子颗粒,其等电点pH值为3.8~4.5,随温度、浓度的变化,丝胶蛋白液容易发生凝胶溶胶的变化。温度下降到20℃左右即会成为凝胶状,温度50~60℃时,经过一段时间,会发生热变性。

3.丝胶蛋白的回收

回收丝绸加工废水中的有用成分,主要针对蚕丝脱胶后产生的丝胶蛋白的回收。目前,人们对丝胶回收方法进行了大量研究,主要有酸析法、化学混凝法、有机溶剂法、离心法、超过滤法和冰冻法等。根据回收丝胶目的和应用的不同,这几种方法也可以结合使用。

(1)酸析法:蛋白质是具有两性性能的高分子聚合物,在等电点附近(pH值为3.8~4.5),蛋白质所带正负电荷数相等,此时丝胶蛋白质溶解度降至最低,丝胶就会从溶液中析出。这种丝胶的回收方法为酸析法。酸析法是丝胶回收中常用的方法,一般采用加盐酸或稀硫酸的方法来调节pH值。此法的优点是工艺流程比较简单,回收的丝胶比较纯净,回收所需成本低;但这种方法回收丝胶的回收率低,一般为40%左右,而且要求设备具有较好的耐酸性,丝胶中含有HCl或$NaCl$等杂质。工业运行中这种回收方法并不经济,可操作性不高。

(2)化学混凝法:蛋白质分子在溶液中与水相结合,形成水化层,水化层使分子之间不容易直接碰撞,为了使蛋白质溶液发生凝聚,必须破坏水化层。通常使用大量浓溶液或饱和盐溶液,这些强电解质在水中全部电离成离子以夺取与蛋白质相结合的水分子,破坏蛋白质周围的水化层。由于蛋白质分子本身的无规则运动而互相碰撞,便发生凝聚作用,形成沉淀,从而可以回收丝胶蛋白。一些无机絮凝剂可以用作电解质,并可以对蛋白质起到絮凝沉淀的作用,如氯化铝,明矾,氯化钙等。

这种回收方法的优点是沉淀所需时间少,工艺方法简单,设备投资少而且成本低。但这种回收方法得到的丝胶中也含有一定量的杂质离子,特别是金属离子对丝胶的性质有很大的不良影响,这样就降低了丝胶的使用价值,限制了它的使用范围。这种方法工业化程度不高。

(3)有机溶剂沉淀法:有机溶剂乙醇或丙酮等可以破坏蛋白质胶体的水化层,从而使蛋白质从溶液中沉淀下来。含丝胶废水中的丝胶浓度低,直接采用这种方法处理耗费大量溶剂,成本大大增加,经济性较差,工业上不适合直接对精练废水进行有机溶剂沉淀,此方法适用于对浓缩后的丝胶溶液进一步提纯。

采用丙酮处理丝胶浓缩液工艺如图7-4所示,这种方法得到的丝胶蛋白纯度较高,扩大了回收丝胶的应用范围。

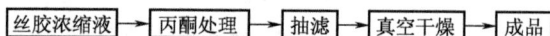

丝胶浓缩液 → 丙酮处理 → 抽滤 → 真空干燥 → 成品

图7-4 丙酮处理丝胶浓缩液工艺流程

(4)离心法:精练废水中由于丝胶颗粒和水的质量不同,受到的离心力大小不同,离心分离可以得到丝胶颗粒。在进行离心分离之前,要先将丝胶颗粒从溶液中沉淀出来。这种分离方法适合已沉淀下来的丝胶与水的分离,未经沉淀的丝胶废水用离心机无法高效回收丝胶。此方法回收运行费用不高,但回收丝胶的纯度和回收率都很低,限制了此方法的工业化生产。

(5)超滤法:应用超滤膜对丝胶废水进行膜分离,废水中胶体物质、蛋白质等微粒被膜截留,而溶剂和低分子物质透过膜。超滤分离的依据是膜表面孔径的筛分机理、膜孔阻塞的阻滞机理和膜面及膜孔对粒子的一次吸附机理。

采用膜处理丝胶废水回收其中丝胶蛋白,要选择合适的膜材料及组件。膜材料的选择要考虑机械性能、物理性能、耐热性、耐 pH 值、耐溶剂和耐生物降解等性能。除此之外,还要考虑膜的水通量,在相同的操作压力下,被处理溶液中分子的相对分子质量越大,超滤速率越小,水通量越小;脱除率指对一定相对分子质量的分子,膜能截留的程度。截留分子是将表观脱除率为 90% ~ 95% 的溶质分子,用相对分子质量代表分子大小以表示超滤膜的截留特性。脱除率越高、截留范围越窄的膜越好。丝胶蛋白质废水的相对分子质量为 1.4 万 ~ 13 万,宜选择相对分子质量大于 1 万的超滤膜;亲水性高的膜材料耐污染性较好,特殊膜材料由于表面化学基团的电性,使得膜表面具有电荷。荷电膜可以捕集吸附与其表面电性相反的物质,排斥与其电性相同的物质,使膜具有选择吸附性和较好的抗污染性。

超滤工艺中,临界压力是一个重要参数,它与溶液浓度及膜表面流速有关,需要通过实验确定体系的临界压力,并控制实际运行压力低于临界压力,或者通过提高膜表面流速以提高体系临界压力。我国主要商品化的超滤膜有:醋酯纤维素膜、聚砜膜、聚砜酰胺膜、聚丙烯腈。超滤组件有管式、平板式、螺旋卷式和中空纤维式。根据丝胶的相对分子质量分布范围,膜适宜采用相对分子质量大于 1 万的中空纤维超滤膜。

丝绸废水主要由缫丝厂副产品加工车间、绢纺厂精练车间、丝绸印染厂精练车间产生,因其排放量相对小,从中的有机物含量多、无机物含量少的这一特点,废水中丝胶蛋白质宜在主排污车间排污口收集。使用膜法回收丝胶前,可根据废水的水质,先对废水进行预处理,如加盐酸使溶液 pH 值在 3.8 ~ 4.5 范围,丝胶蛋白能够沉淀,COD_{Cr} 可以去除 45% ~ 55%,以减少膜分离器的有机物负荷,缓解膜污染。采用超滤膜处理丝胶废水回收丝胶蛋白工艺如图 7 - 5 所示。

预处理过滤后,经过膜分离组件分离,然后将废水回用或进入下一级(如活性污泥法)处理,最后将所得丝胶蛋白质进一步浓缩,用95% 的酒精处理过滤后干燥。

废水 → 初滤 → 集水池 → 泵 → 膜组件 → 排放或回用

丝胶蛋白液 → 95%酒精浓缩

丝胶粉 ← 干燥 ← 过滤

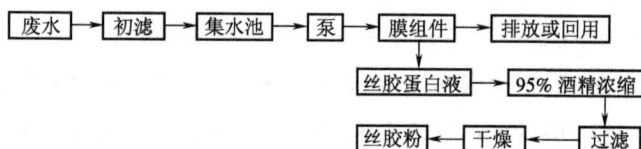

图7-5　超滤膜处理丝胶废水回收丝胶蛋白工艺流程

用超滤膜回收丝胶蛋白质,膜污染的问题经常影响废水的处理效果及运行的稳定性。膜污染的形式主要有膜表面覆盖污染和膜孔内阻塞两种。在膜运行过程中,一个显著的变化就是随着时间的延长,膜通量呈现一个持续下降的过程。在超滤开始的几分钟内膜通量迅速下降,接下来一段时间内缓慢下降,最后通量的下降趋于稳定。

在分离含丝胶废水的过程中,丝胶蛋白质是引起超滤膜污染主要物质。蛋白质吸附是一个复杂而随时变化的现象,在吸附过程中或吸附后,蛋白质分子的取向和构象都有可能发生改变。由于蛋白质分子所具有的表面低势能而无法对抗蛋白质的构象变化,因此在固—液界面形成的蛋白质层通常是不可逆的。影响废水中有机物的分离与浓缩的因素有:料液浓度、pH值、工作压力、溶液温度、料液流动速度等。

在任何膜分离技术应用中,尽管选择较合适的膜和适宜的操作条件,在长期的运行中,膜的透水量随运行时间增长仍会降低20%~40%,严重时膜通量下降到80%以上。为使超滤过程稳定有效地进行,可以采取提高超滤器的进水流速,以增大膜面水流速度,使被截留的溶质及时被水带走;适当提高水温以加速分子扩散、清洗等措施。

为保持一定的超滤速度、延长膜的使用寿命,对膜组件必须进行定期清洗。

①对于常用的内压式中空纤维膜可以采用反冲洗涤和循环洗涤的物理方法,还可以采用负压清洗方法。

②化学清洗从本质上是沉淀物与清洗剂之间的一个多相反应。一般的清洗程序：

a. 先机械清洗,用水清洗整个体系,包括膜组件、管道、阀门、泵等。

b. 用清洗药剂循环清洗膜组件。

c. 用清水冲洗膜组件。

d. 在标准条件下校核膜通量,若未达到希望值,则重复 b 和 c 步骤。化学清洗所用的清洗剂有以下几种：酸碱,硝酸、磷酸、草酸、NaOH 和 KOH 等;表面活性剂,SDS、Tween—80、Triton 等;氧化剂,如活性氯和次氯酸钠等。

膜表面的蛋白质可以用化学清洗法,如一些碱性溶液(0.1% NaOH、0.5% NaClO 等)对膜进行浸泡、冲洗。

总之,丝绸废水的超滤处理是一个复杂而有变化的过程,蛋白质的膜污染问题还很严重,所以在今后的工作中,解决膜污染、提高膜通量是研究的重点。

(6)冰冻法:蛋白质溶液在温度下降时会凝结成冻胶状态产生凝胶。因为蛋白质表面的亲水基团分布不均匀,亲水基团与水分子所构成的水化层也是不均匀的,有的部分水化作用弱些,这样蛋白质颗粒就会在这些部位发生结合,水分子中原来分散自由的蛋白质颗粒开始彼此连接起来,形成复杂的网状结构。在网眼中,水被包围在里面,此时水是分散的,而蛋白质是连续的。而在蛋白质溶液中,蛋白质是分散的,水是连续的。凝胶和溶液相互转化如下式所示：

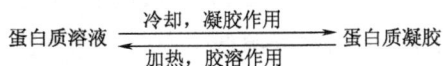

$$\text{蛋白质溶液} \underset{\text{加热，胶溶作用}}{\overset{\text{冷却，凝胶作用}}{\rightleftharpoons}} \text{蛋白质凝胶}$$

由于温度降低,减少了水分子热运动的能量,增加了蛋白质分子间的结合,形成了絮凝状的沉淀。利用蛋白质低温沉析的作用,可以

将其从胶体溶液中分离出来。冰冻法回收丝胶工艺流程如图 7 - 6
所示。

预处理 ——→ 冰冻 ——→ 自然解冻 ——→ 沉淀 ——→ 分离 ——→ 出水回用或排放

丝胶浓缩液 ——→ 提纯 ——→ 干燥

图 7 - 6　冰冻法回收丝胶工艺流程

　　冰冻法回收丝胶工艺流程简单,设备投资少,回收率较高,此法可
以实现工业化。但丝胶蛋白相对分子质量分布范围较大,纯度不高,
如果回收后产品要求高纯度,还要进行再加工。

　　有研究将丝绸精练废水经过加酸预处理后,废水的 pH 值至中性,
再采用冰冻法回收丝胶。冰冻法回收丝胶的最优工艺为:不加入明矾
混凝剂,pH = 7, -24℃ 冰冻 11h,丝胶的回收率为 70%。还有在 110℃
对生丝进行精练,精练废水采用多次冰冻的方法回收其中的丝胶蛋白
质,冰冻次数增多回收提高,可以达到 80%。

第三节　印染废水的处理与回用技术

一、概述

　　中国水资源总量为 2.8 万亿立方米,居世界第六位,我国人均水
资源相当于世界人均值的 1/4,我们是以占世界 6% 的水资源量支撑
着世界上 21% 的人口。按照国际公认的标准,人均水资源低于
1 000 m³ 为重度缺水,人均水资源低于 500 m³ 为极度缺水,中国目前
有 16 个省(区、市)人均水资源量(不包括过境水)低于重度缺水线,
有 6 个省、区(河北、宁夏、山东、河南、山西、江苏)人均水资源量低于
500 m³。

为合理利用水资源,政府采取了多项措施,近期对水价的调整,就是运用价格杠杆促使全社会重视水资源,节约用水。这项举措对染整业震动很大。由于印染加工工艺的要求,印染布在加工过程中需要消耗大量的水,染整产品从投入加工至完成均在水环境中运作,产品在水中诞生,效益在水中获取,水资源是染整业的财富资源,水价调整无疑直接关联企业的效益问题。

纺织业名列我国工业用水的前五位,而染整耗水占纺织业用水的85%,回用率却不到10%,90%以上作废水排放,同时排放废水污染物。染整业按原纺织部标定万米耗蒸汽24 t,百米耗水2.5~4 t,2003年我国印染布产量达250多亿米(实际数量大大超过),按2003年全国印染行业印染布生产量计,印染废水年排放量约在16亿立方米左右,可见染整业耗能之大,如此众多的废水治理是印染工业沉重的负荷。

国家环境保护总局和原国家经济贸易委联合发布的《印染行业废水污染防治技术政策》,对印染废水的防污和治污都有明确的政策规定。技术政策中鼓励印染废水治理的技术进步,印染企业应积极采用先进工艺和成熟的废水治理技术,实现稳定达标排放。

技术政策中明确表示,在印染企业相对集中地区,鼓励多个印染企业联合,实行专业化集中治理。目前,江苏、浙江、福建等多地区集中治理设施筹建或启动运行。提倡有正常运行的城镇污水处理厂的地区,印染企业废水可经适度预处理,符合城镇污水处理入厂水质要求后,排入城镇污水处理厂统一处理,实现达标排放。

技术政策适用于以天然纤维(如棉、毛、丝、麻等)、化学纤维(如涤纶、锦纶、腈纶、胶粘等)以及天然纤维和化学纤维按不同比例混纺为原料的各类纺织品生产过程中产生的印染废水。为了明确提出各种纺织印染产品的废水治理技术路线,技术政策中概括提出了棉纺机织和针织印染产品、毛精纺和粗纺染整产品、绒线产品、真丝绸印染产品、化纤仿真丝绸产品生产过程中产生的印染废水及洗毛废水的综合治理技术路线。

目前推行清洁生产工艺和清洁生产审计的 40 余家印染企业中，经统计可使废水排放量减少 10% ~ 30%，污染物排放量减少 5% ~ 20%，因此，清洁生产的实施对降低环境污染意义重大。

一些先进国家和国内经济发达地区纷纷进行产业结构调整，对染整业进行迁移，不论采用何种方式，染整行业建设，首要问题是能源、水资源与废水的处理。不解决好水的问题，不但直接影响企业生存和行业持续发展，而且还影响纺织产品档次和质量。为此，各科研院校和企业对行业的污染治理投入大量的人力、财力、物力研发，开发并采用先进的节能和污水处理新工艺技术。

二、印染废水与治理现状

1. 印染废水及对环境的影响

在国外印染亦称作纺织湿加工（Textile wet—processing），作为印染重要工序的漂、染都离不开水。但是印染生产工艺基本属于大量用水的水相化学反应，反应介质并不构成产品成分，反应终止后，所有用水又必须全部排放。在整个印染生产中除烧毛和物理机械整理外，全部属于水相化学反应。由于这种反应很难完全，所以排放的废水中不仅有已反应物质，还有未反应和反应不完全的物质，必须用清洁水冲洗，由此形成二次排放，增大废水数量。

印染前处理废水中包括大量浆料、纤维杂质、氧化剂、烧碱等；染色废水中含有染料、助剂及微量有毒物质；印花废水主要来自配色调浆、印花辊筒及筛网的冲洗；后整理废水通常含有纤维屑、各种树脂、甲醛和浆料等。因此，印染加工用水过程即是污染过程，废水水量大、色度深、可降解性差，其 COD 及 BOD 均较高，排放的印染废水对当地环境造成不同程度的影响。所以染整业又称"用水大户、污染大户"。

印染废水尤以染料的污染最为严重。废水中的染料能吸收光线，降低水体透明度，影响水生生物和微生物生长，不利于水体自净，同时易造成视觉上的污染。那些毒害严重的染料，如酞菁铜盐类染料和一些偶氮类染料，含铬、铅、汞等重金属盐类，用一般生化方法难以降解，因此它们在自然环境中能长期存在，并且会通过食物链等危及人类健康。

印染废水中的浆料，使废水有一定粘性，呈胶体状态。若直接排放，不利于水生植物的光合作用，减少水生动物的食物来源，降低水中的溶解氧（DO），对水生动物生长不利。水中的氮、磷含量高，会使水体富营养化。另外，印染废水中含有的硫酸盐，它在土壤中转化为硫化物，引起植物根部腐烂，使土壤性质恶化。如棉的印染，毛纺织行业的洗毛、毛条染色和湿整理工序，麻纺织行业的粗纱煮练与漂白及后整理工序，丝绸纺织行业的选茧除杂和丝绸制品的染色印花整理工序等排放的污水都有如上特点。

2. 印染废水治理现状

由于环保的原因，一些大城市的印染业已退出或在不断减少。环保法规规定印染厂废水经处理后达标排放（GB/T 4287—1992，《纺织染整工业水污染排放标准》），但由于各地达标排放标准不同，经处理后排放的印染废水仍对当地环境造成不同程度的影响。

国外纺织印染行业比较发达的地区，如韩国釜山、日本大阪、意大利米兰和墨西哥等地，染整企业较为集中，印染废水相对较大，在这些地区自然地形成产业链，即本地区和周围地区形成上游配套的原料生产、供应和下游产品纺织服装、服饰等生产及市场销售，三者形成相对完整的产业链，这种生产相对集中、产量大、市场规模大、销量在国内、国际有相当影响的"板块"。经济，对染整行业发展具有重要意义。

（1）印染废水处理方式与技术：意大利、日本等对印染废水处理采用工厂处理和城市污水综合处理相结合的方法。在对印染废水初步处理达到一定标准后和城市污水混合一起进入污水处理厂处理。这样可以提高后续处理效果。

德国由于行业不集中,一般采用由企业处理的模式。在印染厂建造污水处理厂,对厂内产生的废水进行处理,由于清洁生产和水资源回收做得相对较好,处理后的水可以达到排放标准。另外德国的印染废水排放量也较少,而且处理技术比较成熟,有的甚至做到"零排放"。

印染废水主要是有机污染,所以处理方法以生化法为主,国外禁用硫化染料,废水量少,采用设备处理为主。大水量还是以污水处理厂构筑物为主如格栅、沉淀池、调节池、沉砂池、污泥浓缩池、消化池等,从处理技术的原理上分析,似乎差别不大,但技术深度、自动化程度、设备质量高于国内水平。

我国大中型纺织印染企业基本建有废水处理装置,并基本正常运行,其处理成本为 0.7~1.0 元/吨左右,一些大型纺织生产厂还采用了生化综合处理方法。一些中小型纺织印染厂多采用沉淀或一级处理以减少废水中悬浮固体的浓度和一部分 BOD;也有一些中小型纺织厂采用了絮凝等化学处理法。但是,化学处理法由于要投加化学药剂,其成本一般较高。而且,单纯用化学法处理纺织工业废水很难达到排放标准的要求,其污染仍不容忽视。

(2)印染废水处理存在问题:从所了解的情况分析,中国工业废水污染在有些地区较严重,发达国家印染废水处理较好,并未发生什么河流、海域严重污染的问题。印染废水处理存在问题,主要集中在以下几点:

①环保立法和执法力度:国外的环保立法很严格,对污染环境的企业和个人的处罚也很严厉。我国的环保立法还不够完善,没有达到发达国家水平,在执法过程中也受到种种因素的干扰,使得执法力度也不够。近期我国监察部和国家环境保护总局按照党中央、国务院的要求,依据《环境保护法》、《行政监察法》等法律规定,联合制定了《环

境保护违法违纪行为处分暂行规定》,2006 年 2 月 20 日起公布施行。《暂行规定》是我国第一部关于环境保护处分方面的专门规章,表明我国将加大环保立法和执法的力度。

②产品档次不同,利润不同,因而环保投入不同:我国印染产品的档次集中在中低档产品,利润很低。例如,目前我国染 1 m 布,加工费仅 0.4~0.5 元,有的更低。同样在发达国家生产的印染产品档次比较高,产品附加值高,导致产品利润高。以国内某外资染厂,加工 1 m 费用高达 10 元多。因此,发达国家对印染废水处理的投入比较高。我国城市污水厂的投资,原则上为每处理 1 t 水 3000 元,投资一个每日处理 10 万吨城市污水的厂约一个亿。而有的印染废水处理厂,处理 1 t 水仅 1000~1200 元。因此在层次、质量、自动化程度、运行费用等方面相差较大。

③污染工艺:碱减量工艺污染特别严重,COD 高达 20 000~80 000 mg/L;"海岛丝"生产污染极小,但应用时(减量)废水 COD 高达 20 000~100 000 mg/L,国外将污染严重的工艺推向发展中国家,而自己则生产高档、污染轻、利润高的产品。

④管理:对环保认识和经济因素制约,地方保护等因素,在管理上中外相差很大。我国环保总局将采取措施,对违法排污企业进行限期整改;严肃履行职责,认真贯彻环境保护法律法规,严厉打击企业的违法排污行为;坚决纠正各种"土政策、土规定";实行联合办案制度,环保部门在查清环境违法事实的基础上,对涉及行政监察对象违规违纪问题,及时向监察机关移送;继续加大宣传力度,把新闻发布会和专题报道作为向社会公开查处环境违法的重要平台。

⑤清洁生产与资源回收:国外对清洁生产的实施力度和范围都很大,在全国范围内开展了企业实施清洁生产的活动,取得了很好的成效。生产过程资源浪费明显减少,提高了回用水的利用率,回收废弃物中的有用资源,减少产品的成本。但从我国的发展情况来看,国内

真正的实施清洁生产并且有效的企业还不多,浪费资源的事情时有发生。

综合以上情况,原因有技术上、认识上、管理上、经济上等多种因素造成中外印染废水处理上的差别,解决问题是一系统工程,需要政府、企业、科研、学校等联合。需要国家环保局、行业协会、工厂企业等相关部门的合作才能真正解决印染废水污染问题,最近,国家环境保护总局表示,到 2010 年,所有印染企业都要采用环保原料实行清洁生产,国家将支持印染业生产设备的更新和污水处理技术的改造。

三、印染行业废水治理方法

1. 物理絮凝沉淀(气浮)法

絮凝沉淀(气浮)法是在印染废水中投加铝、铁盐等絮凝剂,使其水解形成带高电荷的羟基化合物,它们对水中憎水性染料分子如硫化染料、还原染料、分散染料等的混凝效果较好,而对酸性染料、活性染料、特别是小分子、单偶氮类、含数个磺酸基的水溶性染料(如酸性红 3B、活性艳红 X—3B)的混凝脱色效率较差。混凝过程的吸附架桥作用明显,该过程并不改变染料的分子结构。如硫酸亚铁对含有 $—SO_3$、$—OH$、$—NH_2$、$—X$ 等基团的染料分子也具有较好的混凝脱色效果,这主要是由于 Fe^{2+} 可以与上述基团的未共用电子对发生络合反应而形成大分子螯合物,在染料废水中呈胶体状态,进而通过硫酸亚铁水解产物的混凝作用被去除。

2. 电化学法

采用石墨、钛板等做极板,以 $NaCl$、Na_2SO_4 或水中原有盐类作导电介质,对染料废水通电电解,阳极产生 O_2 或 Cl_2,阴极产生 H_2。新生态氧或 $NaClO$ 的氧化作用及 H_2 的还原作用破坏了染料分子结构而脱色,此法属于电解法。以 Fe、Al 作阳极,由电极反应产生 Fe^{2+} 及

Al^{3+},其水解产物形成絮凝,通过对染料分子的氧化还原及粘附作用而脱色,絮体由阴极产生的 H_2 浮上,此法属于电气浮法。这两种方法对含有—SO_3 基团及 N═N 双键的可溶性酸性染料、活性染料均有良好的脱色作用,但该法消耗电能较大。

3. 催化氧化法

化学氧化法是利用臭氧、氯及含氯化合物等氧化剂将染料的发色基团破坏而脱色,常采用组合氧化与催化氧化法。采用 O_3—H_2O_2 组合法处理染料废水时,H_2O_2 能诱发 O_3 产生羟基自由基·OH,它氧化能力强且无选择性,可以通过羟基取代反应转化芳烃环上发色基团,发生开环裂解使染料脱色。采用 ZnO—CuO—H_2O_2—Air 复合体系进行光降解是利用紫外光(UV)使半导体激发产生电子空穴,破坏染料分子中的共轭发色体系和分子结构,从而使废水脱色。

4. 吸附法

吸附法是利用吸附剂如活性炭、硅聚物、高岭土、工业炉渣等吸附废水中染料的方法。不同的吸附剂对染料吸附有选择性。活性炭吸附效果好,而且对多种染色废水的 H_2O_2 氧化处理具有催化作用,可强化 H_2O_2 的氧化能力。活性炭吸附与 H_2O_2 氧化相结合对多种染色废水具有良好的脱色和去除 COD 效果,但费用较高。开发高效便宜的吸附剂是吸附法的研究方向。

5. 生物法

生物法是利用废水中的微生物(细菌、真菌、藻类、原生动物和一些小型后生动物异养型微生物)的代谢作用,使溶解在废水中的有机污染物转化为稳定、无害的物质。有机物在酶的作用下经一系列生物化学反应转化为较简单的化合物。印染废水中大部分有机物是可以降解的,即使是苯环结构,也能被诺卡氏菌、环形小球菌分解。

生物处理方法主要有活性污泥法、生物膜法、生物接触氧化法、生物活性炭法等。

(1)活性污泥是一种由无数细菌和其他微生物组成的絮凝体。其表面有一多糖类粘质层,有巨大的表面积(约 2 000 ~ 10 000 m^2/m^3 混合液)。对废水中呈悬浮和胶状的有机颗粒有较强的吸附和絮凝作用,在有氧存在下对有机物有强烈的氧化能力。利用这种活性污泥的吸附和氧化作用,去除废水中的有机污染物,广泛用于城市污水和工业废水处理。以往印染废水的工业处理,主要采用此种方法。

(2)生物膜法是与活性污泥法并列的另一种好氧生物处理法。该法是通过生长在填料等表面的生物膜来处理废水。生物膜是覆盖在填料或者滤料表层,长满了各种微生物的粘膜。生物膜法主要处理的构筑物有生物滤池、生物转盘和生物接触池等。

(3)生物接触氧化法是以生物膜为主,净化废水的一种新型处理工艺。其净化机理和生物膜法基本相同,即利用固着在填料上的生物膜吸附与氧化废水中的有机物,但又有其独特之处:生物接触氧化法是一种具有活性污泥法特点的生物膜法。它综合了暴气池和生物滤池的优点,避免了两者的缺点。

(4)生物活性炭法是物理法中的活性炭吸附法和生物净化法的有效结合。生物净化法去除废水中有机物的效率高,运行费用低,但运行管理比较复杂,处理程度受到限制。活性炭吸附法虽然有很高的处理程度,但活性炭的价格昂贵,吸附容量较小,在使用上受到一定的限制。把它们联合起来应用,以生物法为主,用物理化学法作补充,克服生物法的缺点,提高其适应能力和处理效率,则是一种经济有效的方法。单纯吸附,每千克活性炭只能吸附 0.3 ~ 0.5 kg COD。而微生物与活性炭协同作用,每千克活性炭能去除 1.0 ~ 3.5 kg COD。

四、印染废水处理中的清洁生产技术

《印染行业废水污染防治技术政策》对水资源短缺地区废水资源化提出了明确要求,为防治印染废水对环境的污染,推行清洁生产和末端治理相结合的原则,引导和规范印染行业水污染防治,根据《中华人民共和国水污染防治法》、《国务院关于环境保护若干问题的决定》、纺织行业总体规划及产业发展政策和按照分类指导的原则,制定本技术政策,包括生产过程中水的重复利用和末端深度处理。

目前我国印染废水主要以末端治理为主,处理后的回用率很低,而且某些治理方法如混凝沉淀法只是把污染物从液体转移到了固体,并未真正消除污染。清洁生产技术是要使用不产生二次污染的治理方法,淘汰产生二次污染的有害絮凝剂,并尽量减少处理后水中有害物质的排放,或将废水中有害物质全部氧化分解为无毒物质,对废水处理过程中产生的污泥进行妥善处置,防止二次污染和污染转移,并实现废水资源化。

关于印染废水治理,技术政策的治理工艺中明确提出:以生物治理为主、化学治理为辅、生物处理技术和物理化学处理技术相结合的综合治理路线,不宜采用单一的物理化学处理单元作为稳定达标排放治理流程。因为生物治理需连续运行,否则不能满足达标要求。而对时开时停的单一化学治理路线不予采用和推荐。

1. 生物法的应用

由于印染废水的多变性,生物法处理效果有时还不能达到十分满意的效果。因此,开发适应能力强的菌种,提高生物法的处理效果,并使废水经过处理后达到回用的要求,将是今后生物法研究的主要目标。新型的生物制剂有以下几种:

(1)酶制剂:利用生物酶制剂处理废水、净化环境比其他生物法效率高、速度快、出水好,不产生二次污染。用于处理印染废水的酶有漆酶、木质素过氧化物酶、嗜碱酶等。在木质素等过氧化物酶存在的条件下,漆酶的色度去除率可提高到75%。

(2)废水脱色微生物制剂:将污水处理厂活性污泥中的微生物进行分离纯化,来提取对染料脱色效果好的微生物,并进行培养。活性污泥中的微生物种类较丰富,包含有细菌、真菌、微型动物等不同门类的生物物种,活性污泥中的微生物形成一个生态系统,在这个系统中以自养型微生物为主。细菌吸食环境中的有机物,而细菌又会成为某些原生动物或后生动物的食饵,原生动物之间还有互相捕食,不同的后生动物也可能处在不同的营养层次上。多种类的微生物形成一个复杂的食物网。

中国科学院微生物研究所分离出的 5 种高效细菌对酸性红 B2GL、酸性媒介棕 RH、酸性媒介蓝 B 和酸性媒介黄 GG 等染料具有脱色降解能力,在细菌隔膜接种厌氧菌或好氧菌种系统中,处理模拟染色废水,脱色率能达到 85% 以上。中国科学院微生物所和中国纺织工业设计院等单位分离出数百株脱色菌,将脱色菌和 PVA 降解菌投加到废水处理池中,脱色率高达 80%,PVA 去除率达 75% ~ 90%,远高于普通生物处理法。

(3)生物絮凝剂:与无机和有机合成高分子絮凝剂相比,生物絮凝剂具有许多独特的性质和优点:

①易于固液分离,形成沉淀物少;

②易被生物降解,无毒无害,安全性高;

③无二次污染;

④适应范围广;

⑤具有除浊和脱色性能等;

⑥有的生物絮凝剂还具有不受 pH 值条件影响,热稳定性强,用量少等特点。

人们预见生物絮凝剂絮凝活性的广谱性将使彻底消除污染成为现实,它大部分或全部取代合成高分子絮凝剂是大势所趋。现在用于处理印染废水的生物絮凝剂有 PF101(用于处理含羧甲基纤维素的退浆废水)、MF—3 和 NAT(用于染液脱色)和 NOC—1(可消除污泥膨胀,恢复活性污泥的沉降性能)。

2. 氧化法的应用

(1)湿式空气氧化法：湿式空气氧化法(WAO)是在高温(175 ~ 350℃)、高压(2.0 ~ 20.67 MPa)下通入空气，使溶解或悬浮于废水中的有机和无机还原物质，在液相中被直接氧化成二氧化碳和水的废水处理法。它不产生生物法中的污泥和高浓度的废物，加入催化剂后能有效地提高湿式空气法的氧化效率。目前国际上已成功地将该方法应用于印染等工业废水的处理。

(2)光化学氧化法：

①利用太阳能资源，是全球现在和将来发展循环经济的重要出路之一。光化学水处理方法概括起来主要分为以下几类：直接光解、紫外光/氧化剂(UV/H_2O_2、UV/O_3、$UV/H_2O_2/O_3$、UV / TiO_2 等)、均相光催化氧化[光/Fenton、$UV/Fe(Ⅲ)$—H_2O_2 络合物体系]和多相光催化氧化(半导体光催化)。它们的共同特点是通过生成活性自由基，如羟基自由基而氧化、降解甚至矿化有机物。此类方法又被称深度氧化法(Advance Oxidation Technologies, AOTs)。

在光氧化技术中，具有光化学活性的催化剂、氧化剂或敏化剂等是至关重要的成分。采用的双氧水/草酸铁(Ⅲ)络合物作为脱色剂，利用光催化原理净化染色废水，不用动力，只以太阳光为条件，对太阳能的利用率非常高，对环境无害，染色废水脱色后可循环再利用。

由于光化学氧化法效率较高、无二次污染；反应条件温和(常温、常压)、氧化能力强和速度快、低能耗、操作灵活、设备简单，适用于有机废水的深度处理，利用该技术处理印染等难降解废水已成为废水处理领域中的热点之一。

②TiO_2 光催化氧化法，是近年来比较活跃的研究领域，它是在可见光或紫外光作用下使有机污染物氧化降解。TiO_2 光催化分解作为一项新的环境污染治理技术，在有机污染物的氧化分解或空气净化等方面取得了迅速发展，也越来越受到人们的重视。

TiO_2 具有分解水中的污染物、空气中的氮氧化合物、硫化合物、还原水中部分重金属有害离子、杀菌以及除臭等作用。能有效地破坏许多结构稳定、生物难降解的污染物,与传统的处理方法相比,具有明显的高效、污染物降解更彻底的优点。大量的研究工作表明,纳米 TiO_2 可将水体中的烃类、卤代烃、羧酸、表面活性剂、染料、含氮有机物和有机磷杀虫剂等迅速地氧化成 CO_2 和 H_2O 等无机物质,从而达到去除水中有机物污染的目的。对常用的活性染料、酸性染料和分散染料,印染废水进行光催化脱色降解反应和光助还原反应中,一些金属离子,如适量二价铁离子,再加上 H_2O_2、TiO_2 与 Cu_2O,它们的共同作用可有效催化某些染料的分解。

处理废水的 TiO_2 光催化反应器有悬浮体系和固定体系两种,它们都可用于处理工业废水、生活废水。悬浮体系是直接将 TiO_2 与废液混合,通过搅拌或鼓空气使其均匀分散,光分解效率高。

光催化技术是一种含有高技术含量的新的末端治理技术,目前已在国内 20 余家印染企业得到推广和应用,已列入国家环境保护总局重点实用技术。如水资源的净化、固体废弃物处理与处置等。而且,随着高效率的光催化剂、光电催化法、太阳能利用和其相关技术的进步,使光催化分解法在水质净化方面展示出良好的市场前景和社会效益。但是在实际应用时,纳米 TiO_2 粒子的回收与分离和再利用相对困难,固定体系主要用于连续性处理污染物,效率还有待提高。

3. 膜分离法

膜分离技术是利用天然或人工合成膜,以压力差、浓度差、电位差和温度差为推动力,对双组分或多组分溶质和溶剂进行分离、分级提纯和富集。由于不使用药剂、无二次污染、占地面积小,在水质波动较大时仍可自动连续运行。

膜分离法处理活性染料废水在清洁生产计划中是一种经济上合算、技术上可行的技术。使用聚合物膜能有效地将废水中的 Cr^{6+} 除去,废水经过膜过滤后清浊分流,清水能达到回用的要求,如果技术应用成功的话,水的消耗量和废水排放量可减少80%。

应用膜分离新技术,通过超滤膜、微滤膜、纳米膜等分离功能对工业污水展开多级化处理以达到水质净化目的。同时还将研究膜技术与其他技术融合的方法,如催化技术、生物工程技术等,使其成为清洁生产和保证工业可持续发展的重要手段。

此外,有些染色废水中的染料不能用一般的生物降解方法去除,可考虑用超滤和膜分离处理技术给予回收利用。如果将生化处理与膜技术结合,可以增进废水脱色及回用的效率。

作为污水处理技术,今后重点是在物理吸附、生物法、膜技术法、污泥处理及化学法包括光催化等方面进行研究,在污染过程、机理、形态结构变化、污染体系中的多种污染物交叉作用及协同效应、污染水体的化学与生物学再生等领域内探讨新技术方法,以寻求环境友好型的污水处理新方法,达到水质净化与再生的目标。

五、印染废水的处理技术与废物的循环利用

1. 纺织品前处理废水及废物的回收利用

(1)浆料的膜浓缩技术:聚乙烯醇和聚丙烯酸类浆料不易生物降解,有一定的危害性。用化学混凝方法和超滤技术回收合成浆料,可反复利用,降低污染负荷。美国 Gaston County 公司成功开发采用超滤法回收退浆废水中聚乙烯醇的技术,已在德国、瑞士和墨西哥等投入使用,国内也有少数应用。

用膜分离法浓缩回用退浆废水中的浆料,经过膜分离脱水再进行浓缩,可直接返回纺织厂使用,这样不仅减轻了印染污染源,更可产生一定的经济效益,实现浆料物流的闭合性,达到无废生产的最终要求。

据美国杜邦公司提供的信息,使用持续曝气方法可以去除退浆废水中70%~95%的PVA,如果使用对PVA可以接受的微生物,则可以

提高对 PVA 的去除速度。

(2)碱回收:丝光淡碱回收技术是通过蒸发回收丝光洗水中的碱,再将碱回用于丝光和精练等工序,这样可以将废水中的碱度降低 60% ~70% ,节约了原料,降低了废水的 pH 值,减少了废水的排放量和污染。丝光废碱液,采用双效蒸发器回收。

涤纶仿真丝碱减量废碱液的回用,是将废液通过适当冷却,采用专用的加压过滤设备,使碱液保留在净化液中,经过补碱重新回用于生产。有研究涤纶仿真丝废水治理采用"加酸沉淀 + 好氧生化"工艺,首先加酸沉淀出难生化降解的大分子物质,可以去除大部分有机物,同时提高污水的可生化性,再经好氧生化,能充分分解剩余的有机物,达到规定排放标准。

(3)漂洗水的回用:漂洗水一般污染较轻,经过处理后能达到回用的要求。如将漂白和丝光洗水回用于精练,精练的洗水可再用于退浆。美国 Clemson 大学研究出回收漂白漂洗水用于连续煮练的工艺,该技术的使用可大大减少新鲜水消耗量,达到节约用水的目的。

(4)洗毛废水:首先回收洗毛工艺产生的油脂,再将回收羊毛脂后的洗毛废水采用预处理、厌氧生物处理、好氧生物处理和化学投药法相结合的治理技术路线。或在厌氧生物处理后,与其他浓度较低的废水混合,再进行好氧生物处理和化学投药处理相结合的治理技术路线。

(5)麻脱胶废水:麻纺脱胶宜采用生物酶脱胶方法,脱胶废水可以采用厌氧生物处理法、好氧生物处理法和物理化学方法相结合的治理技术路线。

湖北省重点攻关项目"麻绒纤维清洁生产工艺与设备",结合苎麻生产工艺,将生产过程与污水处理有机结合,重点解决脱胶工艺中的污水处理问题,力求达到生产与污水处理一体化,同时节约生产成本,降低能耗。

(6)练漂碱性废水的利用:精练工序产生的废水 pH 值高,若直接排放到污水处理站对设施会造成一定的冲击,若用酸中和会提高费用,而锅炉烟道气脱酸需大量碱性水,煮练废水用于烟道气脱酸效果不错,又使废水得到中和,大大降低了水、气的处理成本。

2. 印染工艺废水处理及废物的回收利用

废水中的有害物,含硝基和氨基的染料化合物及铜、铬、锌、砷等重金属离子具有较大的生物毒性。废水中的有害物还包括可吸收的有机卤素化合物,对一些活性染料来说有机卤素含量还是较高的,应该引起重视和加强净化,或者选用不含活性卤素基团的染料,例如乙烯砜活性基,由于有机氟不属可吸收有机卤素化合物,所以氟代杂环活性染料不受限制。

(1)回收染化料:据统计,世界范围每年约生产45万吨各类染料,其中约有4.1万吨是在应用时废弃的,这些染料大多被排放掉,其中活性染料利用率最低。因此国内外对废水中的染料回收利用非常重视。染料回收利用最有可能的是还原染料,例如靛蓝,对于靛蓝染料的回收,目前较成熟的技术是采用超滤或反渗透等膜分离方法,可将靛蓝染色后的洗水加以浓缩至回用浓度。此外,用沉淀过滤法回收士林染料及硫化染料,使用超滤法回收还原和分散染料,不仅可降低污染负荷,而且可减少原材料消耗。

有采用混凝气浮—内电解—接触氧化组合工艺处理高浓度的硫化染料染色废水,集混凝、电化、吸附、氧化还原作用于一体,对硫化物、浆料、染料等去除效果显著,出水即能达到排放标准,该工艺可实现染色废水的综合利用,具有一定的推广应用价值。

由于设备和成本的因素,以及回收的复杂性,各生产单位对染液、烧碱残液和漂白脚水很少回收利用,一般采取直接排放的方法。但是,从保护生态环境的角度出发,应该进行综合治理。例如,把重度污染和轻度污染的水分开,将低污染的水用来处理重污染的水,以减少污染程度。也可以将部分前处理后低浓度的漂洗水处理染色后有色的印染污水,降低污染色泽度。另外还可用酸洗或氧化后的废水处理含碱剂的废水,控制废水的 pH 值,缓解环境的进一步恶化。

(2)印染废水治理:

①棉机织、毛粗纺、化纤仿真丝绸等印染产品加工过程中产生的废水,宜采用厌氧水解酸化、常规活性污泥法或生物接触氧化法等生物处理方法和化学投药(混凝沉淀、混凝气浮)、光化学氧化法或生物炭法等生物与化学处理方法相结合的治理技术路线。

②棉纺针织、毛精纺、绒线、真丝绸等印染产品加工过程中产生的废水,宜采用常规活性污泥法或生物接触氧化法等生物处理方法和化学投药(混凝沉淀、混凝气浮)、光化学氧化法或生物炭法等生物与化学处理相结合的治理技术路线。也可根据实际情况选择①中所列的治理技术路线。

(3)用活性炭吸附法回收重金属:采用活性炭吸附法回收重金属。在印花辊筒雕刻车间,铬消耗量大,废水中铬含量高。用活性炭吸附回收铬和印花废水中的重金属,能有效地减少铬等重金属对环境的污染。

(4)水的回用:染色漂洗水经过混凝脱色或专门的印染废水光催化回用设备处理后,可回用于染色后的漂洗,洗水回用可以降低废水排放总量。

(5)印花糊料的回收再利用也有人研究,再用作印花是不现实的,但可作其他用途,以减轻印花污水的公害。

3. 复合法处理印染废水

在生产工艺过程或部分生产单元,选用吸附、过滤或化学治理等深度处理技术,提高废水再利用率,实现废水资源化。为提高效率,制备有效的膜吸附过滤、降解有害物的研究将进入发展的新阶段。

有研究报道印染废水在光催化后进行生化处理,比仅进行生化处理能达到更好的效果。将 H_2O_2 与 Fe^{2+} 结合形成 Fenton 试剂,可以通过 Fenton 反应直接产生羟基自由基,有效氧化许多种类的有机物。Fenton 反应后废水虽然还达不到排放要求,但反应已把那些难生物降解的有机物氧化分解为可生物降解的物质,通过后续的生化处理可达到排放要求。近年来人们把紫外光(UV)、O_2 引入 Fenton 反应,进一步增强了 Fenton 试剂的氧化能力,同时节约了 H_2O_2 的用量,降低了处理成本,提高了后续的生化处理的效率。

国家"863"重大科技专项"新型高效物化组合技术与设备"、"基于无极紫外光源的光催化氧化水处理技术"等,结合光化学、微波化学、等离子体化学、自动化控制等多领域的最新研究成果,采取多学科交叉,利用高新技术改造传统产业,力求高效处理印染废水,达到直接回用的目的。

4. 印染废水脱色技术成果与应用

(1)生物工程技术在印染废水脱色中的应用。广东省微生物研究所承担的"印染废水中染料脱色及苯胺类污染物生物降解研究"项目,研究人员率先采用基因工程降解菌进行印染废水处理的研究,设计了厌氧—好氧生物处理相结合的新型厌氧折流板反应器(ABR)和序批式好氧活性污泥曝气反应器(SBR)组合的新工艺,构建了实验室规模的处理系统,开展了高效脱色菌、苯胺降解菌、基因工程菌的选育及应用,并对活性污泥微生物的群落结构、数量及分布、印染废水生物处理中脱色和降解效率等关键因素进行研究。

科研人员从自然生态和现有废水处理系统的微生物中分离到具有染料脱色和苯胺降解功能的微生物 500 余株,发现了国际上尚未报道的具有广谱脱色能力的"希瓦氏菌株"及其质粒和偶氮染料氧化还原酶基因,利用苯环裂解的加氧酶基因构建了芳香族化合物降解工程菌,在 ABR—SBR 与高效脱色菌进行联合应用,投加的菌株可以保持长期稳定,基因工程菌株能强化脱色菌的脱色效率,并提高苯胺降解效率,为微生物高技术在废水处理中的应用奠定了良好的基础,也为有效控制处理系统正常运行、提高印染废水处理效率提供了理论依据。

ABR—SBR 厌氧—好氧生物处理工艺,在各个反应室中驯化培养处于环境条件相适应的微生物菌群,充分发挥厌氧脱色和降解作用。使印染废水的染料脱色、苯胺等芳香族化合物的生物降解和氨氮的去除分别在 ABR—SBR 厌氧—好氧处理过程中先后有序发生,从而使印染废水处理效果和运行的稳定性得以提高,整体处理效果好,处理系统出水的色度、COD、苯胺等各项指标达到国家综合污水排放一级标准。

(2)光催化氧化脱色技术。武汉科技大学研制的"印染废水光化学脱色技术及设备",采用紫外光催化氧化技术,可在 5 min 内,对分散、活性、酸性、阳离子、直接、冰染染料等进行脱色,处理后的染色废水可直接用于后续的水洗,可减少染色废水的 2/3,且不需另外加热。该技术不仅能节约能源,还大大降低了废水排放量和色度。

他们在"应用物化组合新技术系统处理印染废水"时,COD 去除率大于 90%,TOC(总有机碳)去除率大于 80%,色度去除率大于 95%,SS(悬浮性固体)去除率大于 97%,处理后的废水出水可直接回用于水洗工序。在高效物化组合技术研究中,综合利用微波激发等离子体协同氧化技术、凝聚共沉淀集成技术,以微波诱导作用及吸附长效催化剂为核心,针对复杂的印染废水水质,形成分级处理的协同工艺。

据检测,平洗机逆流漂洗废水的温度高达 85℃以上,蕴含可观的热能价值,每处理回收 1 t 这种水,企业可节约的费用及实现的效益超过 10 元,远低于处理废水的成本。经测算,一台平洗机一天的热水回用价值达 2000 余元,如果全国 10 万台平洗机和溢流染色机排放的废水都用此技术治理,一年节约水费及燃料费用可达 60 亿元。

目前,我国水资源利用相对粗放,用水效率不高,浪费严重。特别是在工业领域,工业用水重复率不足 60%,比发达国家低了 15% ~ 25%,工业用水中海水及苦咸水利用量仅相当于日本的 21.3%,美国的 12.8%。全国每年排放的大量高温印染废水,既污染了环境,又流失了巨大的热能。

(3)煤渣、粉煤灰的脱色。印染废水的脱色一直困扰着企业,为达到脱色目的,有的用活性炭吸附,有的用次氯酸氧化,但活性炭再生困难,次氯酸氧化产生氯氨等问题。而印染企业大量的煤渣,粉煤灰有较高的吸附作用,可用于废水脱色悬浮物的过滤。色度去除率在一般在 60% ~70%,个别在 90% 以上,COD 和悬浮物也是有所下降,故将色度较高的水经煤渣,粉煤灰脱色,可降低处理成本。

5. 新型膜分离技术在水处理中的应用

基于新型分离技术——膜技术在污水处理方面的应用研究,膜技术及与其他技术集成形成一种全新的水处理技术,天津工业大学已完成这一技术的研究,并正在进行中空纤维膜生物反应器污水处理系列装置研究;膜技术在饮用水净化和废水处理中的应用;膜生物反应器集成技术应用研究等,如膜生物反应器(MBR)、连续微滤技术(CMF)、双膜法深度污水净化技术等,这些技术可针对不同水污染状况、用水水质要求将污水处理后回用,实现污水的资源化。

膜生物反应器(MBR)是传统活性污泥法与新兴的膜分离技术相结合的产物,它利用膜分离单元代替了传统工艺中的二沉池,不仅可大大减小占地面积,还显著提高了固液分离的效率,使出水水质得到明显改善。用于水处理领域的气流振荡内外双洗连续膜过滤技术(CMF)、膜生物反应器(MBR)、双向流(TWF)等三项技术已成为我国膜核心竞争技术,正迅速在国内外得到推广。

从印染各工序着手实行清洁生产,减少污水末端治理负荷,并在废水处理过程中开发出经济有效的清洁生产技术,以纺织品的消费安全性和降低纺织化学品的环境污染,以环保和节水为目的,对低污染型染料和整理剂的染色整理一浴法等新工艺新技术进行研究。同时,关注全球环境保护新技术的趋势,注重纺织化学工程与环境工程领域的交叉,应用环境化学的原理和方法分析,评价纺织工程中存在的环境污染现象,使之得到有效的防治。另一方面借助纺织化学技术优势解决环境化学中污染物释放、迁移和控制与净化问题,最大限度地避免产生二次污染,实现废水资源化,将是今后废水处理的一个发展方向。

主要参考文献

[1] Jianfei Zhang, Xiaochun Wang, Jixian Gong, etc. A Study on Biodegradability of PET Fiber and Diethylene Glycol Terephthalate [J]. Journal of Applied Polymer Science, 2004, (93):1089 – 1096.

[2] Jianfei Zhang, Xiaochun Wang, Jixian Gong, etc. Biodegradation of DTP and PET Fiber by Microbe [J]. Journal of Donghua University, 2003, 20, (4): 107 – 110.

[3] 张健飞,王晓春,巩继贤,等. 微生物对涤纶丝及合成单体的降解初探 [J]. 纺织学报,2003,24,(3):58 – 60.

[4] 张健飞,王晓春,巩继贤,等. 酶对 DTP 及 PET 纤维的降解性能探讨 [J]. 东华大学学报(自然科学版),2003,29(3):105 – 106.

[5] 邵改芹,张健飞. 尼龙6生产厂己内酰胺及其低聚物废弃物的处理 [J]. 合成纤维,2004,(3):19 – 20.

[6] 王晓春,张健飞. PET 降解研究 [J]. 合成纤维,2002,31(6):5 – 6.

[7] 黄晓梅,唐虹,严轶. 纺织废料的处理与生态问题 [J]. 纺织科学研究 2000(3):12 – 16.

[8] 刘小平,康思琦,尹庚明. 印染废水的环境污染与清洁生产 [J]. 五邑大学学报(自然科学版)2004,18(3),64 – 68.

［9］Bent Søndergard Ole Erik Hansen, Jesper Holm. Ecological modernization and institutional transformations in the Danish textile industry［J］. Journal of Cleaner Production, 2004, 12(4): 337 - 352.

［10］Remmen A, Rasmussen BD. Renere teknologi i tekstil - ogbekl ædningsindustrien (Cleaner technology in textile and clothing industry)［J］, Environmental project nr, 1999, 502.

［11］杨光明,潘福奎,石宝龙,等.丝胶回收方法,山东纺织科技,2003,(2): 48 - 50.

［12］段亚峰,沈耀明,冀勇斌.丝绸废水的膜法处理与丝胶蛋白质回收技术［J］.纺织学报,2005,26(2):24 - 26.

［13］李海红,仝攀瑞,于翔,等.丝绸废水中蛋白质回收及超滤处理技术［J］.纺织高校基础科学学报,2004,17(3):255 - 259.

［14］杨光明,潘福奎,石宝龙,等.冰冻法回收丝胶的可行性实验与工艺研究,青岛大学学报,2003,18(1):48 - 51.

［15］林俊雄,汪澜.用高温高压水精练蚕丝及冻结解冻法回收丝胶的研究,蚕丝科学,2004,30(3):280 - 284.

［16］王浩东,刘青.废物处理企业在清洁生产中的作用［J］.安全与环境工程,2004,11(2): 45 - 47.

［17］陈立善.纺织废料的回用［J］.棉纺织技术,1990,18(1): 27 - 33.

结 束 语

在新时期,国家要建设节约型社会,走循环经济之路。中国纺织行业虽然长期以来为国民经济的发展和人民生活水平的提高做出了巨大贡献,但也属于消耗能源、消耗原料的大户之一,在新的发展时期必须有所改进。企业要在观念上要与时俱变,把节能降耗和清洁生产作为一件大事来抓,积极应用先进的技术和工艺,不断开发新材料,以适应新的发展形式。要把技术创新和产品创新作为节能降耗的重要途径。

"十一五"规划纲要把单位 GDP 能耗指标列入在内,即能耗指标列入国家发展目标。降低能源消耗要加快科技进步,优化经济结构和加强节能管理。降低能耗的途径有:通过优化产业结构,提高耗能较低的高技术产业比重,降低高耗能产业比重;通过推广先进适用的节能技术,使单位产品能耗降低;从企业管理、行业管理、机关管理等方面节能。

作为现代纺织业,无论是从纤维生产,还是染整加工为成品,几乎都要使用化学药品,加工中产生的大量废气、废水,对生态环境造成了严重的污染。国际环保纺织协会根据目前人类的科学认识水平和测试能力,研究分析了纺织品上生态有毒物质对人体的危害与有毒物质相应的可能来源,认为织物在后整理过程使用的某些助剂含有甲醛,甲醛从口腔进入人体后,会使人引起肝炎和肠胃炎,甲醛从呼吸道进入人体则会引起呼吸道炎症和皮肤过敏;某些可还原出致癌芳香胺的染料具有潜在的致癌、致敏性。因此可持续发展的理论向人们发出了保护环境的呼吁,提倡开发和使用无毒、无害的原材料及能源,设计生产周期中不污染环境的产品,采用少废甚至无废的清洁工艺。保持生态平衡,保护环境,对于印染工作者来说,唯一的途径就是加强科学研究,应用环保型染化料,研究和选择少污染及无污染的新技术、新原料、新工艺、新设备,实现资源利用最大化、废物排放最小化,实现纺织品整个生命周期的清洁生产。

目前,我国的清洁生产工作与发达国家相比还存在一定的差距,宣传力度不够、运作体系不完善等问题迫切需要解决。在今后要加大宣传力度,提高清洁生产意识,增强紧迫感和使命感,完善现行的环境管理制度,加快清洁生产政策法规建设,为开展清洁生产提供政策支持,还要加强技术系统建设,建立清洁生产审计机构、技术咨询和服务机构,形成清洁生产技术的支持系统。